今すぐ使える かんたん
Excel 2016

Windows10/8.1/7対応版

Imasugu Tsukaeru Kantan Series : Excel 2016

技術評論社

本書の使い方

- 画面の手順解説だけを読めば、操作できるようになる！
- もっと詳しく知りたい人は、両端の「側注」を読んで納得！
- これだけは覚えておきたい機能を厳選して紹介！

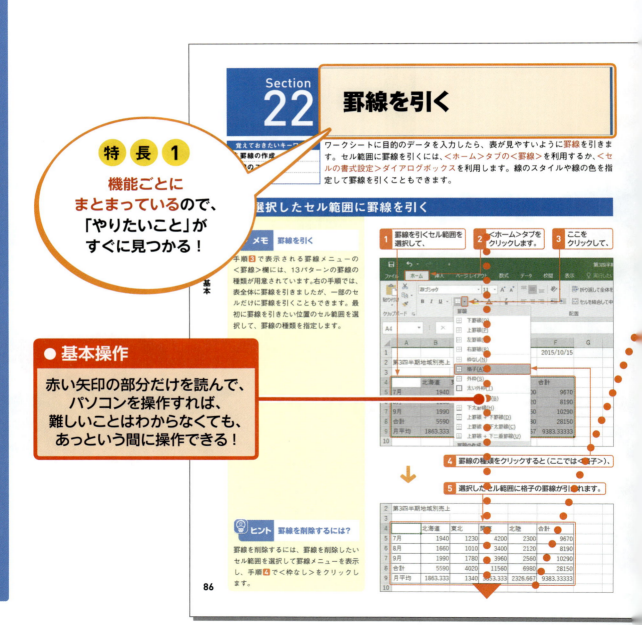

特長1
機能ごとにまとまっているので、「やりたいこと」がすぐに見つかる！

● 基本操作
赤い矢印の部分だけを読んで、パソコンを操作すれば、難しいことはわからなくても、あっという間に操作できる！

本書の使い方

● 補足説明

操作の補足的な内容を「側注」にまとめているので、よくわからないときに活用すると、疑問が解決！

メモ	補足説明
ヒント	便利な機能
キーワード	用語の解説
ステップアップ	応用操作解説
タッチ	タッチ操作
新機能	新しい機能
注意	注意事項

特長 2
やわらかい上質な紙を使っているので、**開いたら閉じにくい！**

特長 3
大きな操作画面で**該当箇所を囲んでいるのでよくわかる！**

2 セルに斜線を引く

1 <ホーム>タブをクリックして、
2 ここをクリックし、

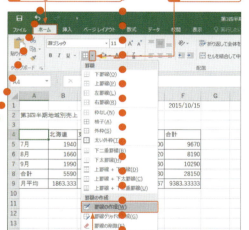

3 <罫線の作成>をクリックします。

4 マウスポインターの形が変わった状態で、セルの角から角までドラッグすると、

5 斜線が引かれます。

6 [Esc]を押して、マウスポインターをもとの形に戻します。

Section 22 罫線を引く

メモ ドラッグして罫線を引く

手順2の方法で表示される罫線メニューから<罫線の作成>をクリックすると、ワークシート上をドラッグすることで罫線を引くことができます。

ステップアップ ドラッグ操作で格子の罫線を引く

罫線メニューから<罫線グリッドの作成>をクリックしてセル範囲を選択すると、ドラッグしたセル範囲に格子の罫線を引くことができます。

ヒント 罫線の一部を削除するには

罫線の一部を削除するには、罫線メニューから<罫線の削除>をクリックします。マウスポインターの形が変わるので、罫線上をドラッグします。削除し終わったら[Esc]を押して、マウスポインターをもとの形に戻します。

第2章 表作成の基本

87

目次

第1章 Excel 2016の基本操作

Section 01 Excelとは? 22
表計算ソフトとは?
Excelではこんなことができる

Section 02 Excel 2016の新機能 24
Officeテーマが「カラフル」に変わった
操作アシストが搭載された
既定の日本語のフォントが変わった
グラフの種類が増えた
図形のスタイルが増えた
予測ワークシートを作成できる
スマート検索機能が利用できる
数式を手書きで入力できる

Section 03 Excel 2016を起動・終了する 30
Excel 2016を起動して空白のブックを開く
Excel 2016を終了する

Section 04 Excelの画面構成とブックの構成 34
基本的な画面構成
ブック・シート・セル

Section 05 リボンの基本操作 36
リボンを操作する
リボンの表示／非表示を切り替える
リボンからダイアログボックスを表示する
作業に応じたタブが表示される

Section 06 操作をもとに戻す・やり直す 40
操作をもとに戻す
操作をやり直す

Section 07 表示倍率を変更する 42
ワークシートを拡大／縮小表示する
選択したセル範囲をウィンドウ全体に表示する

Section 08 ブックを保存する 44
ブックに名前を付けて保存する
ブックを上書き保存する
ブックにパスワードを設定する

Section 09　ブックを閉じる　　48

保存したブックを閉じる

Section 10　ブックを開く　　50

保存してあるブックを開く

Section 11　ヘルプ画面を表示する　　52

＜Excel 2016ヘルプ＞画面を利用する

第2章　表作成の基本

Section 12　表作成の基本を知る　　54

新しいブックを作成する
データを入力／編集する
必要な計算をする
セルに罫線を引く
文字書式や背景色を設定する

Section 13　新しいブックを作成する　　56

ブックを新規作成する
テンプレートを利用して新規ブックを作成する

Section 14　データ入力の基本　　60

データを入力する
「,」や「¥」、「％」付きの数値を入力する
日付を入力する
データを続けて入力する

Section 15　同じデータを入力する　　64

オートコンプリートを使って入力する
入力済みのデータを一覧から選択して入力する

Section 16　連続したデータを入力する　　66

同じデータをコピーする
連続するデータを入力する
間隔を指定して日付データを入力する
オートフィルの動作を変更して入力する

Section 17　データを修正する　　70

セル内のデータ全体を書き換える
セル内のデータの一部を修正する

5

目次

Section 18　データを削除する　72

1つのセルのデータを削除する
複数のセルのデータを削除する

Section 19　セル範囲を選択する　74

複数のセル範囲を選択する
離れた位置にあるセルを選択する
アクティブセル領域を選択する
行や列を選択する
行や列をまとめて選択する

Section 20　データをコピー・移動する　78

データをコピーする
ドラッグ操作でデータをコピーする
データを移動する
ドラッグ操作でデータを移動する

Section 21　合計や平均を計算する　82

連続したセル範囲のデータの合計を求める
離れた位置にあるセルに合計を求める
複数の行と列、総合計をまとめて求める
平均を求める

Section 22　罫線を引く　86

選択したセル範囲に罫線を引く
セルに斜線を引く
線のスタイルを指定して罫線を引く
スタイルの異なる罫線をまとめて引く
罫線の色を変更する

第3章　数式や関数の利用

Section 23　数式と関数の基本　92

数式とは?
関数とは?
関数の書式

Section 24　数式を入力する　94

数式を入力して計算する
数式にセル参照を利用する
ほかのセルに数式をコピーする

Section 25 計算する範囲を変更する　　98

参照先のセル範囲を移動する
参照先のセル範囲を広げる

Section 26 計算の対象を自動で切り替える――参照方式　　100

相対参照・絶対参照・複合参照の違い
参照方式を切り替えるには

Section 27 常に同じセルを使って計算する――絶対参照　　102

相対参照でコピーするとエラーが表示される
数式を絶対参照にしてコピーする

Section 28 行または列を固定して計算する――複合参照　　104

複合参照でコピーする

Section 29 表に名前を付けて利用する　　106

セル範囲に名前を付ける
引数に名前を指定する

Section 30 関数を入力する　　108

関数の入力方法
<関数ライブラリ>のコマンドを使って入力する
<関数の挿入>ダイアログボックスを使う
キーボードから関数を直接入力する

Section 31 2つの関数を組み合わせる　　114

ここで入力する関数
最初のIF関数を入力する
内側に追加するAVERAGE関数を入力する
IF関数に戻って引数を指定する

Section 32 計算結果を切り上げ・切り捨てる　　118

数値を四捨五入する
数値を切り上げる
数値を切り捨てる

Section 33 条件を満たす値を集計する　　120

条件を満たす値の合計を求める
条件を満たすセルの個数を求める

Section 34 計算結果のエラーを解決する　　122

エラーインジケーターとエラー値
エラー値「#VALUE!」が表示されたら…

目次

エラー値「#####」が表示されたら…
エラー値「#NAME?」が表示されたら…
エラー値「#DIV/0!」が表示されたら…
エラー値「#N/A」が表示されたら…
数式を検証する

第 4 章　文字とセルの書式

Section 35　セルの表示形式と書式の基本　128

表示形式と表示結果
書式とは

Section 36　セルの表示形式を変更する　130

数値を3桁区切りで表示する
表示形式をパーセンテージスタイルに変更する
日付の表示形式を変更する
表示形式を通貨スタイルに変更する

Section 37　文字の配置を変更する　134

文字をセルの中央に揃える
セルに合わせて文字を折り返す
文字の大きさをセルの幅に合わせる
文字を縦書きで表示する

Section 38　文字色やスタイルを変更する　138

文字に色を付ける
文字を太字にする
文字を斜体にする
文字に下線を付ける

Section 39　文字サイズやフォントを変更する　142

文字サイズを変更する
フォントを変更する

Section 40　セルの背景に色を付ける　144

セルの背景に<標準の色>を設定する
セルの背景に<テーマの色>を設定する

Section 41　列幅や行の高さを調整する　146

ドラッグして列幅を変更する
セルのデータに列幅を合わせる

Section 42 表の見た目をまとめて変更する——テーマ　148
テーマを変更する
テーマの配色やフォントを変更する

Section 43 セルを結合する　150
セルを結合して文字を中央に揃える
文字配置を維持したままセルを結合する

Section 44 ふりがなを表示する　152
文字にふりがなを表示する
ふりがなを編集する
ふりがなの種類や配置を変更する

Section 45 セルの書式だけを貼り付ける　154
書式をコピーして貼り付ける
書式を連続して貼り付ける

Section 46 形式を選択して貼り付ける　156
<貼り付け>で利用できる機能
値のみを貼り付ける
数式と数値の書式を貼り付ける
もとの列幅を保持して貼り付ける

Section 47 条件に基づいて書式を変更する　160
特定の値より大きい数値に色を付ける
平均値より小さい数値に色を付ける
数値の大小に応じて色やアイコンを付ける
数式を使って条件を設定する

第5章 セル・シート・ブックの操作

Section 48 行や列を挿入・削除する　166
行や列を挿入する
行や列を削除する

Section 49 行や列をコピー・移動する　168
行や列をコピーする
行や列を移動する

目次

Section 50　セルを挿入・削除する　170

セルを挿入する
セルを削除する

Section 51　セルをコピー・移動する　172

セルをコピーする
セルを移動する

Section 52　文字列を検索する　174

<検索と置換>ダイアログボックスを表示する
文字を検索する

Section 53　文字列を置換する　176

<検索と置換>ダイアログボックスを表示する
文字を置換する

Section 54　行や列を非表示にする　178

列を非表示にする
非表示にした列を再表示する

Section 55　見出しを固定する　180

見出しの行を固定する
行と列を同時に固定する

Section 56　ワークシートを操作する　182

ワークシートを追加する
ワークシートを削除する
ワークシートを移動・コピーする
ブック間でワークシートを移動・コピーする
シート名を変更する
シート見出しに色を付ける

Section 57　ウィンドウを分割・整列する　186

ウィンドウを上下に分割する
1つのブックを左右に並べて表示する

Section 58　シートやブックを保護する　188

シートの保護とは
データの編集を許可するセル範囲を設定する
シートを保護する
ブックを保護する

第 6 章　表の印刷

Section 59　印刷機能の基本　194

<印刷>画面の各部の名称と機能
<印刷>画面の印刷設定機能
<ページレイアウト>タブの利用

Section 60　ワークシートを印刷する　196

印刷プレビューを表示する
印刷の向きや用紙サイズ、余白の設定を行う
印刷を実行する

Section 61　1ページにおさまるように印刷する　200

印刷プレビューで印刷状態を確認する
はみ出した表を1ページにおさめる

Section 62　改ページの位置を変更する　202

改ページプレビューを表示する
改ページ位置を移動する

Section 63　印刷イメージを見ながらページを調整する　204

ページレイアウトビューを表示する
ページの横幅を調整する

Section 64　ヘッダーとフッターを挿入する　206

ヘッダーを設定する
フッターを設定する

Section 65　指定した範囲だけを印刷する　210

印刷範囲を設定する
特定のセル範囲を一度だけ印刷する

Section 66　2ページ目以降に見出しを付けて印刷する　212

列見出しをタイトル行に設定する

Section 67　ワークシートをPDFに変換する　214

ワークシートをPDF形式で保存する
PDFファイルを開く

目次

Contents

第 7 章 グラフの利用

Section 68 グラフの種類と用途 218

データを比較する
データの推移を見る
異なるデータの関連性を見る
全体に占める割合を見る
そのほかの主なグラフ

Section 69 グラフを作成する 222

＜おすすめグラフ＞を利用してグラフを作成する

Section 70 グラフの位置やサイズを変更する 224

グラフを移動する
グラフをほかのシートに移動する
グラフのサイズを変更する

Section 71 グラフ要素を追加する 228

軸ラベルを表示する
軸ラベルの文字方向を変更する
目盛線を表示する

Section 72 グラフのレイアウトやデザインを変更する 232

グラフ全体のレイアウトを変更する
グラフのスタイルを変更する

Section 73 目盛の範囲と表示単位を変更する 234

縦（値）軸の範囲と表示単位を変更する

Section 74 グラフの書式を設定する 236

グラフエリアに書式を設定する

Section 75 セルの中にグラフを作成する 238

スパークラインを作成する
スパークラインのスタイルを変更する

Section 76 グラフの種類を変更する 240

グラフの種類を変更する
複合グラフを作成する

12

第 8 章　データベースとしての利用

Section 77　データベースとは?　244

データベース形式の表とは?
データベース機能とは?
テーブルとは?

Section 78　データを並べ替える　246

データを昇順や降順に並べ替える
2つの条件で並べ替える
独自の順序で並べ替える

Section 79　条件に合ったデータを抽出する　250

オートフィルターを利用してデータを抽出する
トップテンオートフィルターを利用する
複数の条件を指定してデータを抽出する

Section 80　データを自動的に加工する　254

データを分割する
データを一括で変換する

Section 81　テーブルを作成する　256

表をテーブルに変換する
テーブルのスタイルを変更する

Section 82　テーブル機能を利用する　258

テーブルにレコードを追加する
集計用のフィールドを追加する
テーブルに集計行を表示する
重複したレコードを削除する

Section 83　アウトライン機能を利用する　262

アウトラインとは?
集計行を自動的に作成する
アウトラインを自動作成する
アウトラインを操作する

Section 84　ピボットテーブルを作成する　266

ピボットテーブルとは?
ピボットテーブルを作成する
空のピボットテーブルにフィールドを配置する
ピボットテーブルのスタイルを変更する

目次

Section 85 ピボットテーブルを操作する　　　270

スライサーを追加する
タイムラインを追加する
ピボットテーブルの集計結果をグラフ化する

第 9 章　イラスト・写真・図形の利用

Section 86 イラストを挿入する　　　274

イラストを検索して挿入する

Section 87 写真を挿入・加工する　　　276

写真を挿入する
写真を調整する
写真にスタイルを設定する
写真の背景を削除する

Section 88 線や図形を描く　　　280

直線を描く
曲線を描く
図形を描く
図形の中に文字を入力する

Section 89 図形を編集する　　　284

図形をコピー・移動する
図形のサイズを変更する・回転する
図形の色を変更する
図形にスタイルを適用する

Section 90 テキストボックスを挿入する　　　288

テキストボックスを作成して文字を入力する
文字の配置を変更する
フォントの種類やサイズを変更する

Section 91 SmartArtを利用する　　　292

SmartArtで図を作成する
SmartArtに文字を入力する
SmartArtに画像を追加する
SmartArtに図形を追加する

Appendix 1	リボンをカスタマイズする	296
Appendix 2	クイックアクセスツールバーをカスタマイズする	300
Appendix 3	代表的な関数を利用する	302
Appendix 4	OneDriveを利用する	308
Appendix 5	Excelの便利なショートカットキー	312
Appendix 6	ローマ字・かな変換表	313
	索引	314

ご注意：ご購入・ご利用の前に必ずお読みください

● 本書に記載された内容は、情報提供のみを目的としています。したがって、本書を用いた運用は、必ずお客様自身の責任と判断によって行ってください。これらの情報の運用の結果について、技術評論社および著者はいかなる責任も負いません。

● ソフトウェアに関する記述は、特に断りのないかぎり、2015年9月現在での最新情報をもとにしています。これらの情報は更新される場合があり、本書の説明とは機能内容や画面図などが異なってしまうことがあり得ます。あらかじめご了承ください。

● 本書の内容は、以下の環境で制作し、動作を検証しています。それ以外の環境では、機能内容や画面図が異なる場合があります。
　　・Windows 10 Pro
　　・Excel 2016 Preview Update 2

● インターネットの情報については、URLや画面などが変更されている可能性があります。ご注意ください。

以上の注意事項をご承諾いただいた上で、本書をご利用願います。これらの注意事項をお読みいただかずに、お問い合わせいただいても、技術評論社および著者は対処しかねます。あらかじめご承知おきください。

■本書に掲載した会社名、プログラム名、システム名などは、米国およびその他の国における登録商標または商標です。本文中では™、®マークは明記していません。

パソコンの基本操作

- 本書の解説は、基本的にマウスを使って操作することを前提としています。
- お使いのパソコンのタッチパッド、タッチ対応モニターを使って操作する場合は、各操作を次のように読み替えてください。

1 マウス操作

▼クリック（左クリック）

クリック（左クリック）の操作は、画面上にある要素やメニューの項目を選択したり、ボタンを押したりする際に使います。

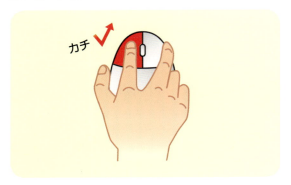

マウスの左ボタンを1回押します。

タッチパッドの左ボタン（機種によっては左下の領域）を1回押します。

▼右クリック

右クリックの操作は、操作対象に関する特別なメニューを表示する場合などに使います。

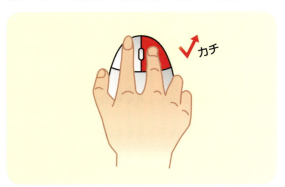

マウスの右ボタンを1回押します。

タッチパッドの右ボタン（機種によっては右下の領域）を1回押します。

▼ ダブルクリック

ダブルクリックの操作は、各種アプリを起動したり、ファイルやフォルダーなどを開く際に使います。

マウスの左ボタンをすばやく2回押します。

タッチパッドの左ボタン（機種によっては左下の領域）をすばやく2回押します。

▼ ドラッグ

ドラッグの操作は、画面上の操作対象を別の場所に移動したり、操作対象のサイズを変更する際などに使います。

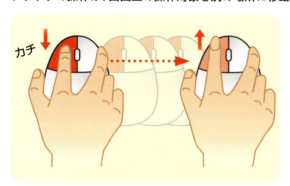
マウスの左ボタンを押したまま、マウスを動かします。目的の操作が完了したら、左ボタンから指を離します。

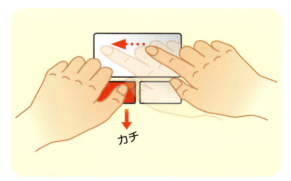
タッチパッドの左ボタン（機種によっては左下の領域）を押したまま、タッチパッドを指でなぞります。目的の操作が完了したら、左ボタンから指を離します。

メモ　ホイールの使い方

ほとんどのマウスには、左ボタンと右ボタンの間にホイールが付いています。ホイールを上下に回転させると、Webページなどの画面を上下にスクロールすることができます。そのほかにも、[Ctrl]を押しながらホイールを回転させると、画面を拡大／縮小したり、フォルダーのアイコンの大きさを変えることができます。

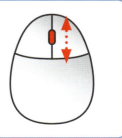

2 利用する主なキー

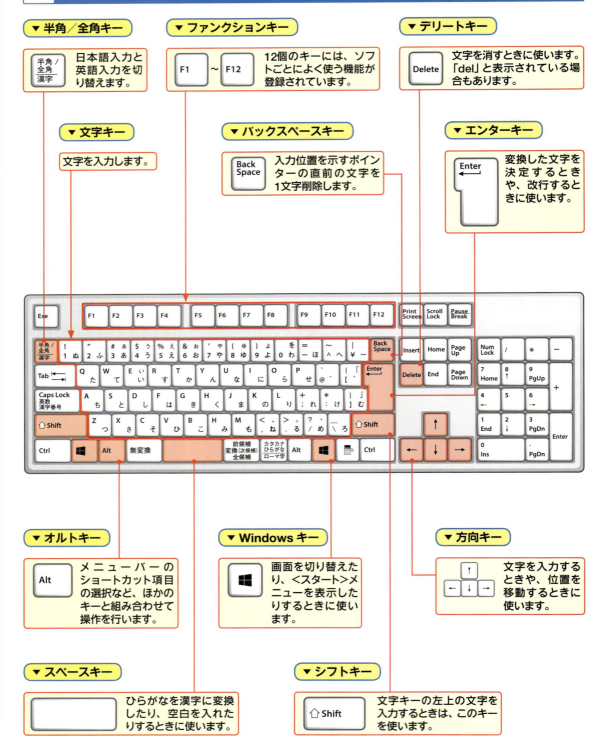

▼ 半角/全角キー
日本語入力と英語入力を切り替えます。

▼ ファンクションキー
12個のキーには、ソフトごとによく使う機能が登録されています。

▼ デリートキー
文字を消すときに使います。「del」と表示されている場合もあります。

▼ 文字キー
文字を入力します。

▼ バックスペースキー
入力位置を示すポインターの直前の文字を1文字削除します。

▼ エンターキー
変換した文字を決定するときや、改行するときに使います。

▼ オルトキー
メニューバーのショートカット項目の選択など、ほかのキーと組み合わせて操作を行います。

▼ Windows キー
画面を切り替えたり、<スタート>メニューを表示したりするときに使います。

▼ 方向キー
文字を入力するときや、位置を移動するときに使います。

▼ スペースキー
ひらがなを漢字に変換したり、空白を入れたりするときに使います。

▼ シフトキー
文字キーの左上の文字を入力するときは、このキーを使います。

18

3 タッチ操作

▼タップ

画面に触れてすぐ離す操作です。ファイルなど何かを選択する時や、決定を行う場合に使用します。マウスでのクリックに当たります。

▼ダブルタップ

タップを2回繰り返す操作です。各種アプリを起動したり、ファイルやフォルダーなどを開く際に使用します。マウスでのダブルクリックに当たります。

▼ホールド

画面に触れたまま長押しする操作です。詳細情報を表示するほか、状況に応じたメニューが開きます。マウスでの右クリックに当たります。

▼ドラッグ

操作対象をホールドしたまま、画面の上を指でなぞり上下左右に移動します。目的の操作が完了したら、画面から指を離します。

▼スワイプ／スライド

画面の上を指でなぞる操作です。ページのスクロールなどで使用します。

▼フリック

画面を指で軽く払う操作です。スワイプと混同しやすいので注意しましょう。

▼ピンチ／ストレッチ

2本の指で対象に触れたまま指を広げたり狭めたりする操作です。拡大（ストレッチ）／縮小（ピンチ）が行えます。

▼回転

2本の指先を対象の上に置き、そのまま両方の指で同時に右または左方向に回転させる操作です。

パソコンの基本操作

サンプルファイルのダウンロード

● 本書で使用しているサンプルファイルは、以下のURLのサポートページからダウンロードすることができます。ダウンロードしたときは圧縮ファイルの状態なので、展開してから使用してください。

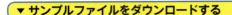

▼ サンプルファイルをダウンロードする

1 ブラウザー（ここではMicrosoft Edge）を起動します。

2 ここをクリックしてURLを入力し、Enterを押します。

3 表示された画面をスクロールし、＜ダウンロード＞にある＜サンプルファイル＞をクリックすると、

4 ファイルがダウンロードされるので、＜開く＞をクリックします。

▼ ダウンロードした圧縮ファイルを展開する

1 エクスプローラーの画面が開くので、

2 表示されたフォルダーをクリックします。

3 ＜展開＞タブをクリックして、

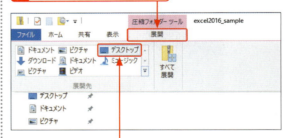

4 ＜デスクトップ＞をクリックすると、

5 ファイルが展開されます。

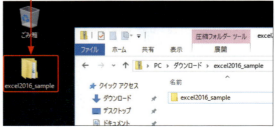

Chapter 01

第1章

Excel 2016の
基本操作

Section		
	01	Excelとは？
	02	Excel 2016の新機能
	03	Excel 2016を起動・終了する
	04	Excelの画面構成とブックの構成
	05	リボンの基本操作
	06	操作をもとに戻す・やり直す
	07	表示倍率を変更する
	08	ブックを保存する
	09	ブックを閉じる
	10	ブックを開く
	11	ヘルプ画面を表示する

Section 01 Excelとは？

Excelは、かんたんな四則演算から複雑な関数計算、グラフの作成、データベースとしての活用など、さまざまな機能を持つ表計算ソフトです。文字や罫線を修飾したり、表にスタイルを適用したり、画像を挿入したりして、見栄えのする文書を作成することもできます。

覚えておきたいキーワード
- Excel 2016
- 表計算ソフト
- Microsoft Office

1 表計算ソフトとは？

🔍 キーワード 表計算ソフト

表計算ソフトは、表のもとになるマス目（セル）に数値や数式を入力して、データの集計や分析をしたり、表形式の書類を作成したりするためのアプリです。

🔍 キーワード Excel 2016

Excel 2016は、代表的な表計算ソフトの1つです。ビジネスソフトの統合パッケージである最新の「Microsoft Office」に含まれています。

📝 メモ スマートフォンやタブレット版

Microsoft Officeは、従来と同様にパソコンにインストールして使うもののほかに、Webブラウザー上で使えるWebアプリケーション版と、スマートフォンやタブレット向けのアプリが用意されています。

表計算ソフトがないと、計算は手作業で行わなければなりませんが…、

表計算ソフトを使うと、膨大なデータの集計をかんたんに行うことができます。データをあとから変更しても、自動的に再計算されます。

2 Excelではこんなことができる

面倒な計算も関数を使えばかんたんに行うことができます。

オンライン上の画像を検索して挿入することができます。

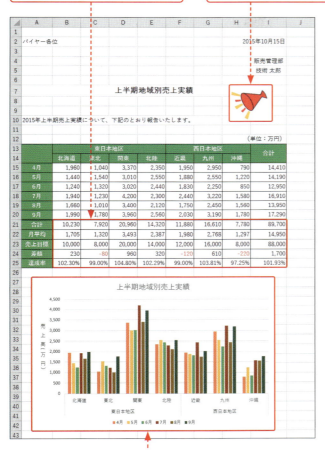

表の数値からグラフを作成して、データを視覚化できます。

大量のデータを効率よく管理することができます。

Section 01 Excelとは？

メモ 数式や関数の利用

数式や関数を使うと、数値の計算だけでなく、条件によって処理を振り分けたり、表を検索して特定のデータを取り出したりといった、面倒な処理もかんたんに行うことができます。Excelには、大量の関数が用意されています。

メモ 表のデータをもとにグラフを作成

表のデータをもとに、さまざまなグラフを作成することができます。グラフのレイアウトやデザインも豊富に揃っています。もとになったデータが変更されると、グラフも自動的に変更されます。

メモ デザインパーツの利用

図形やイラスト、画像などを挿入してさまざまな効果を設定したり、SmartArtを利用して複雑な図解をかんたんに作成したりすることができます。

メモ データベースソフトとしての活用

大量のデータが入力された表の中から条件に合うものを抽出したり、並べ替えたり、項目別にデータを集計したりといったデータベース機能が利用できます。

第1章 Excel 2016の基本操作

Section 02 Excel 2016の新機能

覚えておきたいキーワード
- ☑ 操作アシスト
- ☑ 予測ワークシート
- ☑ スマート検索

Excel 2016では、Officeの既定のテーマがカラフルに変わり、画面にメリハリが付きました。また、リボン内で探せない機能を探したり、ヘルプを参照したりするための操作アシスト機能や、語句や用語などを検索できるスマート検索機能が搭載されています。グラフや図形スタイルの種類も増えました。

1 Officeテーマが「カラフル」に変わった

メモ Officeテーマ

Office 2013の既定のテーマは「白」でしたが、Office 2016では「カラフル」に変わりました。Officeテーマは、＜ファイル＞タブから＜アカウント＞をクリックすると表示される＜アカウント＞画面の＜Officeテーマ＞で変更することができます。

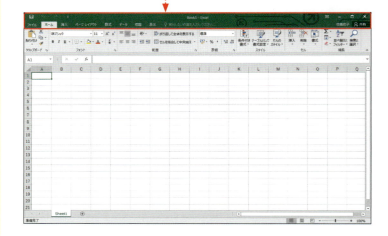

Office 2016の既定のテーマが「カラフル」に変わりました。

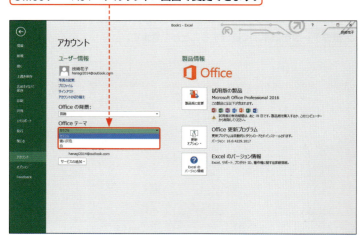

Officeテーマは、＜アカウント＞画面で変更できます。

2 操作アシストが搭載された

タブの右端に＜操作アシスト＞ボックスが搭載されています。

新機能 操作アシスト

「操作アシスト」は、利用したい機能などを検索する機能です。タブの右にある＜操作アシスト＞ボックスに使いたい機能の一部を入力すると、関連する項目が一覧で表示されるので、使用したい機能をすぐに見つけて利用することができます。ヘルプを表示したり、スマート検索（P.28参照）を利用することもできます。

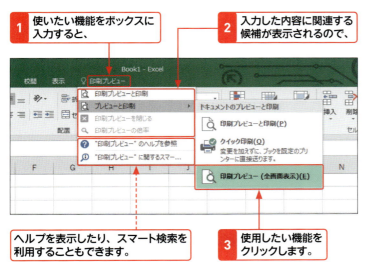

1 使いたい機能をボックスに入力すると、

2 入力した内容に関連する候補が表示されるので、

3 使用したい機能をクリックします。

ヘルプを表示したり、スマート検索を利用することもできます。

3 既定の日本語のフォントが変わった

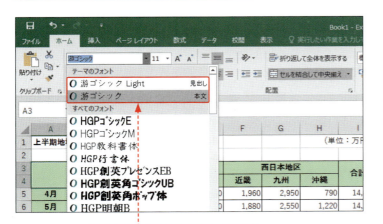

既定の日本語のフォントが、本文が「游ゴシック」、見出しが「游ゴシック Light」に変わりました。

新機能 既定の日本語フォント

従来の既定のフォントは、「ＭＳ Ｐゴシック」でしたが、Excel 2016では、本文のフォントが「游ゴシック」、見出しのフォントが「游ゴシック Light」に変わりました。

4 グラフの種類が増えた

新機能　新しいグラフの種類

グラフの種類が増えました。新しく追加されたグラフは、ツリーマップ、サンバースト、ヒストグラム、箱ひげ図、ウォーターフォールの5種類です。ヒストグラムを選択すると、パレート図を作成することもできます。

ツリーマップ、サンバースト、ヒストグラム、箱ひげ図、ウォーターフォールの5種類のグラフが新しく利用できるようになりました。

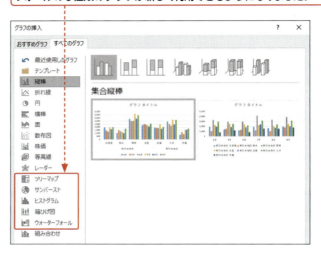

ツリーマップの作成例

5 図形のスタイルが増えた

新機能　図形のスタイル

Excel 2013で利用できる図形のスタイルは、右図の上側にある＜テーマスタイル＞だけでしたが、Excel 2016では、下側の＜標準スタイル＞も利用することができます。

図形に設定できるスタイルの数が増えました。

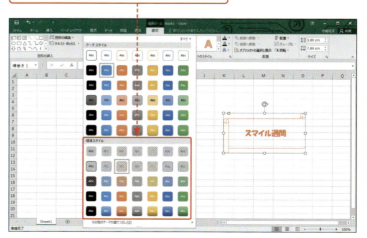

6 予測ワークシートを作成できる

1 時系列データを入力したセル範囲を選択して、

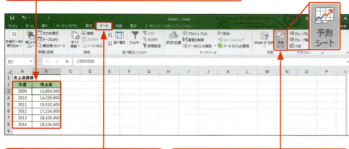

2 <データ>タブをクリックし、 **3** <予測シート>をクリックします。

4 <予測終了>を指定して、

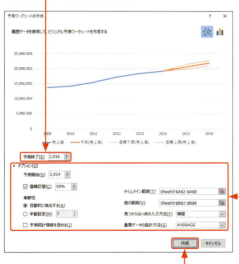

<オプション>をクリックすると、ワークシートを作成する前に、さまざまな項目を設定してプレビューすることができます。

5 <作成>をクリックすると、

6 将来の値を予測したワークシートを作成できます。

新機能 予測ワークシートの作成機能

予測ワークシートを作成すると、これまでは関数の利用が必要だった予測値をかんたんに求めることができます。左の例のように、時系列で並べられた過去の売上データをもとにして、将来の売上を予測するといった使い方が可能です。

新機能 データの予測を行う関数

Excel 2016には、データの予測を行う以下の関数が追加されました。

- FORECAST.ETS
- FORECAST.ETS.CONFINT
- FORECAST.ETS.SEASONALITY
- FORECAST.ETS.STAT
- FORECAST.LINEAR

7 スマート検索機能が利用できる

新機能　スマート検索

「スマート検索」は、調べたい単語や語句などをExcelの画面で検索できる機能です。単語や語句を選択して、＜校閲＞タブの＜スマート検索＞をクリックすると、Bing検索エンジンやBingイメージ検索、Wikipediaなどのさまざまなオンラインソースから情報が検索され、＜インサイト＞ウィンドウに表示されます。それぞれの項目をクリックすると、Microsoft Edgeが起動して詳細な情報が表示されます。

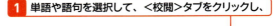
1 単語や語句を選択して、＜校閲＞タブをクリックし、

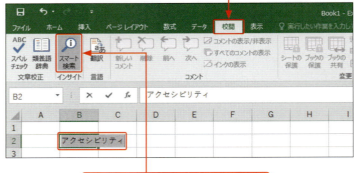

2 ＜スマート検索＞をクリックすると、

3 さまざまなオンラインソースから検索された情報が＜インサイト＞ウィンドウに表示されます。

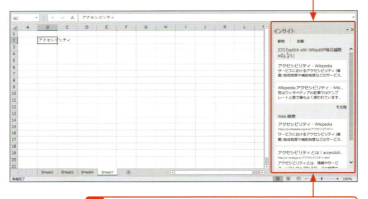

4 読みたい項目をクリックすると、Microsoft Edgeが起動して詳細な情報が表示されます。

8 数式を手書きで入力できる

1 ＜挿入＞タブをクリックして、

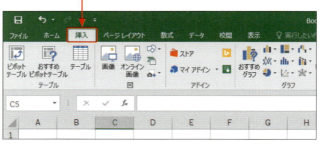

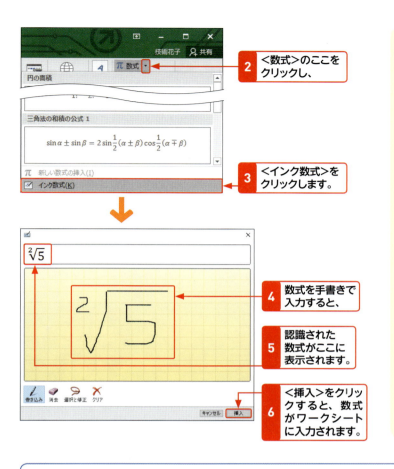

✨新機能 インク数式

「インク数式」は、デジタルペンやポインティングデバイス、マウス、指を使って数式を手書きで入力できる機能です。書き込んだ数式はすぐに認識されて、文字に変換されます。認識された数式が違っていた場合は、画面下の＜消去＞や＜クリア＞などを利用して書き直すことができます。

✨新機能 Excel 2016のそのほかの新機能

新機能	概　要
高DPIのサポート	250%や300%などのより高いDPIでの表示がサポートされているので、文書を大きい画面できれいに表示できます。
Backstageビューの更新	Backatageビューが見やすく更新されました。＜参照＞の位置も見やすい場所に移動されています。
フィールドリストに検索機能が追加	ピボットテーブルやピボットグラフのフィールドリストに検索機能が追加されました。
画像を正しい向きで挿入	画像を挿入すると、カメラ撮影時の方向に合わせて自動的に回転して挿入されます。
大きなグラフやSmartArt表示中のパンとズーム	大きめのグラフィックを含むファイルを開いている途中でもドキュメントを操作することができるようになりました。
ファイル共有と共同作業	ほかのユーザーとファイルを共有したり、作業をしたりすることが＜共有＞ウィンドウを利用してできるようになりました。共有するファイルは、クラウドに保存することが必要です。
データ損失防止機能の導入	データ損失防止（DLP：Data Loss Protection）機能がExcelに導入されました。コンテンツをリアルタイムにスキャンできるほか、管理者がファイルごとに閲覧・編集権限を設定することが可能になります。

Section 03 Excel 2016を起動・終了する

覚えておきたいキーワード
☑ 起動
☑ スタート画面
☑ 終了

Excel 2016を起動するには、Windows 10の＜スタート＞から＜すべてのアプリ＞をクリックして、＜Excel 2016＞をクリックします。Excelが起動するとスタート画面が表示されるので、そこから目的の操作を選択します。作業が終わったら、＜閉じる＞をクリックしてExcelを終了します。

1 Excel 2016を起動して空白のブックを開く

新機能 Windows 10でExcelを起動する

Windows 10で＜スタート＞をクリックすると、スタートメニューが表示されます。左側にはアプリのメニューが、右側にはよく使うアプリのアイコンが表示されています。＜すべてのアプリ＞をクリックして、表示されるメニューから＜Excel 2016＞をクリックすると、Excelが起動します。

メモ Windows 8.1でExcel 2016を起動する

Windows 8.1でExcel 2016を起動するには、Windows 8.1の＜スタート＞画面に表示されている＜Excel 2016＞をクリックします。＜スタート＞画面にExcelのアイコンが表示されていない場合は、＜スタート＞画面の左下にある ⓥ をクリックして、＜Excel 2016＞をクリックします。

メモ Windows 7でExcel 2016を起動する

Windows 7でExcel 2016を起動するには、＜スタート＞ボタンをクリックして＜すべてのプログラム＞をクリックし、表示されるメニューから＜Excel 2016＞をクリックします。

1 Windows 10を起動して、

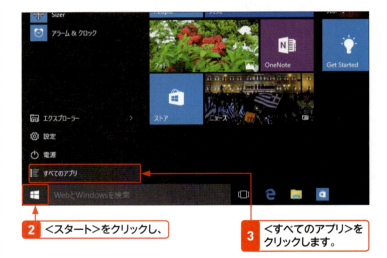

2 ＜スタート＞をクリックし、

3 ＜すべてのアプリ＞をクリックします。

4 ＜Excel 2016＞をクリックすると、

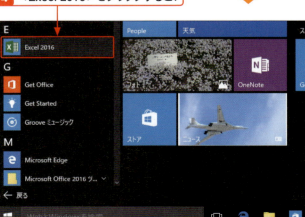

Section 03 Excel 2016を起動・終了する

第 1 章 Excel 2016の基本操作

5 Excel 2016が起動して、スタート画面が開きます。

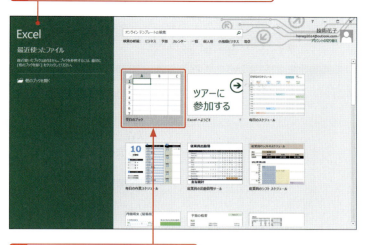

6 <空白のブック>をクリックすると、

7 新しいブックが作成されます。

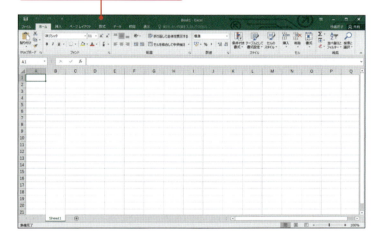

メモ　Excel起動時の画面

Excelを起動すると、最近使ったファイルやテンプレートが表示される「スタート画面」が表示されます。スタート画面から空白のブックを作成したり、最近使ったブックなどを開きます。

 タッチモードに切り替える

パソコンがタッチスクリーンに対応している場合は、クイックアクセスツールバーに<タッチ／マウスモードの切り替え>が表示されます。このコマンドでタッチモードとマウスモードを切り替えることができます。タッチモードに切り替えると、ボタンの間隔が広がってタッチ操作がしやすくなります。

1 <タッチ／マウスモードの切り替え>をクリックすると、

2 マウスモードとタッチモードを切り替えることができます。

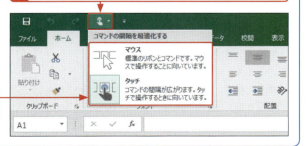

2 Excel 2016を終了する

メモ　複数のブックを開いている場合

Excelを終了するには、右の手順で操作します。ただし、複数のブックを開いている場合は、クリックしたウィンドウのブックだけが閉じます。

1 <閉じる>をクリックすると、

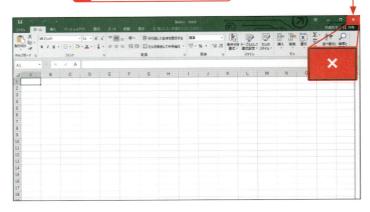

2 Excel 2016が終了し、デスクトップ画面が表示されます。

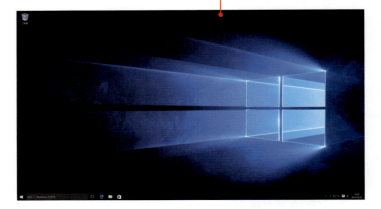

ヒント　ブックを閉じる

Excel自体を終了するのではなく、開いているブックでの作業を終了する場合は、ブックを閉じる操作を行います（Sec.09参照）。

メモ　ブックを保存していない場合

ブックの作成や編集をしていた場合に、ブックを保存しないでExcelを終了しようとすると、右図のダイアログボックスが表示されます。Excelでは、文書を保存せずに閉じた場合、4日以内であればブックを回復できます（P.49参照）。

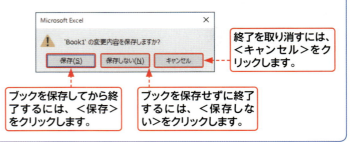

終了を取り消すには、<キャンセル>をクリックします。

ブックを保存してから終了するには、<保存>をクリックします。

ブックを保存せずに終了するには、<保存しない>をクリックします。

スタートメニューやタスクバーに Excel のアイコンを登録する

スタートメニューやタスクバーに Excel のアイコンを登録しておくと、Excel をかんたんに起動することができます。＜スタート＞から＜すべてのアプリ＞をクリックし、＜Excel 2016＞を右クリックして、＜スタート画面にピン留めする＞をクリックすると、スタートメニューのタイルに Excel 2016 のアイコンが登録されます。＜タスクバーにピン留めする＞をクリックすると、タスクバーにピン留めされます。

また、Excel を起動すると、タスクバーに Excel のアイコンが表示されます。そのアイコンを右クリックして、＜タスクバーにピン留めする＞をクリックしても、タスクバーに Excel のアイコンが登録されます。

スタートメニューから登録する

1 ＜スタート＞から＜すべてのアプリ＞をクリックします（P.30参照）、

2 ＜Excel 2016＞を右クリックして、

3 ＜スタート画面にピン留めする＞をクリックすると、

4 スタートメニューのタイルに Excel 2016 のアイコンが登録されます。

起動した Excel のアイコンから登録する

1 Excel のアイコンを右クリックして、

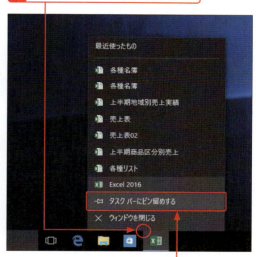

2 ＜タスクバーにピン留めする＞をクリックすると、

3 タスクバーに Excel のアイコンが登録されます。

スタートメニューのアイコンを右クリックして＜タスクバーにピン留めする＞をクリックしても（左上図の手順3参照）、タスクバーに Excel 2016 のアイコンが登録されます。

Section 04 Excelの画面構成とブックの構成

覚えておきたいキーワード
- ☑ タブ
- ☑ コマンド
- ☑ ワークシート

Excel 2016の画面は、機能を実行するためのタブと、各タブにあるコマンド、表やグラフなどを作成するためのワークシートから構成されています。画面の各部分の名称とその機能は、Excelを使っていくうえでの基本的な知識です。ここでしっかり確認しておきましょう。

1 基本的な画面構成

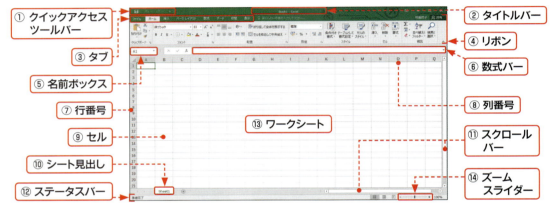

① クイックアクセスツールバー
② タイトルバー
③ タブ
④ リボン
⑤ 名前ボックス
⑥ 数式バー
⑦ 行番号
⑧ 列番号
⑨ セル
⑩ シート見出し
⑪ スクロールバー
⑫ ステータスバー
⑬ ワークシート
⑭ ズームスライダー

名称	機能
① クイックアクセスツールバー	頻繁に使うコマンドが表示されています。コマンドの追加や削除などもできます。
② タイトルバー	作業中のファイル名を表示しています。
③ タブ	初期状態では、8つのタブが表示されています。名前の部分をクリックしてタブを切り替えます。
④ リボン	コマンドを一連のタブに整理して表示します。コマンドはグループ分けされています。
⑤ 名前ボックス	現在選択されているセルのセル番地（列番号と行番号によってセルの位置を表したもの）、またはセル範囲の名前を表示します。
⑥ 数式バー	現在選択されているセルのデータまたは数式を表示します。
⑦ 行番号	行の位置を示す数字を表示しています。
⑧ 列番号	列の位置を示すアルファベットを表示しています。
⑨ セル	表のマス目です。操作の対象となっているセルを「アクティブセル」といいます。
⑩ シート見出し	シートを切り替える際に使用します。＜新しいシート＞（⊕）をクリックすると、新しいワークシートが挿入されます。
⑪ スクロールバー	シートを縦横にスクロールする際に使用します。
⑫ ステータスバー	操作の説明や現在の処理の状態などを表示します。
⑬ ワークシート	Excelの作業スペースです。
⑭ ズームスライダー	つまみをドラッグするか、縮小（－）、拡大（＋）をクリックして、シートの倍率を変更します。

2 ブック・シート・セル

「ブック」(=ファイル) は、1つまたは複数の「ワークシート」や「グラフシート」から構成されています。

ワークシート

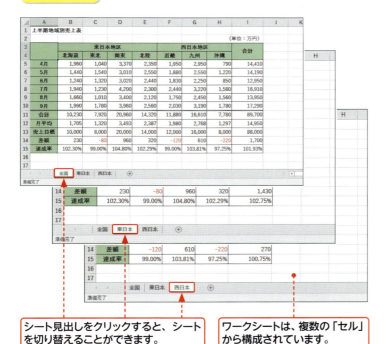

シート見出しをクリックすると、シートを切り替えることができます。

ワークシートは、複数の「セル」から構成されています。

グラフシート

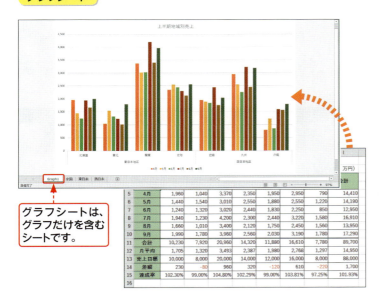

グラフシートは、グラフだけを含むシートです。

Section 04 Excelの画面構成とブックの構成

第1章 Excel 2016の基本操作

キーワード ブック

「ブック」とは、Excelで作成したファイルのことです。ブックは、1つあるいは複数のワークシートやグラフシートから構成されます。

キーワード セル

「セル」とは、ワークシートを構成する一つ一つのマス目のことです。ワークシートは、複数のセルから構成されており、このセルに文字や数値データを入力していきます。

キーワード グラフシート

「グラフシート」とは、グラフ (Sec.69参照) だけを含むシートのことです。グラフは、通常のワークシートに作成することもできます。

Section 05 リボンの基本操作

Excelでは、ほとんどの機能をリボンで実行することができます。Excelの初期設定では、8つのタブが表示されていますが、作業内容に応じて表示されるタブもあります。作業スペースが狭く感じるときは、リボンを折りたたんで、必要なときだけ表示させることもできます。

覚えておきたいキーワード
- リボン
- ダイアログボックス
- ミニツールバー

1 リボンを操作する

メモ Excel 2016のリボン

Excel 2016のリボンには、初期の状態で8つのタブが表示されており、コマンドが用途別の「グループ」に分かれています。各グループにあるコマンドをクリックすることによって、直接機能を実行したり、メニューやダイアログボックス、作業ウィンドウなどを表示して機能を実行します。

フォントや文字配置を変更するときは<ホーム>タブ、グラフを作成するときは<挿入>タブというように、作業に応じてタブを切り替えて使用します。

1 たとえば、グラフを作成するときは<挿入>タブをクリックして、

2 目的のグラフのコマンドをクリックします。

リボン　コマンド　グループ

3 コマンドをクリックしてドロップダウンメニューが表示されたときは、

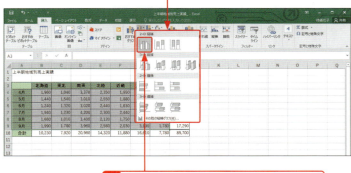

4 メニューから目的の機能をクリックします。

ヒント メニューの表示

コマンドの右側や下側に▼が表示されているときは、さらに詳細な機能が実行できることを示しています。▼をクリックすると、ドロップダウンメニュー(プルダウンメニューともいいます)が表示されます。

2 リボンの表示／非表示を切り替える

1 ＜リボンを折りたたむ＞をクリックすると、

2 リボンが折りたたまれ、タブの名前の部分のみが表示されます。

3 目的のタブの名前の部分をクリックすると、

4 リボンが一時的に表示され、クリックしたタブの内容が表示されます。

5 ＜リボンの固定＞をクリックすると、リボンが常に表示された状態になります。

メモ　リボンの表示／非表示

リボンの右下にある＜リボンを折りたたむ＞ をクリックすると、タブの名前の部分のみが表示されます。目的のタブをクリックすると、一時的にリボンが表示されます。非表示にしたリボンをもとに戻すには、＜リボンの固定＞ をクリックします。

ヒント　リボンを表示／非表示にするそのほかの方法

いずれかのタブを右クリックして、＜リボンを折りたたむ＞をクリックしても、リボンを非表示にできます。再度タブをクリックして、＜リボンを折りたたむ＞をクリックすると、リボンが表示されます。

ステップアップ　リボンの表示オプションを使って切り替える

画面右上にある＜リボンの表示オプション＞をクリックして、＜タブの表示＞をクリックすると、タブの名前の部分のみの表示になります。再度＜リボンの表示オプション＞をクリックして、＜タブとコマンドの表示＞をクリックすると、リボンが表示されます。

＜リボンの表示オプション＞でもリボンの表示／非表示を切り替えることができます。

3 リボンからダイアログボックスを表示する

メモ　追加のオプションがある場合

グループの右下に ![] (ダイアログボックス起動ツールと呼ばれます) が表示されているときは、そのグループに追加のオプションがあることを示しています。

ヒント　コマンドの機能を確認する

コマンドにマウスポインターを合わせると、そのコマンドの名称と機能を文章や画面のプレビューで確認することができます。

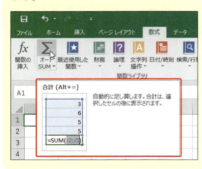

1. いずれかのタブをクリックして、
2. グループの右下にあるここをクリックすると、
3. ダイアログボックスが表示され、詳細な設定を行うことができます。

ヒント　コマンドの表示は画面によって変わる

タブのグループとコマンドの表示は、画面のサイズによって変わります。画面のサイズを小さくしている場合は、リボンが縮小してグループだけが表示される場合があります。この場合は、グループをクリックすると、そのグループ内のコマンドが表示されます。

画面のサイズが大きい場合

直接コマンドをクリックできます。

画面のサイズが小さい場合

1. グループをクリックしてから、
2. 目的のコマンドをクリックします。

4 作業に応じたタブが表示される

Section 05 リボンの基本操作

第1章 Excel 2016の基本操作

1 グラフを作成します（Sec.69参照）。

2 グラフをクリックすると、

3 ＜グラフツール＞の＜デザイン＞タブと＜書式＞タブが追加表示されます。

4 ＜デザイン＞タブをクリックすると、

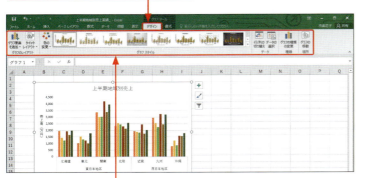

5 ＜デザイン＞タブの内容が表示されます。

メモ 作業に応じて表示されるタブ

作業に応じて表示されるタブには、＜グラフツール＞のほかに、画像を挿入すると表示される＜図ツール＞の＜書式＞タブ（Sec.87参照）、ピボットテーブルを作成すると表示される＜ピボットテーブルツール＞の＜分析＞タブ、＜デザイン＞タブなどがあります（Sec.84参照）。

ステップアップ ミニツールバーを利用する

セルを右クリックしたり、テキストを選択したりすると、ショートカットメニューと同時に「ミニツールバー」が表示されます。ミニツールバーには、書式設定のためのコマンドが用意されており、操作する対象によってコマンドの内容が変わります。セルを右クリックした場合は、下図のようなミニツールバーが表示されます。

1 セルを右クリックすると、

2 ショートカットメニューと同時にミニツールバーが表示されます。

39

Section 06 操作をもとに戻す・やり直す

覚えておきたいキーワード
☑ 元に戻す
☑ やり直し
☑ 繰り返し

操作をやり直したい場合は、クイックアクセスツールバーの＜元に戻す＞や＜やり直し＞を使います。直前の操作だけでなく、複数の操作をまとめてもとに戻すこともできます。また、クイックアクセスツールバーに＜繰り返し＞を追加しておくと、直前に行った操作を繰り返し実行することもできます。

1 操作をもとに戻す

メモ 操作をもとに戻す

クイックアクセスツールバーの＜元に戻す＞ をクリックすると、直前に行った操作を最大100ステップまで取り消すことができます。ただし、ファイルをいったん終了すると、もとに戻すことはできなくなります。

間違えてデータを削除してしまった操作を例にします。

1 セル範囲を選択して、

3		北海道	東北	関東	北陸	合計
4	7月	1,940	1,230	4,200	2,300	9,670
5	8月	1,660	1,010	3,400	2,120	8,190
6	9月	1,990	1,780	3,960	2,560	10,290
7	合計	5,590	4,020	11,560	6,980	28,150

2 Delete を押して削除します。

ステップアップ 複数の操作をもとに戻す

直前の操作だけでなく、複数の操作をまとめて取り消すことができます。＜元に戻す＞ の をクリックし、表示される一覧から戻したい操作をクリックします。やり直す場合も、同様の操作が行えます。

1 ＜元に戻す＞のここをクリックすると、

2 複数の操作をまとめて取り消すことができます。

3 ＜元に戻す＞をクリックすると、

4 直前に行った操作（データの削除）が取り消されます。

3		北海道	東北	関東	北陸	合計
4	7月	1,940	1,230	4,200	2,300	9,670
5	8月	1,660	1,010	3,400	2,120	8,190
6	9月	1,990	1,780	3,960	2,560	10,290
7	合計	5,590	4,020	11,560	6,980	28,150

2 操作をやり直す

前ページの、直前に行った操作が取り消された状態から実行します。

1 <やり直し>をクリックすると、

メモ 操作をやり直す

クイックアクセスツールバーの<やり直し> をクリックすると、取り消した操作を順番にやり直すことができます。ただし、ファイルをいったん終了すると、やり直すことはできなくなります。

2 取り消した操作がやり直され、データが削除されます。

ステップアップ 直前の操作を繰り返す

クイックアクセスツールバーに<繰り返し>コマンドを追加すると（P.300参照）、直前に行った操作を繰り返し実行することができます。ただし、データ入力や計算など、操作によっては繰り返しができないものがあります。

1 セルの文字列に斜体を設定します。

2 セル範囲を選択して、

3 <繰り返し>をクリックすると、

4 直前に行った操作（斜体の設定）が繰り返されます。

Section 07 表示倍率を変更する

覚えておきたいキーワード
- ☑ 表示倍率
- ☑ ズーム
- ☑ 全画面表示モード

ワークシートの文字が小さすぎて読みにくい場合や、表が大きすぎて全体が把握できない場合は、画面右下の**ズームスライダー**や**<表示>タブの<ズーム>**を利用して、**表示倍率を変更**することができます。表示倍率の変更は画面上の表示が変わるだけで、印刷には反映されません。

1 ワークシートを拡大／縮小表示する

メモ 表示倍率は印刷に反映されない

表示倍率は印刷には反映されません。ワークシートを拡大／縮小して印刷したい場合は、Sec.61を参照してください。

ステップアップ <ズーム>ダイアログボックスを利用する

ワークシートの表示倍率は、<表示>タブの<ズーム>グループの<ズーム>を利用して変更することもできます。<ズーム>をクリックし、表示される<ズーム>ダイアログボックスを利用します。

ここで倍率を指定します。

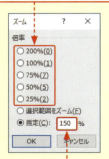

10～400の数値を直接入力することもできます。

初期の状態では、表示倍率は100%に設定されています。

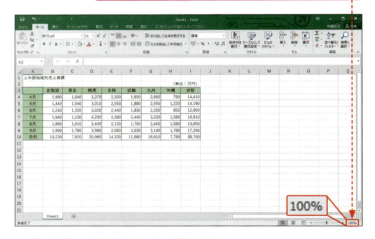

1 <ズーム>を左方向にドラッグすると、

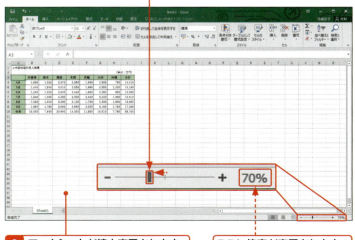

2 ワークシートが縮小表示されます。　　ここに倍率が表示されます。

2 選択したセル範囲をウィンドウ全体に表示する

1 拡大表示したいセル範囲を選択します。
2 <表示>タブをクリックして、

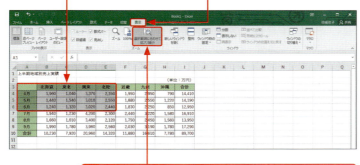

3 <選択範囲に合わせて拡大／縮小>をクリックすると、

4 選択したセル範囲が、画面全体に表示されます。

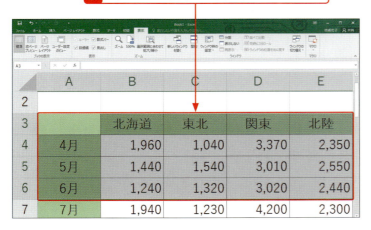

ヒント 標準の倍率に戻すには？

倍率を標準の100％に戻すには、<表示>タブの<100％>をクリックします。

標準の倍率に戻すには、<100％>をクリックします。

ステップアップ 全画面表示モードの利用

Excelの画面を「全画面表示モード」にすると、タイトルバーやリボンが非表示になり、その分、ワークシートの表示領域が広くなります。Excelの画面を全画面表示にするには、画面の右上にある<リボンの表示オプション>  をクリックして、<リボンを自動的に非表示にする>をクリックします。全画面表示モードを解除するには、画面上部をクリックしてリボンを表示し、<元のサイズに戻す> をクリックします。

1 <リボンの表示オプション>をクリックして、

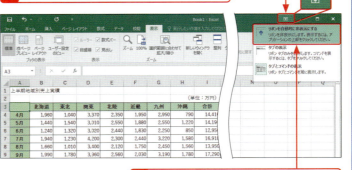

2 <リボンを自動的に非表示にする>をクリックすると、全画面表示になります。

Section 08 ブックを保存する

覚えておきたいキーワード
- ☑ 名前を付けて保存
- ☑ 上書き保存
- ☑ パスワード

ブックの保存には、新規に作成したブックや編集したブックにファイル名を付けて保存する「名前を付けて保存」と、ファイル名を変更せずに内容を更新する「上書き保存」があります。他人に内容を見られたくないブックや、内容を変更されると困るブックには、保存する際にパスワードを設定します。

1 ブックに名前を付けて保存する

 メモ　名前を付けて保存する

作成したブックをExcelブックとして保存するには、右の手順で操作します。一度保存したファイルを違う名前で保存することも可能です。また、保存したあとで名前を変更することもできます（P.47参照）。

 メモ　保存先が＜OneDrive＞の＜ドキュメント＞になる

お使いのパソコンの環境によっては、＜OneDrive＞の＜ドキュメント＞フォルダーが既定の保存先に指定されます。OneDriveに保存したくない場合は、手順5の画面で保存先を指定し直すとよいでしょう。

メモ　保存場所を指定する

ブックに名前を付けて保存するには、保存場所を先に指定します。パソコンに保存する場合は、＜このPC＞をクリックします。OneDrive（インターネット上の保存場所）に保存する場合は、＜OneDrive－個人用＞をクリックします。
また、＜参照＞をクリックして、保存先を指定することもできます。

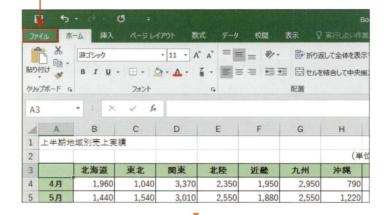

1 ＜ファイル＞タブをクリックして、

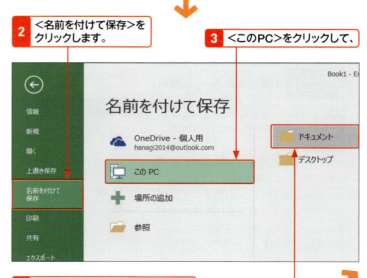

2 ＜名前を付けて保存＞をクリックします。

3 ＜このPC＞をクリックして、

4 ＜ドキュメント＞をクリックします。

第1章 Excel 2016の基本操作

44

ここで保存先を選ぶこともできます。

5 ファイル名を入力して、

右の「ヒント」参照

6 ＜保存＞をクリックすると、

7 ブックが保存され、タイトルバーにファイル名が表示されます。

ヒント 保存形式を選択する場合は？

Excel 2016で作成したブックは、「Excelブック」形式で保存されます。そのほかの形式で保存したい場合は、＜名前を付けて保存＞ダイアログボックスの＜ファイルの種類＞の横をクリックし、表示される一覧で指定します。

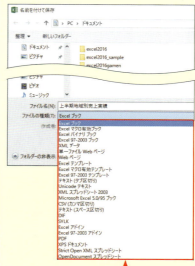

「Excelブック」形式以外で保存したい場合は、ファイルの種類を指定します。

---

2 ブックを上書き保存する

1 ＜上書き保存＞をクリックすると、

2 ブックが上書き保存されます。

メモ 上書き保存を行うそのほかの方法

上書き保存は、＜ファイル＞タブをクリックして、＜上書き保存＞をクリックしても行うことができます。

Section 08 ブックを保存する

第1章 Excel 2016の基本操作

45

3 ブックにパスワードを設定する

メモ　パスワードの設定

他人に内容を見られたくないブックや、変更されては困るブックを保存する際は、パスワードを設定しておくとよいでしょう。右の手順では、「読み取りパスワード」を設定していますが、「書き込みパスワード」を設定することもできます。「読み取りパスワード」はブックを開くために必要なパスワード、「書き込みパスワード」はブックを上書き保存するために必要なパスワードです。

ヒント　バックアップファイルを作成する

「バックアップファイル」とは、ブックを上書き保存する際に、もとのブックの内容を別のファイルとして残したもののことです。＜全般オプション＞ダイアログボックスの＜バックアップファイルを作成する＞をクリックしてオンにすると、上書き保存時にバックアップファイルを作成することができます。

ステップアップ　読み取り専用モードで保存する

＜全般オプション＞ダイアログボックスの＜読み取り専用を推奨する＞をクリックしてオンにすると、ブックを読み取り専用モードで開くことが推奨されます。読み取り専用モードで開いたブックは、編集した内容を上書き保存できません。

ヒント　パスワードを解除するには？

パスワードが設定されたブックを開いて（次ページの「メモ」参照）、右の方法で＜全般オプション＞ダイアログボックスを表示します。設定したパスワードを削除し、＜OK＞をクリックして保存し直すと、パスワードが解除できます。

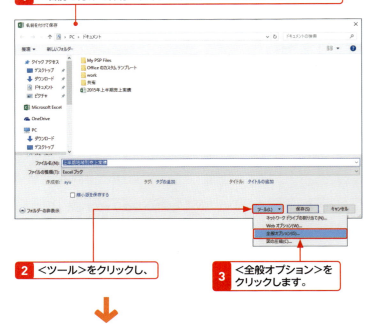

1 ＜名前を付けて保存＞ダイアログボックスを表示して（P.44参照）、

2 ＜ツール＞をクリックし、

3 ＜全般オプション＞をクリックします。

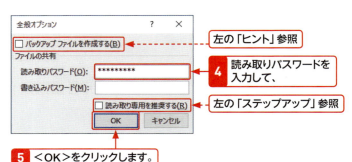

左の「ヒント」参照

4 読み取りパスワードを入力して、

左の「ステップアップ」参照

5 ＜OK＞をクリックします。

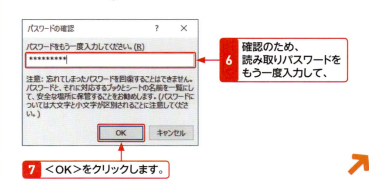

6 確認のため、読み取りパスワードをもう一度入力して、

7 ＜OK＞をクリックします。

8 ファイル名を入力して、

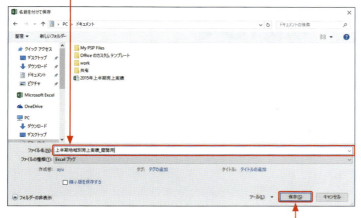

9 <保存>をクリックすると、ブックにパスワードが設定されて保存されます。

> **メモ** パスワードを設定したブックを開く
>
> パスワードを設定したブックを開こうとすると、下図のようなダイアログボックスが表示されます。正しいパスワードを入力しないと、ブックを開いたり、上書き保存したりすることができないので注意が必要です。
>
>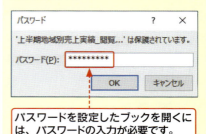
>
> パスワードを設定したブックを開くには、パスワードの入力が必要です。

ステップアップ 保存後にファイル名を変更する

ブックに付けたファイル名をあとから変更するには、エクスプローラーを利用します。タスクバーの<エクスプローラー> アイコンをクリックして、保存先のフォルダーを表示します。ブックをクリックして<ホーム>タブの<名前の変更>をクリックすると、ファイル名が入力できる状態になります。

また、名前を変更したいブックを右クリックすると表示されるメニューから<名前の変更>をクリックしても、ファイル名が入力できる状態になります。ただし、どちらの方法も、ブックが開かれていると変更できません。

1 名前を変更したいブックをクリックして、

2 <ホーム>タブをクリックし、

3 <名前の変更>をクリックします。

4 ファイル名が入力できる状態になるので、新しいファイル名を入力して Enter を押すと、名前が変更されます。

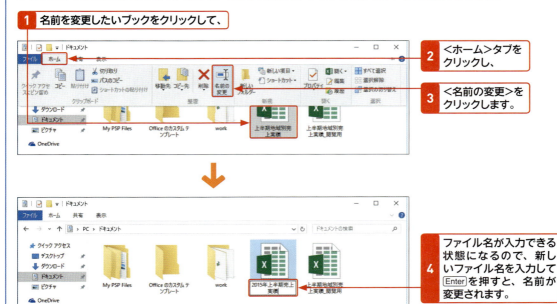

Section 09 ブックを閉じる

覚えておきたいキーワード
- ☑ 閉じる
- ☑ 保存していないブックの回復
- ☑ 自動保存

作業が終了してブックを保存したら、ブックを閉じます。ブックを閉じても Excel自体は終了しないので、新規のブックを作成したり、保存したブックを開いたりして、すぐに作業を始めることができます。また、ブックを保存せずに閉じてしまった場合でも、4日以内であれば復元することができます。

1 保存したブックを閉じる

 ヒント 複数のブックが開いている場合

複数のブックを開いている場合は、右の操作を行うと、現在作業中のブックだけが閉じます。

 メモ 変更を保存していない場合

変更を加えたブックを上書き保存しないで閉じようとすると、下図のようなダイアログボックスが表示されます。ブックの変更を保存して閉じる場合は＜保存＞を、変更を保存しないで閉じる場合は＜保存しない＞を、閉じずに作業に戻る場合は＜キャンセル＞をそれぞれクリックします。

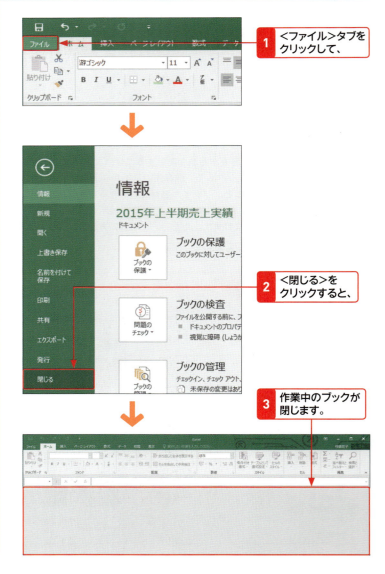

ステップアップ 保存せずに閉じたブックを回復する

Excelでは、作成したブックや編集内容を保存せずに閉じた場合、4日以内であればブックを回復することができます。

この機能は初期設定で有効になっています。もし、保存されない場合は、＜ファイル＞タブから＜オプション＞をクリックします。＜Excelのオプション＞ダイアログボックスが表示されるので、＜保存＞をクリックして、＜次の間隔で自動回復用データを保存する＞をオンにして保存する間隔を指定し、＜保存しないで終了する場合、最後に自動保存されたバージョンを残す＞をオンにします。

保存を忘れたブックを回復する

1 ＜ファイル＞タブをクリックして、＜開く＞をクリックし、

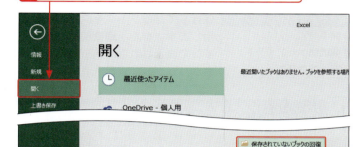

2 ＜保存されていないブックの回復＞をクリックします。

3 回復したいブックをクリックして、

4 ＜開く＞をクリックし、

5 ＜名前を付けて保存＞をクリックして、名前を付けて保存します。

編集内容を保存せずに閉じたファイルを開く

1 編集内容を戻したいブックを開き、＜ファイル＞タブをクリックします。

2 ＜情報＞をクリックし、

3 （保存しないで終了）と表示されているブックをクリックします。

4 ＜元に戻す＞をクリックすると、自動保存されたバージョンで上書きされます。

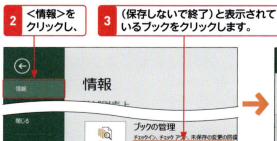
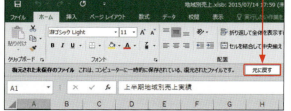

Section 10 ブックを開く

覚えておきたいキーワード
☑ 開く
☑ 最近使ったアイテム
☑ ジャンプリスト

保存してあるブックを開くには、＜ファイルを開く＞ダイアログボックスを利用します。また、最近使用したブックを開く場合は、＜ファイル＞タブの＜開く＞で表示される＜最近使ったアイテム＞や、タスクバーのExcelアイコンを右クリックして表示されるジャンプリストから開くこともできます。

1 保存してあるブックを開く

ヒント ブックのアイコンから開く

デスクトップ上やフォルダーの中にあるExcel 2016のブックを直接開いて作業を行いたい場合は、ブックのアイコンをダブルクリックします。

デスクトップに保存されたExcel 2016のブックのアイコン

メモ 最近使ったアイテムの一覧から開く

＜ファイル＞タブをクリックして、＜開く＞をクリックすると、最近使ったアイテムの一覧が表示されます。この中から目的のブックをクリックしても開くことができます。

最近使ったブックの一覧が表示されます。

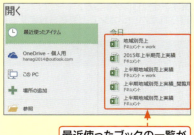

1 ＜ファイル＞タブをクリックして、

2 ＜開く＞をクリックします。　**3** ＜このPC＞をクリックして、

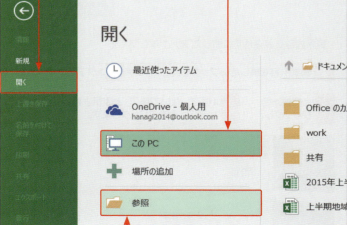

4 ＜参照＞をクリックします。

5 ブックが保存されているフォルダーを指定し、

6 目的のブックをクリックして、

7 <開く>をクリックすると、

↓

8 目的のブックが開きます。

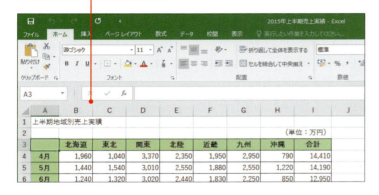

メモ ＜OneDrive＞に保存した場合

ブックを＜OneDrive＞に保存した場合は、手順**4**で＜参照＞をクリックすると、＜OneDrive＞の＜ドキュメント＞フォルダーが開きます。

ヒント 保存したブックを削除するには？

保存してあるブックを削除するには、エクスプローラーで保存先のフォルダーを開いて、削除したいブックを＜ごみ箱＞へドラッグします。あるいは、ブックを右クリックして＜削除＞をクリックします。ただし、ブックが開かれていると削除できません。

ブックを＜ごみ箱＞へドラッグします。

ステップアップ タスクバーのジャンプリストからブックを開く

Excelを起動すると、タスクバーにExcelのアイコンが表示されます。そのアイコンを右クリックすると最近編集・保存したブックの一覧が表示されるので、そこから目的のブックを開くこともできます。
また、Excelのアイコンをタスクバーに登録しておくと（P.33の「ステップアップ」参照）、Excelが起動していなくても、ジャンプリストを開くことができます。

1 タスクバーのアイコンを右クリックして、

2 目的のブックをクリックします。

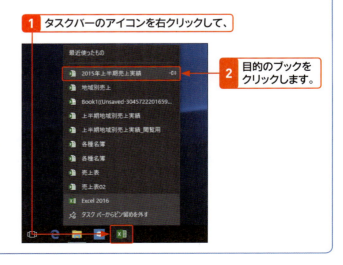

Section 11 ヘルプ画面を表示する

覚えておきたいキーワード
- ☑ 操作アシスト
- ☑ 詳細情報
- ☑ Excel ヘルプ

Excelの操作方法などがわからないときは、Excelヘルプを利用します。Excel 2016のヘルプ画面は、＜操作アシスト＞ボックスで検索されるメニューから表示したり、コマンドにマウスポインターを合わせて＜詳細情報＞をクリックしたり、キーボードの F1 を押すことで表示できます。

1 ＜Excel 2016ヘルプ＞画面を利用する

メモ ＜詳細情報＞からヘルプを表示する

調べたいコマンドにマウスポインターを合わせると表示されるポップアップ画面に＜詳細情報＞と表示されている場合は、＜詳細情報＞をクリックすると、ヘルプ画面が開きます。

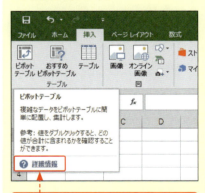

＜詳細情報＞をクリックすると、ヘルプ画面が開きます。

ヒント ヘルプ画面で検索する

F1 を押すと、「サポートが必要ですか？」と表示されたヘルプ画面が表示されます。検索ボックスに調べたい項目を入力して、右横の 🔍 をクリックするか、Enter を押しても、調べたい項目を検索することができます。

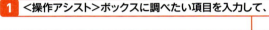

1 ＜操作アシスト＞ボックスに調べたい項目を入力して、

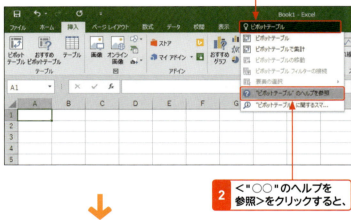

2 ＜"○○"のヘルプを参照＞をクリックすると、

↓

3 ＜Excel 2016ヘルプ＞画面が表示され、操作方法などを確認することができます。

左の「ヒント」参照

Chapter 02

第2章

表作成の基本

Section	12	表作成の基本を知る
	13	新しいブックを作成する
	14	データ入力の基本
	15	同じデータを入力する
	16	連続したデータを入力する
	17	データを修正する
	18	データを削除する
	19	セル範囲を選択する
	20	データをコピー・移動する
	21	合計や平均を計算する
	22	罫線を引く

Section 12 表作成の基本を知る

覚えておきたいキーワード
- ☑ データの入力
- ☑ 計算
- ☑ 罫線

Excelで表を作成するには、まず、必要なデータを用意し、どのような表を作成するかをイメージします。準備ができたらデータを入力し、必要に応じて編集や計算を行い、罫線を引きます。最後に、文字書式を設定したりセルに背景色を付けたりして、表を完成させます。

1 新しいブックを作成する

最初に新しいブックを作成します。新しいブックを白紙の状態から作成するには、＜ファイル＞タブをクリックして＜新規＞をクリックし、＜空白のブック＞をクリックします。

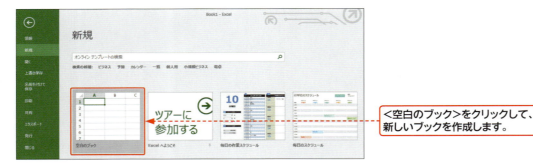

＜空白のブック＞をクリックして、新しいブックを作成します。

2 データを入力／編集する

データを入力し、必要に応じて編集します。Excelではデータを入力すると、ほかの表示形式を設定していない限り、適切な表示形式が自動的に設定されます。同じデータや連続したデータを入力するための便利な機能も用意されています。

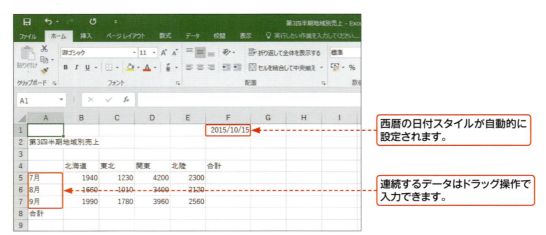

西暦の日付スタイルが自動的に設定されます。

連続するデータはドラッグ操作で入力できます。

3 必要な計算をする

合計や平均など、必要な計算を行います。Excelでは、同じ列や行に数値が連続して入力されている場合、<ホーム>タブや<数式>タブの<オートSUM>を利用すると、合計や平均などの結果をかんたんに求めることができます。

	A	B	C	D	E	F	G	H
1						2015/10/15		
2	第3四半期地域別売上							
3								
4		北海道	東北	関東	北陸	合計		
5	7月	1940	1230	4200	2300	9670		
6	8月	1660	1010	3400	2120	8190		
7	9月	1990	1780	3960	2560	10290		
8	合計	5590	4020	11560	6980	28150		
9	月平均	1863.333	1340	3853.333	2326.667	9383.33333		
10								

合計や平均など、必要な計算を行います。

4 セルに罫線を引く

表が見やすいようにセルに罫線を引きます。<ホーム>タブの<罫線>を利用すると、罫線をかんたんに引くことができます。罫線のスタイルや色も任意に設定することができます。

	A	B	C	D	E	F	G	H
1						2015/10/15		
2	第3四半期地域別売上							
3						(単位：万円)		
4		北海道	東北	関東	北陸	合計		
5	7月	1940	1230	4200	2300	9670		
6	8月	1660	1010	3400	2120	8190		
7	9月	1990	1780	3960	2560	10290		
8	合計	5590	4020	11560	6980	28150		
9	月平均	1863.333	1340	3853.333	2326.667	9383.33333		
10								

罫線を引いて表を見やすくします。

5 文字書式や背景色を設定する

セルの表示形式、文字スタイル、文字配置などを変更したり、セルに背景色を付けたりして、表を完成させます。セルのスタイルやテーマを利用して、表の見た目をまとめて変更することもできます。

	A	B	C	D	E	F	G	H
1						2015/10/15		
2	第3四半期地域別売上							
3						(単位：万円)		
4		北海道	東北	関東	北陸	合計		
5	7月	1,940	1,230	4,200	2,300	9,670		
6	8月	1,660	1,010	3,400	2,120	8,190		
7	9月	1,990	1,780	3,960	2,560	10,290		
8	合計	5,590	4,020	11,560	6,980	28,150		
9	月平均	1,863	1,340	3,853	2,327	9,383		
10								

文字書式を設定したり背景色を付けると完成です。

Section 13 新しいブックを作成する

覚えておきたいキーワード
- ☑ 空白のブック
- ☑ テンプレート
- ☑ Backstage ビュー

新しいブックを白紙の状態から作成するには、＜ファイル＞タブをクリックして＜新規＞をクリックし、＜空白のブック＞をクリックします。あらかじめ書式設定や計算式などが設定されているテンプレートから新しいブックを作成することもできます。

第2章 表作成の基本

1 ブックを新規作成する

 メモ　ブックごとのウィンドウ

Excel 2016では、ブックごとにウィンドウが開くので、2つのブックを同時に開いて作業しやすくなっています。

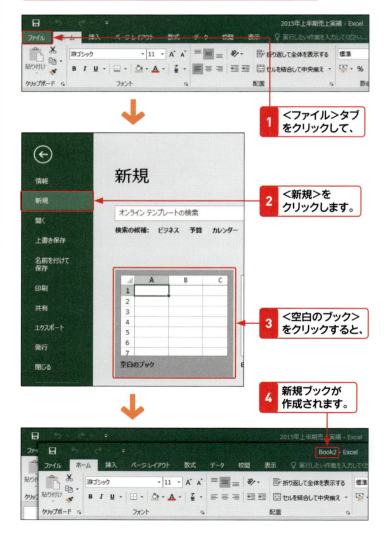

1. ＜ファイル＞タブをクリックして、
2. ＜新規＞をクリックします。
3. ＜空白のブック＞をクリックすると、
4. 新規ブックが作成されます。

すでにExcelを使っている状態から新しいブックを作成します。

メモ　新しいブックの名前

新しく作成したブックには、「Book2」「Book3」のような仮の名前が付けられます。ブックに名前を付けて保存すると、その名前に変更されます。

仮の名前

56

2 テンプレートを利用して新規ブックを作成する

ここでは、テンプレートをキーワードで検索します。

1 <ファイル>タブをクリックして、

2 <新規>をクリックします。

3 利用したいテンプレートのキーワード（ここでは「請求書」）を検索ボックスに入力して、

4 <検索の開始>をクリックします。

5 キーワードに該当するテンプレートが表示されるので、

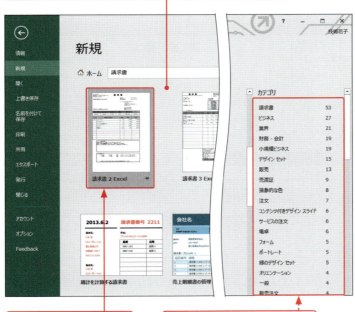

6 目的のテンプレートをクリックします。

<カテゴリ>からテンプレートを絞り込むこともできます。

🔍 キーワード テンプレート

「テンプレート」とは、ブックを作成する際にひな形となるファイルのことです。書式設定や計算式などがすべて設定されているので、作成したい文書のテンプレートがある場合、白紙の状態から作成するより効率的です。

💡 ヒント テンプレートの検索

左の手順ではキーワードで検索しましたが、<検索の候補>にある「ビジネス」「予算」などの項目をクリックして、目的のテンプレートを探すこともできます。また、<新規>画面に目的のテンプレートがある場合は、そこから選択することもできます。

Section 13　新しいブックを作成する

第2章 表作成の基本

57

メモ テンプレートのプレビュー

目的のテンプレートをクリックすると、手順7のようにプレビューが表示されるので、内容を確認できます。また、左右の矢印をクリックすると、次のテンプレートや前のテンプレートを順に表示することができます。
プレビューを閉じるには、プレビュー画面右上の<閉じる>をクリックします。

クリックすると、プレビューが閉じます。

テンプレートが複数枚ある場合は、ここで確認できます。

次のテンプレートや前のテンプレートを順に表示します。

ヒント テンプレートの保存

テンプレートは、通常のExcelブックと同じように扱うことができます。保存する際は、Excelブックとしても、テンプレートとしても保存することができます。テンプレートとして保存した場合は、<ドキュメント>内の<Officeのカスタムテンプレート>に保存されます。

7 テンプレートがプレビューされるので、

8 内容を確認して<作成>をクリックすると、

左の「メモ」参照

↓

9 テンプレートが開きます。

10 通常のブックと同様に編集することができます。

 メモ Backstageビュー

＜ファイル＞タブをクリックすると、「Backstageビュー」と呼ばれる画面が表示されます。Backstageビューには、新規、開く、保存、印刷、閉じるなどといったファイルに関する機能や、Excelの操作に関するさまざまなオプションが設定できる機能が搭載されています。

ここでは＜情報＞を表示しています。

ここをクリックすると、ワークシートに戻ります。

＜ファイル＞タブから利用できる機能が表示されます。

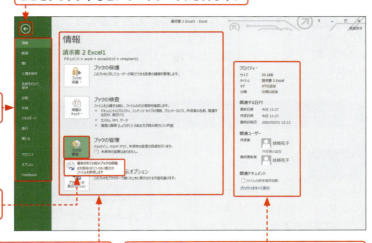

▼の付いた項目をクリックすると、設定できるメニューが表示されます。

さまざまな機能や設定項目が表示されます。

現在開いているブックの詳細情報が表示されます。

ステップアップ ブックを切り替える

複数のブックを開いた状態で、タスクバーのアイコンにマウスポインターを合わせると、開いているブックがサムネイル（画面の縮小版）で表示されます。そのなかの1つにマウスポインターを合わせると、その画面がプレビュー表示されます。開きたいブックのサムネイルをクリックすると、ブックを切り替えることができます。
また、サムネイルの右上に表示されている ✕ をクリックすると、そのブックが閉じます。

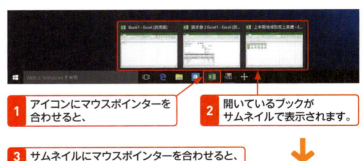

1 アイコンにマウスポインターを合わせると、

2 開いているブックがサムネイルで表示されます。

3 サムネイルにマウスポインターを合わせると、

4 そのブックがプレビュー表示されます。

ここをクリックすると、そのブックが閉じます。

Section 14 データ入力の基本

覚えておきたいキーワード
- ☑ アクティブセル
- ☑ 表示形式
- ☑ 入力モード

セルにデータを入力するには、セルをクリックして選択状態（アクティブセル）にします。データを入力すると、ほかの表示形式が設定されていない限り、通貨スタイルや日付スタイルなど、適切な表示形式が自動的に設定されます。入力を確定するには、[Enter]や[Tab]を押します。

1 データを入力する

キーワード アクティブセル

セルをクリックすると、そのセルが選択され、グリーンの枠で囲まれます。これが、現在操作の対象となっているセルで、「アクティブセル」といいます。

メモ データ入力と確定

データを入力すると、セル内にカーソルが表示されます。入力を確定するには、[Enter]や[Tab]などを押してアクティブセルを移動します。確定する前に[Esc]を押すと、入力がキャンセルされます。

メモ ＜標準＞の表示形式

新規にワークシートを作成したとき、セルの表示形式は＜標準＞に設定されています。現在選択しているセルの表示形式は、＜ホーム＞タブの＜数値の書式＞に表示されます。

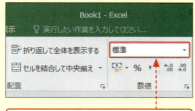

ここにセルの表示形式が表示されます。

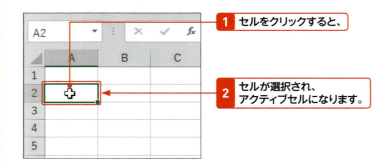

1 セルをクリックすると、
2 セルが選択され、アクティブセルになります。

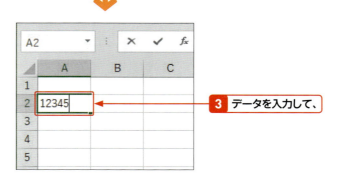

3 データを入力して、

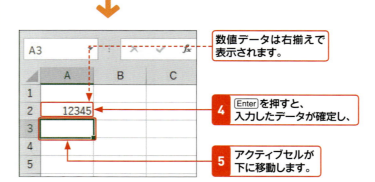

数値データは右揃えで表示されます。
4 [Enter]を押すと、入力したデータが確定し、
5 アクティブセルが下に移動します。

2 「,」や「¥」、「%」付きの数値を入力する

「,」(カンマ) 付きで数値を入力する

1 数値を3桁ごとに「,」で区切って入力し、

2 Enter を押して確定すると、記号なしの通貨スタイルが設定されます。

「¥」付きで数値を入力する

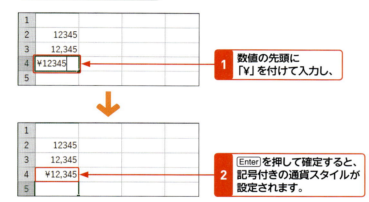

1 数値の先頭に「¥」を付けて入力し、

2 Enter を押して確定すると、記号付きの通貨スタイルが設定されます。

「%」付きで数値を入力する

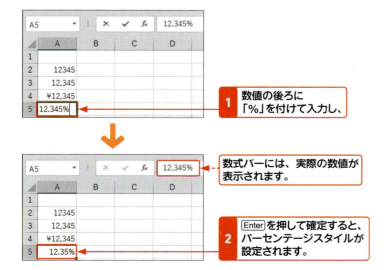

1 数値の後ろに「%」を付けて入力し、

数式バーには、実際の数値が表示されます。

2 Enter を押して確定すると、パーセンテージスタイルが設定されます。

メモ 「,」(カンマ) を付けて入力すると…

数値を3桁ごとに「,」(カンマ) で区切って入力すると、記号なしの通貨スタイルが自動的に設定されます。

メモ 「¥」を付けて入力すると…

数値の先頭に「¥」を付けて入力すると、記号付きの通貨スタイルが自動的に設定されます。

メモ 「%」を付けて入力すると…

「%」を数値の末尾に付けて入力すると、自動的にパーセンテージスタイルが設定され、「%の数値」の入力になります。初期設定では、小数点以下第3位が四捨五入されて表示されます。

Section 14 データ入力の基本

3 日付を入力する

メモ　日付や時刻の入力

「年、月、日」を表す数値を、西暦の場合は「/」（スラッシュ）や「-」（ハイフン）、和暦の場合は先頭に年号を表す記号を付けて「.」（ピリオド）で区切って入力すると、自動的に＜日付＞の表示形式が設定されます。
同様に、「時、分、秒」を表す数値を「:」（コロン）で区切って入力すると、自動的にユーザー定義の時刻スタイルが設定されます。

ヒント　「####」が表示される場合は？

列幅をユーザーが変更していない場合には、データを入力すると自動的に列幅が調整されますが、すでに列幅を変更しており、その列幅が不足している場合は、この表示が現れます。列幅を手動で調整すると、データが正しく表示されます（Sec.41参照）。

西暦の日付を入力する

1 数値を「/」（スラッシュ）で区切って入力し、

2 Enterを押して確定すると、西暦の日付スタイルが設定されます。

和暦の日付を入力する

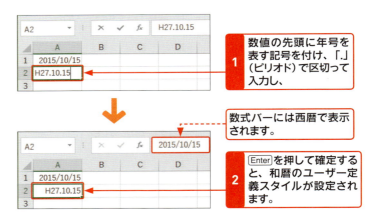

1 数値の先頭に年号を表す記号を付け、「.」（ピリオド）で区切って入力し、

数式バーには西暦で表示されます。

2 Enterを押して確定すると、和暦のユーザー定義スタイルが設定されます。

ステップアップ　アクティブセルの移動方向を変更する

Enterを押して入力を確定したとき、通常はアクティブセルが下に移動しますが、この方向は＜Excelのオプション＞ダイアログボックスで変更することができます。＜ファイル＞タブから＜オプション＞をクリックし、＜詳細設定＞をクリックして、＜方向＞のボックスをクリックし、セルの移動方向を指定します。

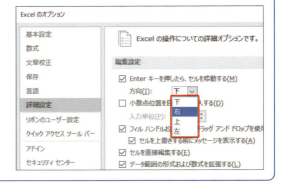

4 データを続けて入力する

1 データを入力・変換して、Enter を押さずに Tab を押すと、

2 アクティブセルが右のセルに移動します。

3 続けて Enter を押さずに Tab を押しながらデータを入力し、

4 行の末尾で Enter を押すと、

5 アクティブセルが、入力を開始したセルの直下に移動します。

6 同様にデータを入力していきます。

ヒント 入力モードの切り替え

Excel を起動したときは、入力モードが A (半角英数) になっています。日本語を入力するには、入力モードを あ (ひらがな) に切り替えてから入力します。入力モードを切り替えるには、半角／全角 を押します。

半角英数入力モード

ひらがな入力モード

ステップアップ キーボード操作によるアクティブセルの移動

アクティブセルの移動は、マウスでクリックする方法のほかに、キーボード操作でも行うことができます。データを続けて入力する場合は、キーボード操作で移動するほうが便利です。

移動先	キーボード操作
下のセル	Enter または ↓ を押す
上のセル	Shift + Enter または ↑ を押す
右のセル	Tab または → を押す
左のセル	Shift + Tab または ← を押す

ヒント 数値を全角で入力すると？

数値は全角で入力しても、自動的に半角に変換されます。ただし、文字列の一部として入力した数値は、そのまま全角で入力されます。

Section 15 同じデータを入力する

覚えておきたいキーワード
- ☑ オートコンプリート
- ☑ 予測入力
- ☑ 文字列をリストから選択

Excelでは、同じ列に入力されている文字と同じ読みの文字を何文字か入力すると、読みが一致する文字が自動的に表示されます。これをオートコンプリート機能と呼びます。また、同じ列に入力されている文字列をドロップダウンリストで表示し、リストから同じデータを入力することもできます。

1 オートコンプリートを使って入力する

🔍 キーワード　オートコンプリート

「オートコンプリート」とは、文字の読みを何文字か入力すると、同じ列にある読みが一致する文字が入力候補として自動的に表示される機能のことです。ただし、数値、日付、時刻だけを入力した場合は、オートコンプリートは機能しません。

💡 ヒント　予測候補の表示

Windowsに付属の日本語入力ソフト「Microsoft IME」では、読みを数文字入力すると、その読みに該当する候補が表示されます。また、同じ文字列を何度か入力して確定させると、その文字列が履歴として記憶され、変換候補として表示されます。この機能を「予測入力」といいます。

1 最初の数文字を入力すると、

2 入力履歴から変換候補が表示されます。

1 文字列を入力するセルをクリックして、
2 「と」と入力すると、
3 読みが「と」で始まる「東北」が表示されます。
4 Enterを押して確定すると、「東北」と入力されます。

オートコンプリートを無視する場合

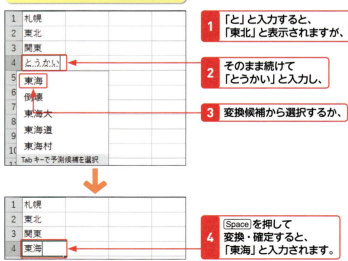

1 「と」と入力すると、「東北」と表示されますが、
2 そのまま続けて「とうかい」と入力し、
3 変換候補から選択するか、
4 Spaceを押して変換・確定すると、「東海」と入力されます。

2 入力済みのデータを一覧から選択して入力する

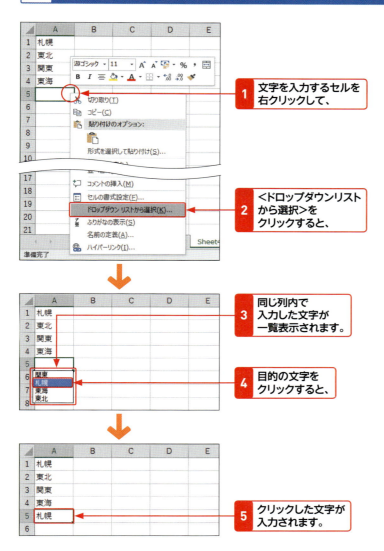

1. 文字を入力するセルを右クリックして、
2. <ドロップダウンリストから選択>をクリックすると、
3. 同じ列内で入力した文字が一覧表示されます。
4. 目的の文字をクリックすると、
5. クリックした文字が入力されます。

 メモ　リストを表示するそのほかの方法

文字を入力するセルをクリックして、[Alt]を押しながら[↓]を押しても、手順4のリストが表示されます。

 ヒント　書式や数式が自動的に引き継がれる

連続したセルのうち、3つ以上に太字や文字色などの同じ書式が設定されている場合、それに続くセルにデータを入力すると、上のセルの罫線以外の書式が自動的にコピーされます。

ヒント　オートコンプリートをオフにするには？

オートコンプリートを使用したくない場合は、<ファイル>タブをクリックして<オプション>をクリックします。<Excelのオプション>ダイアログボックスが表示されるので、<詳細設定>をクリックして、<オートコンプリートを使用する>をクリックしてオフにします。

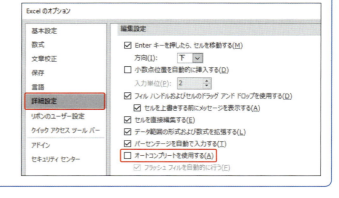

Section 15　同じデータを入力する

第2章　表作成の基本

65

Section 16 連続したデータを入力する

覚えておきたいキーワード
- フィルハンドル
- オートフィル
- 連続データ

オートフィル機能を利用すると、同じデータや連続するデータをすばやく入力することができます。オートフィルは、セルのデータをもとにして、連続するデータや同じデータをドラッグ操作で自動的に入力する機能です。書式のみをコピーすることもできます。

1 同じデータをコピーする

キーワード　オートフィル

「オートフィル」とは、セルのデータをもとにして、連続するデータや同じデータをドラッグ操作で自動的に入力する機能です。

メモ　オートフィルによるデータのコピー

連続データとみなされないデータや、数字だけが入力されたセルを1つだけ選択して、フィルハンドルをドラッグすると、データをコピーすることができます。「オートフィル」を利用するには、連続データの初期値やコピーもととなるデータの入ったセルをクリックして、「フィルハンドル」(セルの右下隅にあるグリーンの四角形)をドラッグします。

フィルハンドル

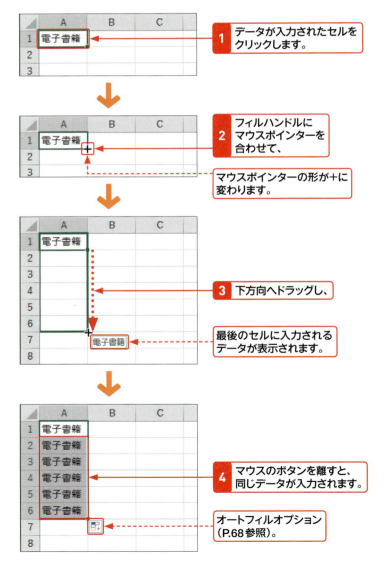

2 連続するデータを入力する

曜日を入力する

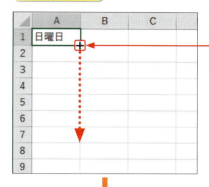

1 「日曜日」と入力されたセルをクリックして、フィルハンドルを下方向へドラッグします。

2 マウスのボタンを離すと、曜日の連続データが入力されます。

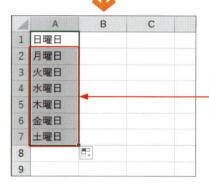

連続する数値を入力する

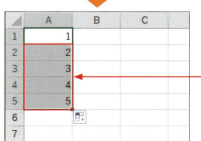

1 連続するデータが入力されたセルを選択し、フィルハンドルを下方向へドラッグします。

クイック分析（P.84の「ステップアップ」参照）

2 マウスのボタンを離すと、数値の連続データが入力されます。

ヒント　こんな場合も連続データになる

オートフィルでは、＜ユーザー設定リスト＞ダイアログボックス（下の「ステップアップ」参照）に登録されているデータが連続データとして入力されますが、それ以外にも、連続データとみなされるものがあります。

間隔を空けた2つ以上の数字

数字と数字以外の文字を含むデータ

ステップアップ　登録済みの連続データ

あらかじめ登録されている連続データは、＜ユーザー設定リスト＞ダイアログボックスで確認することができます。
＜ユーザー設定リスト＞ダイアログボックスは、＜ファイル＞タブから＜オプション＞をクリックし、＜詳細設定＞をクリックして、＜全般＞グループの＜ユーザー設定リストの編集＞をクリックすると表示されます。

登録済みの連続データ

3 間隔を指定して日付データを入力する

キーワード オートフィルオプション

オートフィルの動作は、右の手順のように、＜オートフィルオプション＞をクリックすることで変更できます。オートフィルオプションに表示されるメニューは、入力したデータの種類によって異なります。

メモ 日付の間隔の選択

オートフィルを利用して日付の連続データを入力した場合は、＜オートフィルオプション＞をクリックして表示される一覧から日付の間隔を指定することができます。

① 日単位
　日付が連続して入力されます。
② 週日単位
　日付が連続して入力されますが、土日が除かれます。
③ 月単位
　「1月1日」「2月1日」「3月1日」…のように、月単位で連続して入力されます。
④ 年単位
　「2015/1/1」「2016/1/1」「2017/1/1」…のように、年単位で連続して入力されます。

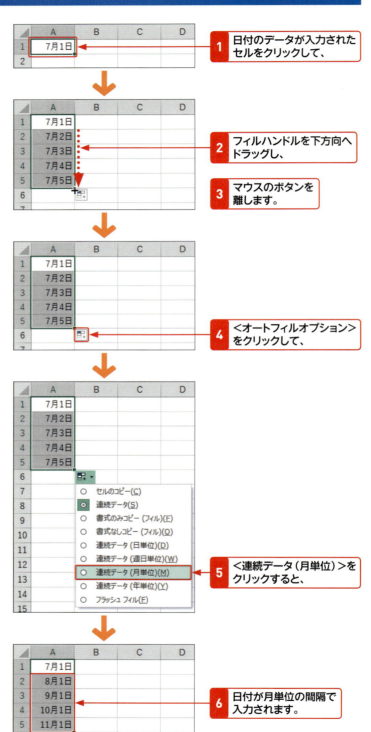

4 オートフィルの動作を変更して入力する

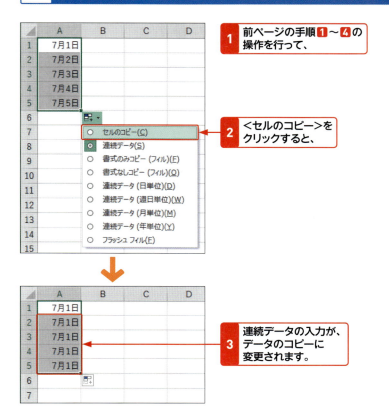

ヒント ＜オートフィルオプション＞をオフにするには？

＜オートフィルオプション＞が表示されないように設定することもできます。＜ファイル＞タブから＜オプション＞をクリックします。＜Excelのオプション＞ダイアログボックスが表示されるので、＜詳細設定＞をクリックして、＜コンテンツを貼り付けるときに［貼り付けオプション］ボタンを表示する＞と＜［挿入オプション］ボタンを表示する＞をクリックしてオフにします。

書式のみをコピーする

＜オートフィルオプション＞を利用すると、データと書式が設定されたセルをコピーしたあとに、書式のみのコピーや、書式なしのコピーに変更することもできます。

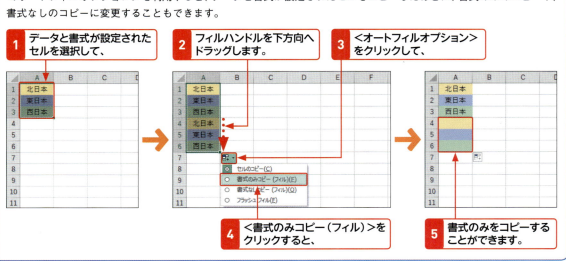

Section 17 データを修正する

覚えておきたいキーワード
- ☑ データの書き換え
- ☑ データの挿入
- ☑ 文字の置き換え

セルに入力した数値や文字を修正することはよくあります。セルに入力したデータを修正するには、セル内のデータをすべて書き換える方法とデータの一部を修正する方法があります。それぞれ修正方法が異なりますので、ここでしっかり確認しておきましょう。

1 セル内のデータ全体を書き換える

ヒント データの修正をキャンセルするには？

入力を確定する前に修正をキャンセルしたい場合は、Escを数回押すと、もとのデータに戻ります。また、入力を確定した直後に、<元に戻す> をクリックしても、入力を取り消すことができます。

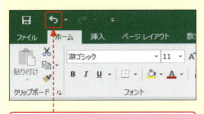

<元に戻す>をクリックすると、入力を取り消すことができます。

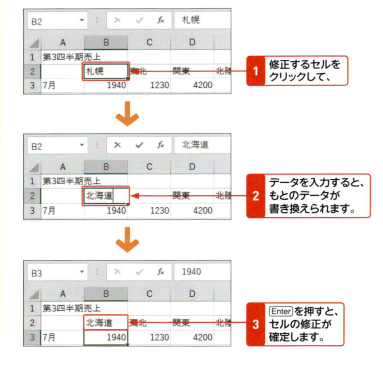

ステップアップ 数式バーを利用して修正する

セル内のデータの修正は、数式バーを利用しても行うことができます。目的のセルをクリックして数式バーをクリックすると、数式バー内にカーソルが表示され、データが修正できるようになります。

2 セル内のデータの一部を修正する

文字を挿入する

1 修正したいデータの入ったセルをダブルクリックすると、

2 セル内にカーソルが表示されます。

3 修正したい文字の後ろにカーソルを移動して、

4 データを入力すると、カーソルの位置にデータが入力されます。

5 Enter を押すと、セルの修正が確定します。

文字を上書きする

1 修正したいデータの入ったセルをダブルクリックして、

2 データの一部をドラッグして選択します。

3 データを入力すると、選択した部分が置き換えられます。

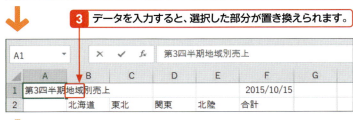

4 Enter を押すと、セルの修正が確定します。

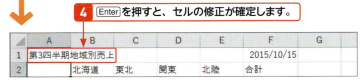

📝 メモ　データの一部の修正

セル内のデータの一部を修正するには、目的のセルをダブルクリックして、セル内にカーソルを表示します。その状態で、入力時と同様にデータを編集することができます。なお、ダブルクリックしたとき、目的の位置にカーソルが表示されていない場合は、セル内をクリックするか、←や→を押して、カーソルを移動します。

💡 ヒント　セル内にカーソルを表示しても修正できない

セル内にカーソルを表示してもデータを修正できない場合は、そのセルにデータがなく、いくつか左側のセルに入力されている長い文字列が、セルの上にまたがって表示されています。この場合は、文字列の左側のセルをダブルクリックして修正します。

このセルには何も入力されていません。

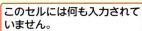

このセルに入力されています。

Section 18 データを削除する

覚えておきたいキーワード
- ☑ 削除
- ☑ クリア
- ☑ 数式と値のクリア

セル内のデータを削除するには、データを削除したいセルをクリックして、＜ホーム＞タブの＜クリア＞をクリックし、＜数式と値のクリア＞をクリックします。複数のセルのデータを削除するには、データを削除するセル範囲をドラッグして選択し、同様に操作します。

1 1つのセルのデータを削除する

メモ セルのデータを削除する

セル内のデータだけを削除するには、右の手順のほか、削除したいセルをクリックして、Delete または BackSpace を押すか、セルを右クリックして＜数式と値のクリア＞をクリックします。

1 データを削除するセルをクリックします。

2 ＜ホーム＞タブをクリックして、

3 ＜クリア＞をクリックし、

4 ＜数式と値のクリア＞をクリックすると、

5 セルのデータが削除されます。

Section 18
データを削除する

2 複数のセルのデータを削除する

1 データをクリアするセル範囲の始点となるセルにマウスポインターを合わせ、

2 そのまま終点となるセルまでをドラッグして、セル範囲を選択します。

3 ＜ホーム＞タブをクリックして、

4 ＜クリア＞をクリックし、

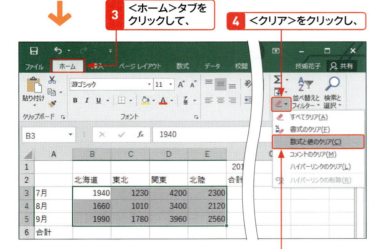

5 ＜数式と値のクリア＞をクリックすると、

6 選択したセル範囲のデータが削除されます。

キーワード クリア

「クリア」とは、セルの数式や値、書式を消す操作です。行や列、セルはそのまま残ります。

ヒント ＜すべてクリア＞と＜書式のクリア＞

手順4のメニュー内の＜すべてクリア＞は、データだけでなく、セルに設定されている書式も同時にクリアしたいときに利用します。＜書式のクリア＞は、セルに設定されている書式だけをクリアしたいときに利用します。

第2章 表作成の基本

Section 19 セル範囲を選択する

覚えておきたいキーワード
- ☑ セル範囲の選択
- ☑ アクティブセル領域
- ☑ 行や列の選択

データのコピーや移動、書式設定などを行う際には、操作の対象となるセルやセル範囲を選択します。複数のセルや行・列などを選択しておけば、1回の操作で書式などをまとめて変更できるので効率的です。セル範囲の選択には、マウスのドラッグ操作やキーボード操作など、いくつかの方法があります。

1 複数のセル範囲を選択する

メモ 選択方法の使い分け

セル範囲を選択する際は、セル範囲の大きさによって選択方法を使い分けるとよいでしょう。選択する範囲がそれほど大きくない場合はマウスでドラッグし、セル範囲が広い場合はマウスとキーボードで選択すると効率的です。

ヒント セル範囲が選択できない？

ドラッグ操作でセル範囲を選択するときは、マウスポインターの形が の状態で行います。セル内にカーソルが表示されているときや、マウスポインターが でないときは、セル範囲を選択することができません。

この状態ではセル範囲を選択できません。

マウス操作だけでセル範囲を選択する

1 選択範囲の始点となるセルにマウスポインターを合わせて、

	A	B	C	D	E	F
1	第3四半期地域別売上					2015/10/15
2		北海道	東北	関東	北陸	合計
3	7月	1940	1230	4200	2300	
4	8月	1660	1010	3400	2120	
5	9月	1990	1780	3960	2560	
6	合計					

⬇

2 そのまま、終点となるセルまでドラッグし、

	A	B	C	D	E	F
1	第3四半期地域別売上					2015/10/15
2		北海道	東北	関東	北陸	合計
3	7月	1940	1230	4200	2300	
4	8月	1660	1010	3400	2120	
5	9月	1990	1780	3960	2560	
6	合計					

⬇

3 マウスのボタンを離すと、セル範囲が選択されます。

	A	B	C	D	E	F
1	第3四半期地域別売上					2015/10/15
2		北海道	東北	関東	北陸	合計
3	7月	1940	1230	4200	2300	
4	8月	1660	1010	3400	2120	
5	9月	1990	1780	3960	2560	
6	合計					

マウスとキーボードでセル範囲を選択する

1 選択範囲の始点となるセルをクリックして、

1	第3四半期地域別売上					2015/10/15
2		北海道	東北	関東	北陸	合計
3	7月	1940	1230	4200	2300	
4	8月	1660	1010	3400	2120	
5	9月	1990	1780	3960	2560	
6	合計					

2 Shift を押しながら、終点となるセルをクリックすると、

3 セル範囲が選択されます。

1	第3四半期地域別売上					2015/10/15
2		北海道	東北	関東	北陸	合計
3	7月	1940	1230	4200	2300	
4	8月	1660	1010	3400	2120	
5	9月	1990	1780	3960	2560	
6	合計					

マウスとキーボードで選択範囲を広げる

1 選択範囲の始点となるセルをクリックします。

2		北海道	東北	関東	北陸	合計
3	7月	1940	1230	4200	2300	
4	8月	1660	1010	3400	2120	
5	9月	1990	1780	3960	2560	
6	合計					

2 Shift を押しながら → を押すと、右のセルに範囲が拡張されます。

2		北海道	東北	関東	北陸	合計
3	7月	1940	1230	4200	2300	
4	8月	1660	1010	3400	2120	
5	9月	1990	1780	3960	2560	
6	合計					

3 Shift を押しながら ↓ を押すと、下の行にセル範囲が拡張されます。

2		北海道	東北	関東	北陸	合計
3	7月	1940	1230	4200	2300	
4	8月	1660	1010	3400	2120	
5	9月	1990	1780	3960	2560	
6	合計					

ヒント 選択を解除するには？

選択したセル範囲を解除するには、マウスでワークシート内のいずれかのセルをクリックします。

タッチ タッチ操作でセル範囲を選択する

タッチ操作でセル範囲を選択する際は、始点となるセルを1回タップしてハンドル ○ を表示させたあと、ハンドルを終点となるセルまでスライドします。なお、タッチスクリーンの基本操作については、P.19を参照してください。

1 始点となるセルを1回タップし、

2 ハンドルを終点となるセルまでスライドします。

Section 19 セル範囲を選択する

第2章 表作成の基本

2 離れた位置にあるセルを選択する

メモ　離れた位置にあるセルの選択

離れた位置にある複数のセルを同時に選択したいときは、最初のセルをクリックしたあと、Ctrlを押しながら選択したいセルをクリックしていきます。

① 最初のセルをクリックして、

② Ctrlを押しながら別のセルをクリックすると、離れた位置にあるセルが追加選択されます。

3 アクティブセル領域を選択する

キーワード　アクティブセル領域

「アクティブセル領域」とは、アクティブセルを含む、データが入力された矩形（長方形）のセル範囲のことをいいます。ただし、間に空白の行や列があると、そこから先のセル範囲は選択されないので注意が必要です。アクティブセル領域の選択は、データが入力された領域にだけ書式を設定したい場合などに便利です。

① セルをクリックして、

② Ctrlを押しながらShiftと*を押すと、

③ アクティブセル領域が選択されます。

4 行や列を選択する

1 行番号にマウスマウスポインターを合わせて、

	A	B	C	D	E	F	G	H	I	J
1	第3四半期地域別売上					2015/10/15				
2		北海道	東北	関東	北陸	合計				
3	7月	1940	1230	4200	2300					
4	8月	1660	1010	3400	2120					
5	9月	1990	1780	3960	2560					
6	合計									

2 クリックすると、行全体が選択されます。

	A	B	C	D	E	F	G	H	I	J
1	第3四半期地域別売上					2015/10/15				
2		北海道	東北	関東	北陸	合計				
3	7月	1940	1230	4200	2300					
4	8月	1660	1010	3400	2120					
5	9月	1990	1780	3960	2560					
6	合計									

3 Ctrl を押しながら別の行番号をクリックすると、

	A	B	C	D	E	F	G	H	I	J
1	第3四半期地域別売上					2015/10/15				
2		北海道	東北	関東	北陸	合計				
3	7月	1940	1230	4200	2300					
4	8月	1660	1010	3400	2120					
5	9月	1990	1780	3960	2560					
6	合計									

4 離れた位置にある行が追加選択されます。

メモ 列の選択

列を選択する場合は、列番号をクリックします。複数の列をまとめて選択する場合は、列番号をドラッグします。行や列をまとめて選択することによって、行／列単位でのコピーや移動、挿入、削除などを行うことができます。

メモ 離れた位置にある列の選択

離れた位置にある列を同時に選択する場合は、最初の列番号をクリックしたあと、Ctrl を押しながら別の列番号をクリックまたはドラッグします。

5 行や列をまとめて選択する

1 行番号の上にマウスポインターを合わせて、

	A	B	C	D	E	F	G	H	I
1	第3四半期地域別売上					2015/10/15			
2		北海道	東北	関東	北陸	合計			
3	7月	1940	1230	4200	2300				
4	8月	1660	1010	3400	2120				
5	9月	1990	1780	3960	2560				
6	合計								

2 そのままドラッグすると、

	A	B	C	D	E	F	G	H	I
1	第3四半期地域別売上					2015/10/15			
2		北海道	東北	関東	北陸	合計			
3	7月	1940	1230	4200	2300				
4	8月	1660	1010	3400	2120				
5	9月	1990	1780	3960	2560				
6	合計								

3 複数の行が選択されます。

ステップアップ ワークシート全体を選択する

ワークシート左上の行番号と列番号が交差している部分をクリックすると、ワークシート全体を選択することができます。ワークシート内のすべてのセルの書式を一括して変更する場合などに便利です。

この部分をクリックすると、ワークシート全体が選択されます。

Section 19 セル範囲を選択する

第2章 表作成の基本

Section 20 データを コピー・移動する

覚えておきたいキーワード
- ☑ コピー
- ☑ 切り取り
- ☑ 貼り付け

セル内に入力したデータをコピー・移動するには、<ホーム>タブの<コピー>と<貼り付け>を使う、マウスの右クリックから表示されるメニューを使う、ドラッグ操作を使う、の3つの方法があります。ここでは、それぞれの方法を使ってコピーしたり移動したりする方法を解説します。

1 データをコピーする

ヒント セルの書式もコピー・移動される

右の手順のように、データが入力されているセルごとコピー（あるいは移動）すると、セルに入力されたデータだけではなく、セルに設定してある書式や表示形式も含めて、コピー（あるいは移動）されます。

1. コピーするセルをクリックして、
2. <ホーム>タブをクリックし、
3. <コピー>をクリックします。

メモ マウスの右クリックを使う

コピーするセルをマウスで右クリックし、表示されるメニューから<コピー>をクリックします。続いて、貼り付け先のセルを右クリックして<貼り付けのオプション>の<貼り付け> をクリックしても、データをコピーすることができます（P.80の「メモ」参照）。

4. 貼り付け先のセルをクリックして、

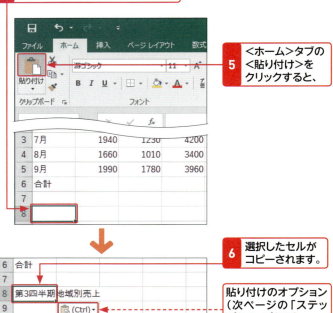

5. <ホーム>タブの<貼り付け>をクリックすると、

6. 選択したセルがコピーされます。

貼り付けのオプション（次ページの「ステップ」アップ参照）。

ヒント データの貼り付け

コピーもとのセル範囲が破線で囲まれている間は、データを何度でも貼り付けることができます。また、破線が表示されている状態で [Esc] を押すと、破線が消えてコピーが解除されます。

2 ドラッグ操作でデータをコピーする

1 コピーするセル範囲を選択します。

2 境界線にマウスポインターを合わせて[Ctrl]を押すと、ポインターの形が変わるので、

3 [Ctrl]を押しながらドラッグします。

4 表示される枠を目的の位置に合わせて、マウスのボタンを離すと、

5 選択したセル範囲がコピーされます。

メモ ドラッグ操作によるデータのコピー

選択したセル範囲の境界線上にマウスポインターを合わせて[Ctrl]を押すと、マウスポインターの形が ⛶ から ⛶ に変わります。この状態でドラッグすると、貼り付け先の位置を示す枠が表示されるので、目的の位置でマウスのボタンを離すと、セル範囲をコピーすることができます。

ステップアップ 貼り付けのオプション

データを貼り付けたあと、その結果の右下に表示される<貼り付けのオプション>をクリックするか、[Ctrl]を押すと、貼り付けたあとで結果を修正するためのメニューが表示されます(詳細はSec.46参照)。ドラッグでコピーした場合は表示されません。

1 <貼り付けのオプション>をクリックすると、

2 結果を修正するためのメニューが表示されます。

Section 20　データをコピー・移動する

3 データを移動する

メモ　マウスの右クリックを使う

移動する範囲を選択して、マウスで右クリックすると表示されるメニューから＜切り取り＞をクリックします。続いて、移動先のセルを右クリックして、＜貼り付けのオプション＞の＜貼り付け＞をクリックしても、データを移動することができます。

> マウスの右クリックからもコピーや移動が実行できます。

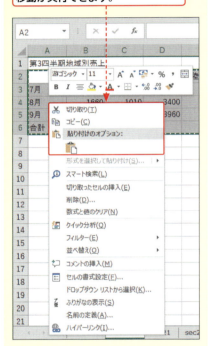

ヒント　移動をキャンセルするには？

移動するセル範囲に破線が表示されている間は、[Esc]を押すと、移動をキャンセルすることができます。移動をキャンセルすると、セル範囲の破線が消えます。

1. 移動するセル範囲を選択して、
2. ＜ホーム＞タブをクリックし、
3. ＜切り取り＞をクリックします。

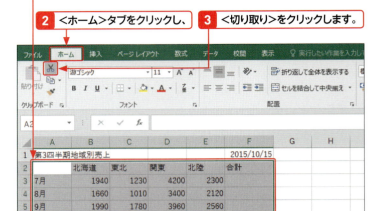

4. 移動先のセルをクリックして、

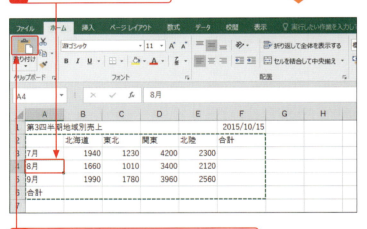

5. ＜ホーム＞タブの＜貼り付け＞をクリックすると、

6. 選択したセル範囲が移動されます。

第2章　表作成の基本

80

4 ドラッグ操作でデータを移動する

1 移動するセルをクリックして、

2 境界線にマウスポインターを合わせると、ポインターの形が変わります。

3 移動先へドラッグしてマウスのボタンを離すと、

4 選択したセルが移動されます。

メモ ドラッグ操作でコピー・移動する際の注意

ドラッグ操作でデータをコピーや移動したりすると、クリップボードにデータが保管されないため、データは一度しか貼り付けられず、＜貼り付けのオプション＞も表示されません。
また、移動先のセルにデータが入力されているときは、内容を置き換えるかどうかを確認するダイアログボックスが表示されます。

キーワード クリップボード

「クリップボード」とはWindowsの機能の1つで、コピーまたは切り取りの機能を利用したときに、データが一時的に保管される場所のことです。

ステップアップ ＜クリップボード＞作業ウィンドウの利用

＜ホーム＞タブの＜クリップボード＞グループの 🗔 をクリックすると、＜クリップボード＞作業ウィンドウが表示されます。これはWindowsのクリップボードとは異なる「Officeのクリップボード」です。Office 2016の各アプリケーションのデータを24個まで保管することができます。

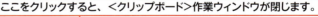
ここをクリックすると、＜クリップボード＞作業ウィンドウが閉じます。

最新のデータが一番上に表示されます。

複数のデータを保管して、内容を確認しながら貼り付けることができます。

Section 21 合計や平均を計算する

覚えておきたいキーワード
- オートSUM
- 関数
- クイック分析

表を作成する際は、行や列の合計を求める作業が頻繁に行われます。この場合、＜オートSUM＞コマンドを利用すると、数式を入力する手間が省け、計算ミスを防ぐことができます。連続したセル範囲の合計や平均を求める場合は、＜クイック分析＞コマンドを利用することもできます。

1 連続したセル範囲のデータの合計を求める

メモ ＜オートSUM＞の利用

＜ホーム＞タブの＜編集＞グループの＜オートSUM＞ をクリックすると、指定したセル範囲のデータの合計を求めることができます。また、＜数式＞タブの＜関数ライブラリ＞の＜オートSUM＞を利用しても、同様に合計を求めることができます。

キーワード SUM関数

＜オートSUM＞を利用して合計を求めたセルには、「SUM関数」が入力されています（手順4の図参照）。SUM関数は、指定された数値の合計を求める関数です。
書式：=SUM（数値1，数値2，…）
なお、関数や数式の詳しい使い方については、第3章を参照してください。

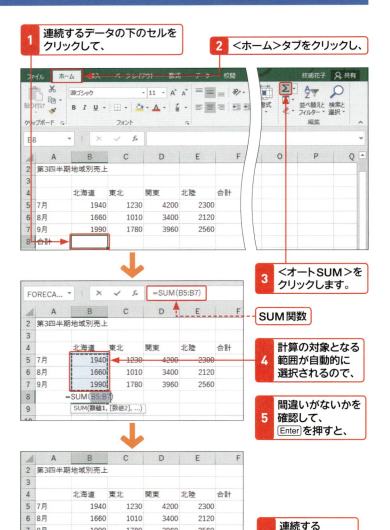

1 連続するデータの下のセルをクリックして、
2 ＜ホーム＞タブをクリックし、
3 ＜オートSUM＞をクリックします。
　　SUM関数
4 計算の対象となる範囲が自動的に選択されるので、
5 間違いがないかを確認して、Enterを押すと、
6 連続するデータの合計が求められます。

2 離れた位置にあるセルに合計を求める

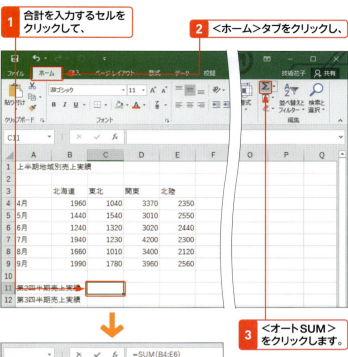

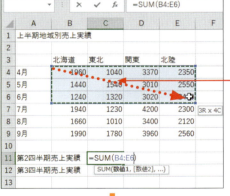

メモ 離れた位置にあるセル範囲の合計

合計の対象とするデータから離れた位置にあるセルや、別のワークシートなどにあるセルに合計を求める場合は、<オートSUM>を使って対象範囲を自動設定することができません。このようなときは、左の手順のように合計の対象とするセル範囲を指定します。

ヒント セル範囲を指定し直すには?

セル範囲を指定し直す場合は、Escを押してSUM関数の入力を中止し、再度<オートSUM>をクリックします。

3 複数の行と列、総合計をまとめて求める

メモ 複数の行と列、総合計をまとめて求める

複数の行と列の合計、総合計をまとめて求めるには、合計を求めるセルも含めてセル範囲を選択し、＜ホーム＞タブの＜オートSUM＞ Σ をクリックします。

1 合計を求めるセルも含めてセル範囲を選択します。

ヒント 複数の行や列の合計をまとめて求めるには？

複数の列の合計をまとめて求めたり、複数の行の合計をまとめて求めるには、行や列の合計を入力するセル範囲を選択して、＜ホーム＞タブの＜オートSUM＞ Σ をクリックします。

複数の列の合計をまとめて求める場合は、列の合計を入力するセル範囲を選択します。

2 ＜ホーム＞タブをクリックして、

3 ＜オートSUM＞をクリックすると、

4 列の合計、行の合計、総合計がまとめて求められます。

ステップアップ ＜クイック分析＞を利用する

Excel 2016では、連続したセル範囲の合計や平均を求める場合に、＜クイック分析＞を利用することができます。
目的のセル範囲をドラッグして、右下に表示される＜クイック分析＞ 圖 をクリックします。メニューが表示されるので、＜合計＞をクリックして、目的のコマンドをクリックします。メニューの左右にある矢印をクリックすると、隠れているコマンドが表示されます。

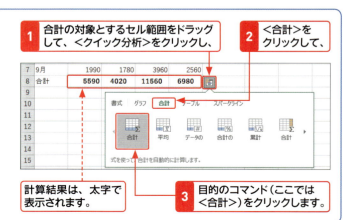

1 合計の対象とするセル範囲をドラッグして、＜クイック分析＞をクリックし、

2 ＜合計＞をクリックして、

計算結果は、太字で表示されます。

3 目的のコマンド（ここでは＜合計＞）をクリックします。

4 平均を求める

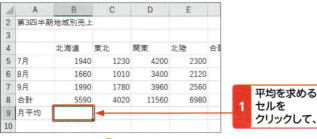

1 平均を求めるセルをクリックして、

2 <ホーム>タブをクリックし、

3 <オートSUM>のここをクリックして、

4 <平均>をクリックします。

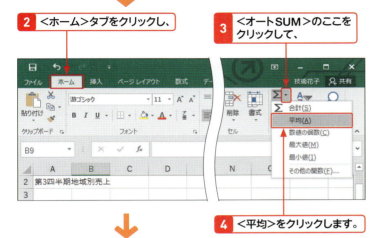

AVERAGE関数

5 計算対象のセル範囲をドラッグして、

6 Enterを押すと、

7 指定したセル範囲の平均が求められます。

メモ <オートSUM>で平均や最大値を求める

左の手順のように、<オートSUM> Σ の をクリックして表示される一覧から<平均>をクリックすると、指定したセル範囲の平均を求めることができます。合計や平均以外にも、数値の個数や最大値、最小値を求めることができます。

キーワード AVERAGE関数

「AVERAGE関数」(手順 5 の図参照) は、指定された数値の平均を求める関数です。

書式：= AVERAGE (数値1, 数値2, …)
なお、関数や数式の詳しい使い方については、第3章を参照してください。

Section 22 罫線を引く

覚えておきたいキーワード
- ☑ 罫線の作成
- ☑ 線のスタイル
- ☑ 線の色

ワークシートに目的のデータを入力したら、表が見やすいように罫線を引きます。セル範囲に罫線を引くには、＜ホーム＞タブの＜罫線＞を利用するか、＜セルの書式設定＞ダイアログボックスを利用します。線のスタイルや線の色を指定して罫線を引くこともできます。

1 選択したセル範囲に罫線を引く

メモ 罫線を引く

手順3で表示される罫線メニューの＜罫線＞欄には、13パターンの罫線の種類が用意されています。右の手順では、表全体に罫線を引きましたが、一部のセルだけに罫線を引くこともできます。最初に罫線を引きたい位置のセル範囲を選択して、罫線の種類を指定します。

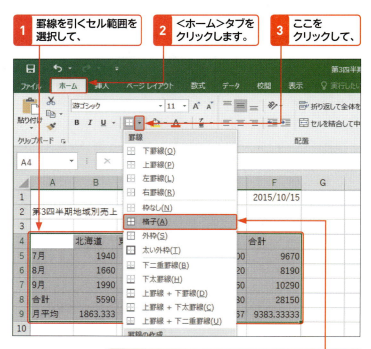

4 罫線の種類をクリックすると（ここでは＜格子＞）、

5 選択したセル範囲に格子の罫線が引かれます。

ヒント 罫線を削除するには?

罫線を削除するには、罫線を削除したいセル範囲を選択して罫線メニューを表示し、手順4で＜枠なし＞をクリックします。

2 セルに斜線を引く

1 <ホーム>タブをクリックして、
2 ここをクリックし、
3 <罫線の作成>をクリックします。

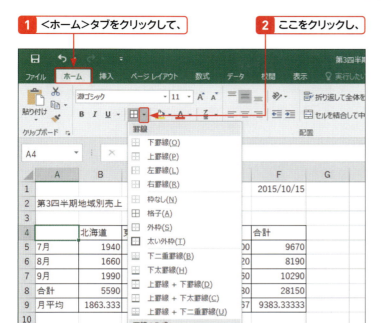

4 マウスポインターの形が変わった状態で、セルの角から角までドラッグすると、

5 斜線が引かれます。

6 Escを押して、マウスポインターをもとの形に戻します。

メモ ドラッグして罫線を引く

手順2の方法で表示される罫線メニューから<罫線の作成>をクリックすると、ワークシート上をドラッグすることで罫線を引くことができます。

ステップアップ ドラッグ操作で格子の罫線を引く

罫線メニューから<罫線グリッドの作成>をクリックしてセル範囲を選択すると、ドラッグしたセル範囲に格子の罫線を引くことができます。

ヒント 罫線の一部を削除するには？

罫線の一部を削除するには、罫線メニューから<罫線の削除>をクリックします。マウスポインターが消しゴムの形に変わるので、罫線を削除したい場所をドラッグ、またはクリックします。削除し終わったらEscを押して、マウスポインターをもとの形に戻します。

3 線のスタイルを指定して罫線を引く

メモ 直前の線のスタイルが適用される

線のスタイルを選択して罫線を引くと、これ以降、ほかのスタイルを選択するまで、ここで指定したスタイルで罫線が引かれます。次回罫線を引く際は、確認してから引くようにしましょう。

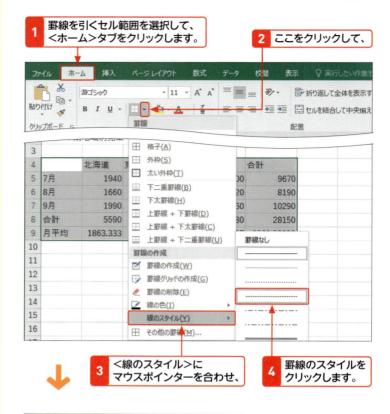

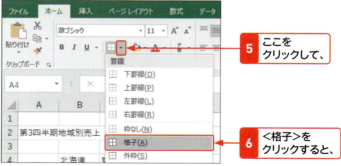

ヒント データを入力できる状態に戻すには？

罫線メニューの＜罫線の作成＞欄のいずれかのコマンドがクリックされていると、マウスポインターの形が変わり、セルにデータを入力することができません。データを入力できる状態にマウスポインターを戻すには、Escを押します。

4 スタイルの異なる罫線をまとめて引く

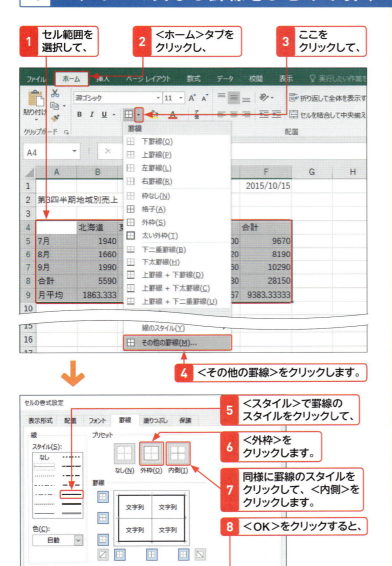

メモ ＜セルの書式設定＞ダイアログボックスの利用

＜セルの書式設定＞ダイアログボックスの＜罫線＞では、表の罫線の一部を変更したり、スタイルの異なる罫線をまとめて設定するなど、詳細に罫線の引き方を指定することができます。
罫線のスタイルを選択後、＜プリセット＞や＜罫線＞欄にあるアイコンをクリックして、罫線を引く位置を指定します。

ヒント ＜罫線＞で罫線を削除するには？

＜セルの書式設定＞ダイアログボックスの＜罫線＞で罫線を削除するには、＜罫線＞欄で目的の部分をクリックします。すべての罫線を削除するには、＜プリセット＞欄の＜なし＞をクリックします。

5 罫線の色を変更する

メモ　直前の線の色が適用される

線の色を選択して罫線を引くと、これ以降、ほかの色を選択するまで、ここで指定した色で罫線が引かれます。次回罫線を引く場合は、確認してから引くようにしましょう。

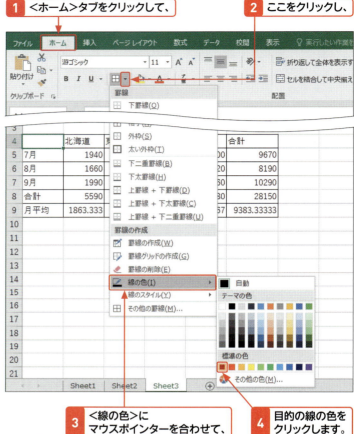

1 <ホーム>タブをクリックして、
2 ここをクリックし、
3 <線の色>にマウスポインターを合わせて、
4 目的の線の色をクリックします。

5 マウスポインターの形が変わった状態で、色を変えたい罫線をドラッグすると、

6 ドラッグした罫線の色が変更されます。

7 Escを押して、マウスポインターをもとの形に戻します。

メモ　すべての罫線の色を変更する

右の手順では、一部の罫線の色を変更しましたが、すべての罫線の色を変更する場合は、セル範囲を選択してから、線の色を指定し、<ホーム>タブの<罫線>の▼をクリックして、<格子>をクリックします。

Chapter 03

第**3**章

数式や関数の利用

Section	23	数式と関数の基本
	24	数式を入力する
	25	計算する範囲を変更する
	26	計算の対象を自動で切り替える ── 参照方式
	27	常に同じセルを使って計算する ── 絶対参照
	28	行または列を固定して計算する ── 複合参照
	29	表に名前を付けて利用する
	30	関数を入力する
	31	2つの関数を組み合わせる
	32	計算結果を切り上げ・切り捨てる
	33	条件を満たす値を集計する
	34	計算結果のエラーを解決する

Section 23 数式と関数の基本

覚えておきたいキーワード
- ☑ 関数
- ☑ 引数
- ☑ 戻り値

Excelの数式とは、セルに入力する計算式のことです。数式では、＊、／、＋、－などの算術演算子と呼ばれる記号や、Excelにあらかじめ用意されている関数を利用することができます。数式と関数の記述には基本的なルールがあります。実際に使用する前に、ここで確認しておきましょう。

1 数式とは？

「数式」とは、さまざまな計算をするための計算式のことです。「＝」(等号)と数値データ、算術演算子と呼ばれる記号(＊、／、＋、－など)を入力して結果を求めます。数値を入力するかわりにセル番地を指定したり、後述する関数を指定して計算することもできます。

数式を入力して計算する

計算結果を表示したいセルに「＝」(等号)を入力し、算術演算子を付けて対象となる数値を入力します。「＝」や数値、算術演算子などは、すべて半角で入力します。

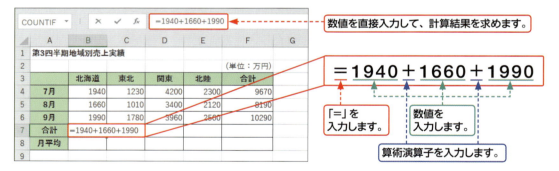

数式にセル参照を利用する

数式の中で数値のかわりにセル番地を指定することを「セル参照」といいます。セル参照を利用すると、参照先のデータを修正した場合でも計算結果が自動的に更新されます。

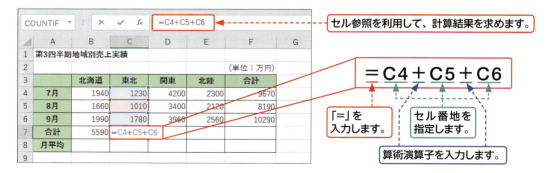

2 関数とは？

「関数」とは、特定の計算を行うためにExcelにあらかじめ用意されている機能のことです。計算に必要な「引数」（ひきすう）を指定するだけで、計算結果をかんたんに求めることができます。引数とは、計算や処理に必要な数値やデータのことで、種類や指定方法は関数によって異なります。計算結果として得られる値を「戻り値」（もどりち）と呼びます。

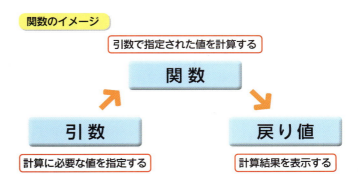

関数のイメージ

3 関数の書式

関数は、先頭に「＝」（等号）を付けて関数名を入力し、後ろに引数をかっこ「（ ）」で囲んで指定します。引数の数が複数ある場合は、引数と引数の間を「,」（カンマ）で区切ります。引数に連続する範囲を指定する場合は、開始セルと終了セルを「：」（コロン）で区切ります。関数名や「＝」「（」「,」「）」などはすべて半角で入力します。また、数式の中で、数値やセル参照のかわりに関数を指定することもできます。

引数を「,」で区切って記述する

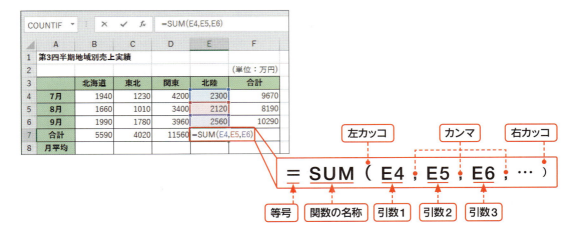

引数にセル範囲を指定する

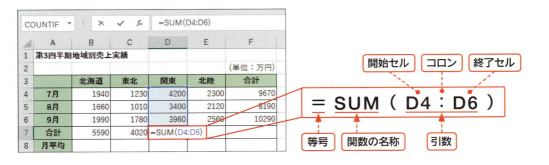

Section 24 数式を入力する

覚えておきたいキーワード
- ☑ 算術演算子
- ☑ セル番地
- ☑ セル参照

数値を計算するには、結果を求めるセルに数式を入力します。数式は、セル内に直接、数値や算術演算子を入力して計算する方法のほかに、数値のかわりにセル番地を指定して計算することができます。数値のかわりにセル番地を指定することをセル参照といいます。

1 数式を入力して計算する

メモ 数式の入力

数式の始めには必ず「=」（等号）を入力します。「=」を入力することで、そのあとに入力する数値や算術演算子が数式として認識されます。「=」や数値、算術演算子などは、すべて半角で入力します。

セル[B10]にセル[B7]（合計）とセル[B9]（売上目標）の差額を計算します。

1 数式を入力するセルをクリックして、半角で「=」を入力します。

	A	B	C	D	E	F
1	第3四半期地域別売上実績					
2						(単位：万円)
3		北海道	東北	関東	北陸	合計
4	7月	1940	1230	4200	2300	9670
5	8月	1660	1010	3400	2120	8190
6	9月	1990	1780	3960	2560	10290
7	合計	5590	4020	11560	6980	28150
8	月平均					
9	売上目標	5000	4500	11000	7000	27500
10	差額	=				
11	達成率					

2 「5590」と入力して、

	A	B	C	D	E	F
1	第3四半期地域別売上実績					
2						(単位：万円)
3		北海道	東北	関東	北陸	合計
4	7月	1940	1230	4200	2300	9670
5	8月	1660	1010	3400	2120	8190
6	9月	1990	1780	3960	2560	10290
7	合計	5590	4020	11560	6980	28150
8	月平均					
9	売上目標	5000	4500	11000	7000	27500
10	差額	=5590				
11	達成率					

メモ 文字書式やセルの背景色

この章で使用している表には、セルの背景色と太字、文字配置を設定しています。これらの文字とセルの書式設定については、第4章で解説します。

3 半角で「-」（マイナス）を入力し、
4 「5000」と入力します。
5 Enterを押すと、

ステップアップ 数式を数式バーに入力する

数式は、数式バーに入力することもできます。数式を入力したいセルをクリックしてから、数式バーをクリックして入力します。数式が長くなる場合は、数式バーを利用したほうが入力しやすいでしょう。

数式は、数式バーに入力することもできます。

6 計算結果が表示されます。

2 数式にセル参照を利用する

セル[C10]にセル[C7]（合計）とセル[C9]（売上目標）の差額を計算します。

1 計算するセルをクリックして、半角で「=」を入力します。

キーワード セル参照

「セル参照」とは、数式の中で数値のかわりにセル番地を指定することです。セル参照を使うと、そのセルに入力されている値を使って計算することができます。

Section 24 数式を入力する

キーワード セル番地

「セル番地」とは、列番号と行番号で表すセルの位置のことです。手順3の[C7]は列「C」と行「7」の交差するセルを指します。

2 参照するセル（ここではセル[C7]）をクリックすると、

3 クリックしたセルのセル番地が入力されます。

キーワード 算術演算子

「算術演算子」とは、数式の中の算術演算に用いられる記号のことです。算術演算子には下表のようなものがあります。同じ数式内に複数の種類の算術演算子がある場合は、優先順位の高いほうから計算が行われます。

なお、「べき乗」とは、ある数を何回かかけ合わせることです。たとえば、2を3回かけ合わせることは2の3乗といい、Excelでは2^3と記述します。

記号	処理	優先順位
%	パーセンテージ	1
^	べき乗	2
*、/	かけ算、割り算	3
+、-	足し算、引き算	4

4 「-」（マイナス）を入力して、

5 参照するセル（ここではセル[C9]）をクリックし、

6 Enterを押すと、

7 計算結果が表示されます。

ヒント 数式の入力を取り消すには？

数式の入力を途中で取り消したい場合は、Escを押します。

第3章 数式や関数の利用

96

3 ほかのセルに数式をコピーする

セル[C10]には、「=C7-C9」という数式が入力されています（P.95、96参照）。

1 数式が入力されているセル[C10]をクリックして、

2 フィルハンドルをドラッグすると、

3 数式がコピーされます。

セル[D10]の数式は、相対的な位置関係が保たれるように、「=D7-D9」に変更されています。

4 セル[B11]に数式「=B7/B9」を入力して達成率を計算し、同様にコピーします。

ヒント：数式を複数のセルにコピーする

数式を複数のセルにコピーするには、オートフィル機能（Sec.16参照）を利用します。数式が入力されているセルをクリックし、フィルハンドル（セルの右下隅にあるグリーンの四角形）をコピー先までドラッグします。

メモ：数式が入力されているセルのコピー

数式が入力されているセルをコピーすると、参照先のセルもそのセルと相対的な位置関係が保たれるように、セル参照が自動的に変化します。左の手順では、コピー元の「=C7-C9」という数式が、セル[D10]では「=D7-D9」という数式に変化しています。

キーワード：相対参照

「相対参照」とは、コピー先のセル番地に合わせて、参照先のセル番地が相対的に移動する参照方式のことです。Excelの既定では、相対参照が使用されます。

Section 25 計算する範囲を変更する

覚えておきたいキーワード
- ☑ 数式の参照範囲
- ☑ カラーリファレンス
- ☑ 参照範囲の変更

数式内のセル番地に対応するセル範囲はカラーリファレンスで囲まれて表示されるので、対応関係をひとめで確認できます。数式の中で複数のセル範囲を参照している場合は、それぞれのセル範囲が異なる色で表示されます。この枠をドラッグすると、参照先や範囲をかんたんに変更することができます。

1 参照先のセル範囲を移動する

メモ 参照先を移動する

色付きの枠（カラーリファレンス）にマウスポインターを合わせると、ポインターの形が に変わります。この状態で色付きの枠をほかの場所へドラッグすると、参照先を移動することができます。

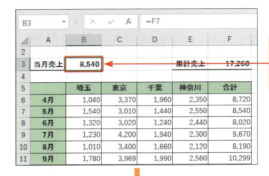

1 数式が入力されているセルをダブルクリックすると、

2 数式が参照しているセル範囲が色付きの枠（カラーリファレンス）で囲まれて表示されます。

3 参照先のセル範囲を示す枠にマウスポインターを合わせると、ポインターの形が変わります。

キーワード カラーリファレンス

「カラーリファレンス」とは、数式内のセル番地とそれに対応するセル範囲に色を付けて、対応関係を示す機能です。セル番地とセル範囲の色が同じ場合、それらが対応関係にあることを示しています。

4 そのまま、セル[F10]まで枠をドラッグします。

5 枠を移動すると、数式のセル番地も変更されます。

2 参照先のセル範囲を広げる

1 このセルをダブルクリックして、カラーリファレンスを表示します。

	A	B	C	D	E	F	G	H
	当月売上	8,190			累計売上	=SUM(F6:F7)		
3						SUM(数値1, [数値2], ...)		
5		埼玉	東京	千葉	神奈川	合計		
6	4月	1,040	3,370	1,960	2,350	8,720		
7	5月	1,540	3,010	1,440	2,550	8,540		
8	6月	1,320	3,020	1,240	2,440	8,020		
9	7月	1,230	4,200	1,940	2,300	9,670		
10	8月	1,010	3,400	1,660	2,120	8,190		
11	9月	1,780	3,969	1,990	2,560	10,299		
12								

数式バー: =SUM(F6:F7)

2 参照先のセル範囲を示す枠のハンドルにマウスポインターを合わせ、ポインターの形が変わった状態で、

3 セル [F11] までドラッグします。

数式バー: =SUM(F6:F11)

	A	B	C	D	E	F	G	H
3	当月売上	8,190			累計売上	=SUM(F6:F11)		
5		埼玉	東京	千葉	神奈川	合計		
6	4月	1,040	3,370	1,960	2,350	8,720		
7	5月	1,540	3,010	1,440	2,550	8,540		
8	6月	1,320	3,020	1,240	2,440	8,020		
9	7月	1,230	4,200	1,940	2,300	9,670		
10	8月	1,010	3,400	1,660	2,120	8,190		
11	9月	1,780	3,969	1,990	2,560	10,299		
12								

4 Enter を押すと、

5 参照するセル範囲が変更され、合計が再計算されて表示されます。

F3: =SUM(F6:F11)

	A	B	C	D	E	F	G	H
3	当月売上	8,190			累計売上	53,439		
5		埼玉	東京	千葉	神奈川	合計		
6	4月	1,040	3,370	1,960	2,350	8,720		
7	5月	1,540	3,010	1,440	2,550	8,540		
8	6月	1,320	3,020	1,240	2,440	8,020		
9	7月	1,230	4,200	1,940	2,300	9,670		
10	8月	1,010	3,400	1,660	2,120	8,190		
11	9月	1,780	3,969	1,990	2,560	10,299		
12								

ヒント：参照先はどの方向にも広げられる

カラーリファレンスには、四隅にハンドルが表示されます。ハンドルにマウスポインターを合わせて、水平、垂直方向にドラッグすると、参照先をどの方向にも広げることができます。

数式バー: =SUM(C7:D8)

	A	B	C	D	E	F
3	当月売上	8,190			累計売上	=SUM(C7:D8)
5		埼玉	東京	千葉	神奈川	合計
6	4月	1,040	3,370	1,960	2,350	8,720
7	5月	1,540	3,010	1,440	2,550	8,540
8	6月	1,320	3,020	1,240	2,440	8,020
9	7月	1,230	4,200	1,940	2,300	9,670
10	8月	1,010	3,400	1,660	2,120	8,190

メモ：数式の中に複数のセル参照がある場合

1つの数式の中で複数のセル範囲を参照している場合、数式内のセル番地はそれぞれが異なる色で表示され、対応するセル範囲も同じ色で表示されます。これにより、目的のセル番地を修正するにはどこを変更すればよいのかが、枠の色で判断できます。

数式バー: =B2+C2+B3+C3

	A	B	C	D	E
1					
2		100	200		
3		150	250		
4					
5		=B2+C2+B3+C3			
6					

ステップアップ：カラーリファレンスを利用しない場合

カラーリファレンスを利用せずに参照先を変更するには、数式バーまたはセルで直接数式を編集します（Sec.24参照）。

Section 26 計算の対象を自動で切り替える──参照方式

覚えておきたいキーワード
☑ 相対参照
☑ 絶対参照
☑ 複合参照

数式が入力されたセルをコピーすると、もとの数式の位置関係に応じて、参照先のセルも相対的に変化します。セルの参照方式には、相対参照、絶対参照、複合参照があり、目的に応じて使い分けることができます。ここでは、3種類の参照方式の違いと、参照方式の切り替え方法を確認しておきましょう。

1 相対参照・絶対参照・複合参照の違い

キーワード　参照方式

「参照方式」とは、セル参照の方式のことで、3種類の参照方式があります。数式をほかのセルへコピーする際は、参照方式によって、コピー後の参照先が異なります。

キーワード　相対参照

「相対参照」とは、数式が入力されているセルを基点として、ほかのセルの位置を相対的な位置関係で指定する参照方式のことです。数式が入力されたセルをコピーすると、自動的にセル参照が更新されます。

キーワード　絶対参照

「絶対参照」とは、参照するセル番地を固定する参照方式のことです。数式をコピーしても、参照するセル番地は変わりません。

キーワード　複合参照

「複合参照」とは、相対参照と絶対参照を組み合わせた参照方式のことです。「列が相対参照、行が絶対参照」「列が絶対参照、行が相対参照」の2種類があります。

相対参照

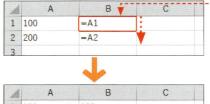

相対参照でセル[A1]を参照する数式をセル[B2]にコピーすると、参照先が[A2]に変化します。

絶対参照

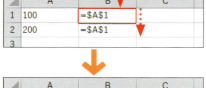

絶対参照でセル[A1]を参照する数式をセル[B2]にコピーしても、参照先は[A1]のまま固定されます。

複合参照

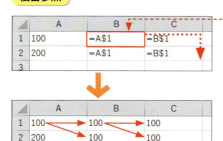

行だけを絶対参照にして、セル[A1]を参照する数式をセル[B2]とセル[C1][C2]にコピーすると、参照先の行だけが固定されます。

2 参照方式を切り替えるには

数式の入力されたセル［B1］の参照方式を切り替えます。

1 「=」を入力して、参照先のセルをクリックし、

相対参照になっています。

2 F4 を押すと、

3 参照方式が絶対参照に切り替わります。

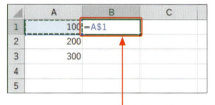

4 続けて F4 を押すと、

5 参照方式が「列が相対参照、行が絶対参照」の複合参照に切り替わります。

メモ 絶対参照の入力

セルの参照方式を相対参照から絶対参照に変更するには、左の手順のように F4 を押すか、行番号と列番号の前に、それぞれ半角の「$」（ドル）を入力します。

ヒント あとから参照方式を変更するには？

入力を確定してしまったセル番地の参照方式を変更するには、目的のセルをダブルクリックしてから、変更したいセル番地をドラッグして選択し、F4 を押します。

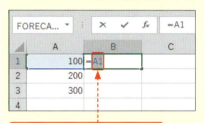

セル番地をドラッグして選択し、F4 を押します。

メモ 参照方式の切り替え

参照方式の切り替えは、F4 を使ってかんたんに行うことができます。
右図のように F4 を押すごとに「列と行が絶対参照」→「列が相対参照、行が絶対参照」→「列が絶対参照、行が相対参照」→「列と行が相対参照」の順に切り替わります。

列と行が相対参照（初期状態）
A1

F4 を押す → 列と行が絶対参照 A1

F4 を押す → 列が相対参照 行が絶対参照 A$1

F4 を押す → 列が絶対参照 行が相対参照 $A1

F4 を押す →（戻る）

Section 27 常に同じセルを使って計算する──絶対参照

覚えておきたいキーワード
- ☑ 相対参照
- ☑ 絶対参照
- ☑ 参照先セルの固定

Excelの初期設定では相対参照が使用されているので、セル参照で入力された数式をコピーすると、コピー先のセル番地に合わせて参照先のセルが自動的に変更されます。特定のセルを常に参照させたい場合は、絶対参照を利用します。絶対参照に指定したセルは、コピーしても参照先が変わりません。

1 相対参照でコピーするとエラーが表示される

 メモ 相対参照の利用

右の手順で原価額のセル[C5]をセル範囲[C6:C9]にコピーすると、相対参照を使用しているために、セル[C2]へのセル参照も自動的に変更されてしまい、計算結果が正しく求められません。

コピー先のセル	コピーされた数式
C6	＝B6＊C3
C7	＝B7＊C4
C8	＝B8＊C5
C9	＝B9＊C6

数式をコピーしても、参照するセルを常に固定したいときは、絶対参照を利用します(次ページ参照)。

 ヒント 数式を複数のセルにコピーする

複数のセルに数式をコピーするには、オートフィルを使います。数式が入力されているセルをクリックし、フィルハンドル(セルの右下隅にあるグリーンの四角形)をコピー先までドラッグします。

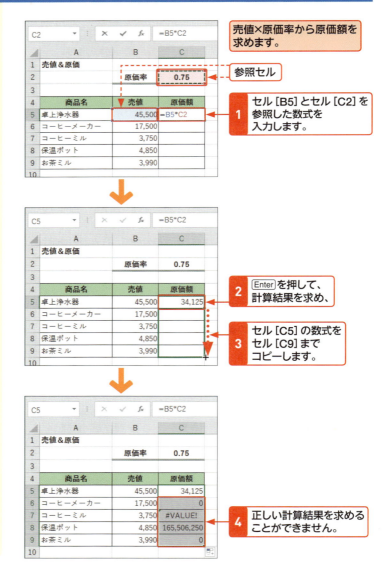

2 数式を絶対参照にしてコピーする

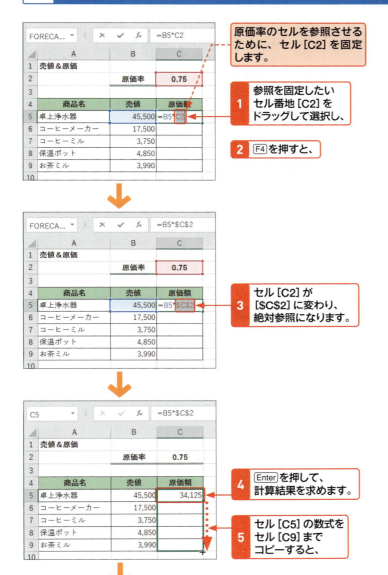

メモ　エラーを回避する

相対参照によって生じるエラーを回避するには、参照先のセル番地を固定します。これを「絶対参照」と呼びます。数式が参照するセルを固定したい場合は、セル番地の行と列の番号の前に「$」(ドル)を入力します。F4 を押すことで、自動的に「$」が入力されます。

メモ　絶対参照の利用

絶対参照を使用している数式をコピーしても、絶対参照で参照しているセル番地は変更されません。左の手順では、参照を固定したい原価率のセル [C2] を絶対参照に変更しているので、セル [C5] の数式をセル範囲 [C6:C9] にコピーしても、セル [C2] へのセル参照が保持され、計算が正しく行われます。

コピー先のセル	コピーされた数式
C6	=B6 * C2
C7	=B7 * C2
C8	=B8 * C2
C9	=B9 * C2

Section 28 行または列を固定して計算する──複合参照

覚えておきたいキーワード
- ☑ 複合参照
- ☑ 参照列の固定
- ☑ 参照行の固定

セル参照が入力されたセルをコピーするときに、行と列のどちらか一方を絶対参照にして、もう一方を相対参照にしたい場合は複合参照を利用します。複合参照は、相対参照と絶対参照を組み合わせた参照方式のことです。列を絶対参照にする場合と、行を絶対参照にする場合があります。

1 複合参照でコピーする

 メモ 複合参照の利用

右のように、列[B]に「売値」、行[2]に「原価率」を入力し、それぞれの項目が交差する位置に原価額を求める表を作成する場合、原価額を求める数式は、常に列[B]と行[2]のセルを参照する必要があります。このようなときは、列または行のいずれかの参照先を固定する複合参照を利用します。

原価率「0.75」と「0.85」を売値にかけて、それぞれの原価率に対応した原価額を求めます。

① 「=B5」と入力して、F4を3回押すと、
② 列[B]が絶対参照、行[5]が相対参照になります。

	A	B	C	D
1	売値&原価			
2		原価率	0.75	0.85
3				
4	商品名	売値	原価額	原価額
5	卓上浄水器	45,500	=$B5	
6	フードプロセッサ	35,200		
7	コーヒーメーカー	17,500		
8	コーヒーミル	3,750		
9	保温ポット	4,850		
10	お茶ミル	3,990		

③ 「*C2」と入力して、F4を2回押すと、

	A	B	C	D
1	売値&原価			
2		原価率	0.75	0.85
3				
4	商品名	売値	原価額	原価額
5	卓上浄水器	45,500	=$B5*C$2	
6	フードプロセッサ	35,200		
7	コーヒーメーカー	17,500		
8	コーヒーミル	3,750		
9	保温ポット	4,850		
10	お茶ミル	3,990		

④ 列「C」が相対参照、行「2」が絶対参照になります。

 メモ 3種類の参照方法を使い分ける

相対参照、絶対参照、複合参照の3つのセル参照の方式を組み合わせて使用すると、複雑な集計表などを効率的に作成することができます。

5 Enterを押して、計算結果を求めます。

6 セル［C5］の数式を、計算するセル範囲にコピーします。

数式を表示して確認する

1 このセルをダブルクリックして、

2 セルの参照方式を確認します。

参照列だけが固定されています。 → =$B10*D$2 ← 参照行だけが固定されています。

列［C］にコピーされた数式

数式中の［B5］のセル番地は行方向には固定されていないので、「売値」はコピー先のセル番地に応じて移動します。他方、［C2］のセル番地は行方向に固定されているので、「原価率」は移動しません。

コピー先のセル	コピーされた数式
C6	=$B6 * C$2
C7	=$B7 * C$2
C8	=$B8 * C$2
C9	=$B9 * C$2
C10	=$B10 * C$2

列［D］にコピーされた数式

数式中の［C2］のセル番地は列方向には固定されていないので、参照されている「原価率」は右に移動します。また、セル［B5］からセル［B10］までのセル位置は列方向に固定されているので、参照されている「売値」は変わりません。

コピー先のセル	コピーされた数式
D5	=$B5 * D$2
D6	=$B6 * D$2
D7	=$B7 * D$2
D8	=$B8 * D$2
D9	=$B9 * D$2
D10	=$B10 * D$2

ヒント セルの数式を確認する

セルに入力した数式を確認する場合は、セルをダブルクリックするか、セルを選択して F2 を押します。また、＜数式＞タブの＜ワークシート分析＞グループの＜数式の表示＞をクリックすると、セルに入力したすべての数式を一度に確認することができます。

Section 29 表に名前を付けて利用する

覚えておきたいキーワード
- ☑ 名前の定義
- ☑ 名前ボックス
- ☑ 名前の管理

Excelでは、特定のセルやセル範囲に名前を付けることができます。セル範囲に付けた名前は、数式の中でセル参照のかわりに利用することができるので、数式がわかりやすくなります。作成した名前は、変更したり削除したりすることもできます。

1 セル範囲に名前を付ける

> **メモ ＜名前ボックス＞を利用する**
>
> 右の手順では、＜新しい名前＞ダイアログボックスを利用しましたが、＜名前ボックス＞で付けることもできます。名前を付けたいセル範囲を選択し、名前ボックスに名前を入力して Enter を押します。

＜名前ボックス＞で名前を付けることもできます。

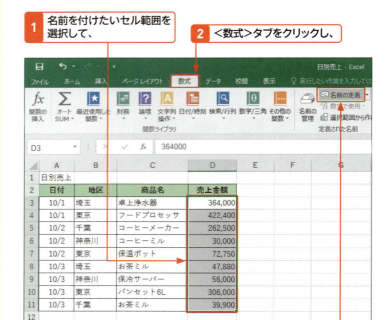

1 名前を付けたいセル範囲を選択して、

2 ＜数式＞タブをクリックし、

3 ＜名前の定義＞をクリックします。

4 名前を入力して、

5 ＜OK＞をクリックすると、

6 選択したセル範囲に名前が付きます。

2 引数に名前を指定する

ここでは、名前を付けたセル範囲の平均を求めます。

1 計算結果を求めるセルに「=AVERAGE(」と入力して、

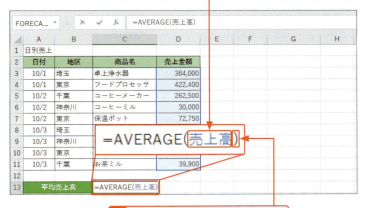

2 前ページで付けたセル範囲の名前を入力します。

3 「)」を入力して、Enterを押すと、

4 計算結果が求められます。

メモ 通常どおりに計算する場合

セル範囲に名前を付けずに、ここでの計算を行う場合、数式は「=AVERAGE(D3:D11)」と入力します。

ステップアップ 名前を変更／削除する

セル範囲に付けた名前を変更したり、不要になった名前を削除したりするには、＜数式＞タブの＜名前の管理＞をクリックすると表示される＜名前の管理＞ダイアログボックスで行います。名前を変更するときは、変更する名前をクリックして＜編集＞をクリックし、新しい名前を入力します。削除したいときは、＜削除＞をクリックします。

Section 30 関数を入力する

覚えておきたいキーワード
- ☑ 関数
- ☑ 引数
- ☑ 関数オートコンプリート

関数とは、特定の計算を行うためにExcelにあらかじめ用意されている機能のことです。関数を利用すれば、面倒な計算や各種作業をかんたんに効率的に行うことができます。関数の入力には、＜数式＞タブの＜関数ライブラリ＞グループのコマンドや、＜関数の挿入＞コマンドを使用します。

1 関数の入力方法

Excelで関数を入力するには、以下の方法があります。

① ＜数式＞タブの＜関数ライブラリ＞グループの各コマンドを使う。
② ＜数式＞タブや＜数式バー＞の＜関数の挿入＞コマンドを使う。
③ 数式バーやセルに直接関数を入力する。

また、＜関数ライブラリ＞グループの＜最近使用した関数＞をクリックすると、最近使用した関数が10個表示されます。そこから関数を入力することもできます。

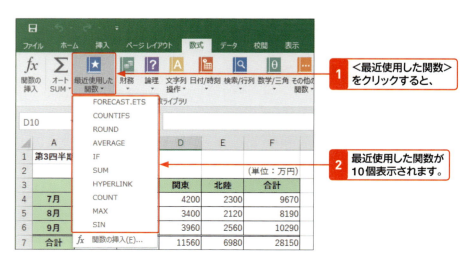

2 ＜関数ライブラリ＞のコマンドを使って入力する

AVERAGE関数を使って月平均を求めます。

1 関数を入力するセルをクリックします。

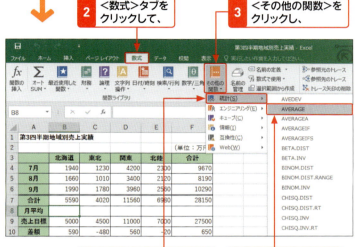

2 ＜数式＞タブをクリックして、

3 ＜その他の関数＞をクリックし、

4 ＜統計＞にマウスポインターを合わせて、

5 ＜AVERAGE＞をクリックします。

6 ＜関数の引数＞ダイアログボックスが表示され、関数が自動的に入力されます。

7 合計を計算したセル[B7]が含まれているため、引数を修正します。

メモ ＜関数ライブラリ＞の利用

＜数式＞タブの＜関数ライブラリ＞グループには、関数を選んで入力するためのコマンドが用意されています。コマンドをクリックすると、その分類に含まれている関数が表示され、目的の関数を選択できます。AVERAGE関数は、＜その他の関数＞の＜統計＞に含まれています。

キーワード AVERAGE関数

「AVERAGE関数」は、引数に指定された数値の平均を求める関数です。
書式：＝AVERAGE（数値1, 数値2, …）

メモ 引数の指定

関数が入力されたセルの上方向または左方向のセルに数値や数式が入力されていると、それらのセルが自動的に引数として選択されます。手順 **7** では、合計を計算したセル[B7]が引数に含まれているため、修正する必要があります。

ヒント ダイアログボックスが邪魔な場合は？

引数に指定するセル範囲をドラッグする際に、ダイアログボックスが邪魔になる場合は、ダイアログボックスのタイトルバーをドラッグすると移動することができます。

8 引数に指定するセル範囲をドラッグして選択し直します。

セル範囲のドラッグ中は、ダイアログボックスが折りたたまれます。

9 引数が修正されたことを確認して、

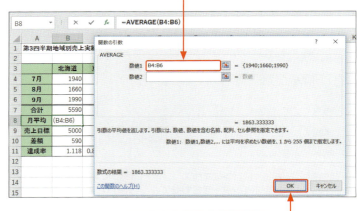

10 ＜OK＞をクリックすると、

11 関数が入力され、計算結果が表示されます。

ヒント 引数をあとから修正するには？

入力した引数をあとから修正するには、引数を編集するセルをクリックして、数式バー左横の＜関数の挿入＞ をクリックし、表示される＜関数の引数＞ダイアログボックスで設定し直します。また、数式バーに入力されている式を直接修正することもできます。

3 ＜関数の挿入＞ダイアログボックスを使う

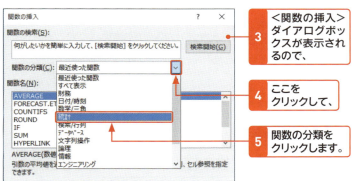

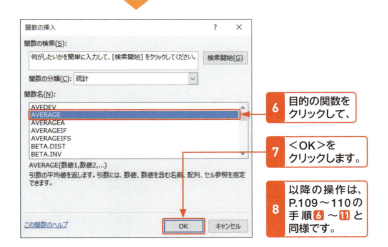

メモ ＜関数の挿入＞ダイアログボックスを利用する

＜関数の挿入＞ダイアログボックスを利用して関数を入力することもできます。手順 2 のように数式バーの＜関数の挿入＞をクリックする方法のほかに、＜数式＞タブの＜関数の挿入＞をクリックしても、＜関数の挿入＞ダイアログボックスが表示されます。

ヒント 使用したい関数がわからない場合は？

使用したい関数がわからないときは、＜関数の挿入＞ダイアログボックスで、目的の関数を探すことができます。＜関数の検索＞ボックスに、関数を使って何を行いたいのかを簡潔に入力し、＜検索開始＞をクリックすると、条件に該当する関数の候補が＜関数名＞に表示されます。

4 キーボードから関数を直接入力する

メモ 関数オートコンプリートが表示される

キーボードから関数を直接入力する場合、関数を1文字以上入力すると、「関数オートコンプリート」が表示されます。入力したい関数をダブルクリックすると、その関数と「(」(左カッコ)が入力されます。

1 関数を入力するセルをクリックし、「=」(等号)に続けて関数を1文字以上入力すると、

2 「関数オートコンプリート」が表示されます。

3 入力したい関数をダブルクリックすると、

4 関数名と「(」(左カッコ)が入力されます。

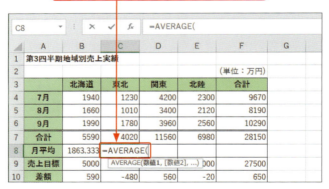

5 引数をドラッグして指定し、

メモ 数式バーに関数を入力する

関数は、数式バーに入力することもできます。関数を入力したいセルをクリックしてから、数式バーに関数を入力します。数式バーに関数を入力する場合も、関数オートコンプリートが表示されます。

Section 30 関数を入力する

6 「)」(右カッコ)を入力して Enter を押すと、

	A	B	C	D	E	F	G
	C8		fx	=AVERAGE(C4:C6)			
1	第3四半期地域別売上実績						
2						(単位:万円)	
3		北海道	東北	関東	北陸	合計	
4	7月	1940	1230	4200	2300	9670	
5	8月	1660	1010	3400	2120	8190	
6	9月	1990	1780	3960	2560	10290	
7	合計	5590	4020	11560	6980	28150	
8	月平均	1863.333	=AVERAGE(C4:C6)				
9	売上目標	5000	4500	11000	7000	27500	
10	差額	590	-480	560	-20	650	
11	達成率	1.118	0.893333	1.050909	0.997143	1.023636364	

7 関数が入力され、計算結果が表示されます。

	A	B	C	D	E	F	G
	C9		fx	4500			
1	第3四半期地域別売上実績						
2						(単位:万円)	
3		北海道	東北	関東	北陸	合計	
4	7月	1940	1230	4200	2300	9670	
5	8月	1660	1010	3400	2120	8190	
6	9月	1990	1780	3960	2560	10290	
7	合計	5590	4020	11560	6980	28150	
8	月平均	1863.333	1340				
9	売上目標	5000	4500	11000	7000	27500	
10	差額	590	-480	560	-20	650	
11	達成率	1.118	0.893333	1.050909	0.997143	1.023636364	

ヒント 連続したセル範囲を指定する

引数に連続するセル範囲を指定するときは、上端と下端(あるいは左端と右端)のセル番地の間に「:」(コロン)を記述します。左の例では、セル[C4]、[C5]、[C6]の値の平均値を求めているので、引数に「C4:C6」を指定しています。

ステップアップ <関数>ボックスの利用

関数を入力するセルをクリックして「=」を入力すると、<名前ボックス>が<関数>ボックスに変わり、前回使用した関数が表示されます。また、▼をクリックすると、最近使用した10個の関数が表示されます。いずれかの関数をクリックすると、<関数の引数>ダイアログボックスが表示されます。

ここをクリックすると、最近使用した10個の関数が表示されます。

1 関数を入力するセルをクリックして「=」を入力すると、

2 <名前ボックス>が<関数>ボックスに変わり、前回使用した関数が表示されます。

第3章 数式や関数の利用

113

Section 31 2つの関数を組み合わせる

覚えておきたいキーワード
- ☑ 関数のネスト
- ☑ <関数>ボックス
- ☑ 比較演算子

関数の引数には、数値や文字列、論理値、セル参照のほかに関数を指定することもできます。引数に関数を指定することを関数のネスト(入れ子)といいます。関数を組み合わせると、1つの関数ではできない複雑な処理を行うことができます。数式には、ネストした関数を最大64レベルまで指定できます。

1 ここで入力する関数

ここでは、論理関数「IF関数」の引数に平均点を求めて判断する論理式を入力します。AVERAGE関数で求めた平均点と、セル[B3]の数値を比較して、平均点以上の場合は「○」を、平均点未満の場合は「×」を表示します。

- IF関数
- AVERAGE関数がIF関数内にネスト
- 引数のセル番地を絶対参照で指定
- AVERAGE関数で求めた平均値とセル[B3]の数値を比較
- 真の場合
- 偽の場合

2 最初のIF関数を入力する

キーワード 関数のネスト

「関数のネスト(入れ子)」とは、関数の引数に関数を指定することをいいます。ここでは、IF関数の中にAVERAGE関数をネストします。

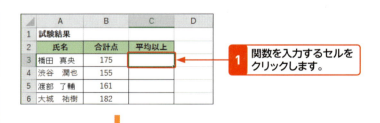

1. 関数を入力するセルをクリックします。

メモ IF関数を入力する

関数を入力する方法はいくつかありますが(Sec.30参照)、ここでは、<数式>タブの<関数ライブラリ>グループのコマンドを使います。IF関数は、<論理>に含まれています。

2. <数式>タブをクリックして、
3. <論理>をクリックし、
4. 目的の関数(ここでは<IF>)をクリックすると、

5 <関数の引数>ダイアログボックスが表示されます。

キーワード　IF関数

「IF関数」は、条件を「論理式」で指定し、指定した条件を満たす場合（真）と満たさない場合（偽）とで異なる処理を行う関数です。
書式：=IF（論理式, 真の場合, 偽の場合）

3 内側に追加するAVERAGE関数を入力する

1 <関数>ボックスのここをクリックして、

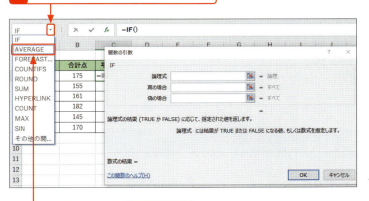

2 <AVERAGE>をクリックすると、

3 <関数の引数>ダイアログボックスの内容がAVERAGE関数のものに変わります。

ヒント　<関数>ボックスで関数を入力する

複数の関数をネストさせる場合は、<関数の挿入>コマンドは利用できません。左図のように、<関数>ボックスから関数を選択してください。

ヒント　<関数>ボックスに目的の関数がない場合

<関数>ボックスの<最近使用した関数>の一覧に目的の関数が表示されない場合は、メニューの最下段にある<その他の関数>をクリックし（手順**2**の図参照）、<関数の挿入>ダイアログボックスから目的の関数を選択します。

Section 31 2つの関数を組み合わせる

キーワード 絶対参照

「絶対参照」とは、参照するセル番地を行番号、列番号ともに固定する参照方式のことです。数式をコピーしても、参照するセル番地は変わりません。行番号や列番号の前に「$」（ドル）を入力すると、絶対参照になります（Sec.27参照）。

4 AVERAGE関数に指定するセル範囲をドラッグして、

セル範囲のドラッグ中は、ダイアログボックスが折りたたまれます。

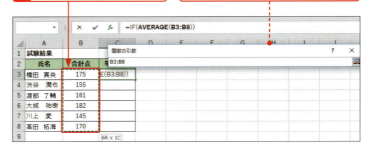

5 合計点の平均を求めるために、F4キーを押して、引数を絶対参照に切り替えます。

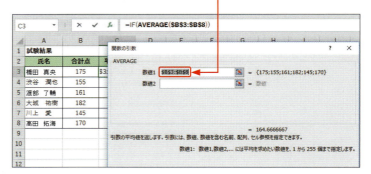

4 IF関数に戻って引数を指定する

ヒント ＜関数の引数＞ダイアログボックスの切り替え

関数をネストした場合は、手順①のように、数式バーの関数名をクリックするか、数式の最後をクリックして、＜関数の引数＞ダイアログボックスの内容を切り替えるのがポイントです。右の場合は、AVERAGE関数からIF関数のダイアログボックスに切り替えています。

1 数式バーの「IF」をクリックすると、

2 ＜関数の引数＞ダイアログボックスの内容がIF関数のものに変わります。

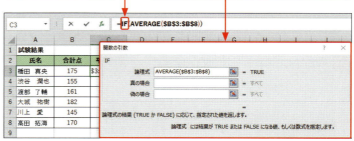

3 比較演算子の「<=」を入力して、

116

4 比較対象とするセルをクリックします。

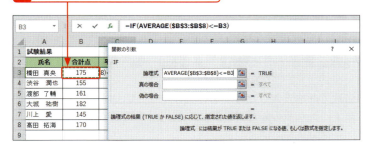

5 <真の場合>に「○」と入力し、

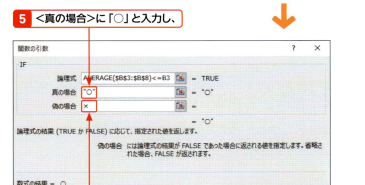

6 <偽の場合>に「×」と入力して、　**7** <OK>をクリックすると、

8 IF関数が入力されて、計算結果が表示されます。

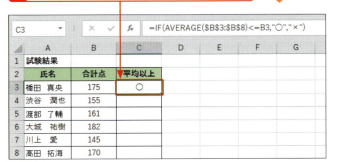

9 セル [C3] に入力した関数をコピーします。

メモ 「"」の入力

引数の中で文字列を指定する場合は、半角の「"」（ダブルクォーテーション）で囲む必要があります。＜関数の引数＞ダイアログボックスを使った場合は、＜真の場合＞＜偽の場合＞に文字列を入力してカーソルを移動したり、＜OK＞をクリックすると、「"」が自動的に入力されます。

キーワード 比較演算子

「比較演算子」とは、2つの値を比較するための記号のことです。Excelの比較演算子は下表のとおりです。

記号	意味
=	左辺と右辺が等しい
>	左辺が右辺よりも大きい
<	左辺が右辺よりも小さい
>=	左辺が右辺以上である
<=	左辺が右辺以下である
<>	左辺と右辺が等しくない

Section 31 2つの関数を組み合わせる

第3章 数式や関数の利用

117

Section 32 計算結果を切り上げ・切り捨てる

覚えておきたいキーワード
- ROUND 関数
- ROUNDUP 関数
- ROUNDDOWN 関数

数値を指定した桁数で四捨五入したり、切り上げたり、切り捨てたりする処理は頻繁に行われます。これらの処理は、関数を利用することでかんたんに行うことができます。四捨五入はROUND関数を、切り上げはROUNDUP関数を、切り捨てはROUNDDOWN関数を使います。

1 数値を四捨五入する

🔍 キーワード ROUND関数

「ROUND関数」は、数値を四捨五入する関数です。引数「数値」には、四捨五入の対象にする数値や数値を入力したセルを指定します。
「桁数」には、四捨五入した結果の小数点以下の桁数を指定します。「0」を指定すると小数点以下第1位で、「1」を指定すると小数点以下第2位で四捨五入されます。1の位で四捨五入する場合は「-1」を指定します。
書式：=ROUND(数値,桁数)
関数の分類：数学／三角

1 結果を表示するセル（ここでは [D3]）をクリックして、＜数式＞タブの＜数学／三角＞から＜ROUND＞をクリックします。

2 ＜数値＞に、もとデータのあるセルを指定して、

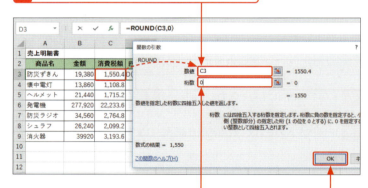

3 ＜桁数＞に小数点以下の桁数（ここでは「0」）を入力します。

4 ＜OK＞をクリックすると、

5 数値が四捨五入されます。

6 ほかのセルに数式をコピーします。

2 数値を切り上げる

1 結果を表示するセル（ここでは [E3]）をクリックして、＜数式＞タブの
＜数学／三角＞から＜ROUNDUP＞をクリックします。

E3	▼	× ✓ fx	=ROUNDUP(C3,0)			
	A	B	C	D	E	F	G
1	売上明細書						
2	商品名	金額	消費税額	四捨五入	切り上げ	切り捨て	
3	防災ずきん	19,380	1,550.4	1,550	1,551		
4	懐中電灯	13,860	1,108.8	1,109	1,109		
5	ヘルメット	21,440	1,715.2	1,715	1,716		
6	発電機	277,920	22,233.6	22,234	22,234		
7	防災ラジオ	34,560	2,764.8	2,765	2,765		
8	シュラフ	26,240	2,099.2	2,099	2,100		
9	消火器	39920	3,193.6	3,194	3,194		

2 前ページの手順 **2**〜**6** と同様に操作すると、数値が切り上げられます。

🔍 キーワード ROUNDUP関数

「ROUNDUP関数」は、数値を切り上げる関数です。引数「数値」には、切り上げの対象にする数値や数値を入力したセルを指定します。「桁数」には、切り上げた結果の小数点以下の桁数を指定します。「0」を指定すると小数点以下第1位で、「1」を指定すると小数点以下第2位で切り上げられます。1の位で切り上げる場合は「−1」を指定します。

書式：＝ROUNDUP（数値，桁数）
関数の分類：数学／三角

3 数値を切り捨てる

1 結果を表示するセル（ここでは [F3]）をクリックして、＜数式＞タブの
＜数学／三角＞から＜ROUNDDOWN＞をクリックします。

F3	▼	× ✓ fx	=ROUNDDOWN(C3,0)			
	A	B	C	D	E	F	G
1	売上明細書						
2	商品名	金額	消費税額	四捨五入	切り上げ	切り捨て	
3	防災ずきん	19,380	1,550.4	1,550	1,551	1,550	
4	懐中電灯	13,860	1,108.8	1,109	1,109	1,108	
5	ヘルメット	21,440	1,715.2	1,715	1,716	1,715	
6	発電機	277,920	22,233.6	22,234	22,234	22,233	
7	防災ラジオ	34,560	2,764.8	2,765	2,765	2,764	
8	シュラフ	26,240	2,099.2	2,099	2,100	2,099	
9	消火器	39920	3,193.6	3,194	3,194	3,193	

2 前ページの手順 **2**〜**6** と同様に操作すると、数値が切り捨てられます。

🔍 キーワード ROUNDDOWN関数

「ROUNDDOWN関数」は、数値を切り捨てる関数です。引数「数値」には、切り捨ての対象にする数値や数値を入力したセルを指定します。「桁数」には、切り捨てた結果の小数点以下の桁数を指定します。「0」を指定すると小数点以下第1位で、「1」を指定すると小数点以下第2位で切り捨てられます。1の位で切り捨てる場合は「−1」を指定します。

書式：＝ROUNDDOWN（数値，桁数）
関数の分類：数学／三角

📊 ステップアップ INT関数を使って数値を切り捨てる

小数点以下を切り捨てる関数には「INT関数」も用意されています。INT関数は、引数「数値」に指定した値を超えない最大の整数を求める関数です。「桁数」の指定は必要ありませんが、負の数を扱うときは注意が必要です。たとえば、「−12.3」の場合は、小数点以下を切り捨ててしまうと「−12」となり、「−12.3」より値が大きくなるため、結果は「−13」になります。

書式：＝INT（数値）
関数の分類：数学／三角

INT関数には＜桁数＞の指定は必要ありません。

関数の引数		? ×
INT		
数値 C3	🔢	= 1550.4
		= 1550
切り捨てて整数にした数値を返します。		
	数値 には切り捨てて整数にする実数を指定します。	
数式の結果 = 1,550.0		
この関数のヘルプ(H)		OK キャンセル

119

Section 33 条件を満たす値を集計する

覚えておきたいキーワード
- ☑ SUMIF 関数
- ☑ 検索条件
- ☑ COUNTIF 関数

表の中から条件に合ったセルの値だけを合計したい、条件に合ったセルの個数を数えたい、などといった場合も関数を使えばかんたんです。条件に合ったセルの値の合計を求めるには SUMIF関数 を、条件に合ったデータの個数を求めるには COUNTIF関数 を使います。

1 条件を満たす値の合計を求める

キーワード SUMIF 関数

「SUMIF関数」は、引数に指定したセル範囲から、検索条件に一致するセルの値の合計値を求める関数です。引数「範囲」を指定すると、検索条件に一致するセルに対応する「合計範囲」のセルの値を合計します。

書式：=SUMIF（範囲，検索条件，
　　　　　合計範囲）

関数の分類：数学／三角

1 結果を表示するセル（ここでは [F3]）をクリックして、＜数式＞タブの＜数学／三角＞から＜SUMIF＞をクリックします。

2 ＜範囲＞に検索対象となるセル範囲を指定して、

3 ＜検索条件＞に条件を入力したセルを指定します。

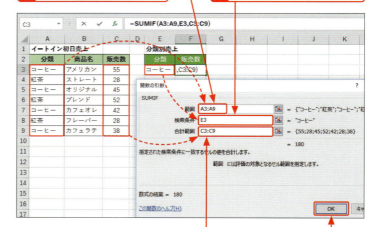

4 ＜合計範囲＞に計算の対象となるセル範囲を指定して、

5 ＜OK＞をクリックすると、

6 条件に一致したセルの合計が求められます。

ステップアップ SUMIFS 関数

検索条件を1つしか設定できない「SUMIF関数」に対して、複数の条件を設定できる「SUMIFS関数」も用意されています。

書式：=SUMIFS（合計対象範囲，
　　　　条件範囲1，条件1，条件範囲2，
　　　　条件2，…）

関数の分類：数学／三角

2 条件を満たすセルの個数を求める

Section 33 条件を満たす値を集計する

1 結果を表示するセル（ここでは[F3]）をクリックして、＜数式＞タブの＜その他の関数＞→＜統計＞→＜COUNTIF＞をクリックします。

2 ＜範囲＞にセルの個数を求めるセル範囲を指定して、

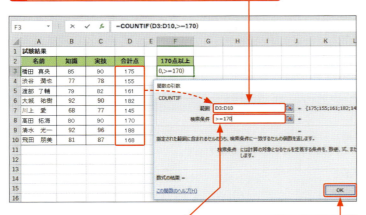

3 ＜検索条件＞に条件を入力します（右の「メモ」参照）。

4 ＜OK＞をクリックすると、

5 条件に一致したセルの個数が求められます。

🔍 キーワード　COUNTIF関数

「COUNTIF関数」は、引数に指定した範囲から条件を満たすセルの個数を数える関数です。引数「範囲」には、セルの個数を求めるセル範囲を指定します。また、引数「検索条件」には、数える対象となるセルの条件を、数値、式、または文字列で指定します。

書式：＝COUNTIF（範囲，検索条件）
関数の分類：統計

📝 メモ　検索条件

手順**3**の＜検索条件＞では、170点以上を意味する「>=170」を入力します。「>=」は、左辺の値が右辺の値以上であることを意味する比較演算子です。

📈 ステップアップ　COUNTIFS関数

検索条件を1つしか設定できない「COUNTIF関数」に対して、右図のように複数の条件を設定できる「COUNTIFS関数」も用意されています。

書式：＝COUNTIFS（検索条件範囲1，検索条件1，検索条件範囲2，検索条件2，…）
関数の分類：統計

第3章　数式や関数の利用

121

Section 34 計算結果のエラーを解決する

覚えておきたいキーワード
- ☑ エラーインジケーター
- ☑ エラー値
- ☑ エラーチェックオプション

入力した計算式が正しくない場合や計算結果が正しく求められない場合などには、セル上にエラーインジケーターやエラー値が表示されます。このような場合は、表示されたエラー値を手がかりにエラーを解決します。ここでは、こうしたエラー値の代表的な例をあげて解決方法を解説します。

1 エラーインジケーターとエラー値

エラーインジケーターは、次のような場合に表示されます（表示するかどうか個別に指定できます）。

① エラー結果となる数式を含むセルがある
② 集計列に矛盾した数式が含まれている
③ 2桁の文字列形式の日付が含まれている
④ 文字列として保存されている数値がある
⑤ 領域内に矛盾する数式がある
⑥ データへの参照が数式に含まれていない
⑦ 数式が保護のためにロックされていない
⑧ 空白セルへの参照が含まれている
⑨ テーブルに無効なデータが入力されている

数式の結果にエラーがあるセルにはエラー値が表示されるので、エラーの内容に応じて修正します。エラー値には8種類あり、それぞれの原因を知っておくと、エラーの解決に役立ちます。

エラーのあるセルには、エラーインジケーターが表示されます。

数式のエラーがあるセルには、エラー値が表示されます。

エラーチェックオプション

エラーインジケーターが表示されたセルをクリックすると、＜エラーチェックオプション＞が表示されます。この＜エラーチェックオプション＞を利用すると、エラーの内容に応じた修正を行うことができます。

＜エラーチェックオプション＞にマウスポインターを合わせると、エラーの内容を示すヒントが表示されます。

＜エラーチェックオプション＞をクリックすると、エラーの内容に応じた修正を行うことができます。

2 エラー値「#VALUE!」が表示されたら…

文字列が入力されているセル[A3]を参照して計算を行おうとしているため、「#VALUE!」が表示されます。

キーワード　エラー値「#VALUE!」

エラー値「#VALUE!」は、数式の参照先や関数の引数の型、演算子の種類などが間違っている場合に表示されます。間違っている参照先や引数などを修正すると、解決されます。

1. 数式を「=B3*C3」と修正すると、
2. エラーが解決されます。

セル[D3]の数式をコピーしています。

3 エラー値「#####」が表示されたら…

セルの幅が狭くて数式の計算結果が表示しきれないため、「#####」が表示されます。

	A	B	C	D	E	F	G	H
2		北日本	東日本	西日本	沖縄	合計		
3	4月	3,000,000	5,720,000	4,910,000	790,000	#######		
4	5月	2,980,000	5,560,000	4,430,000	1,220,000	#######		
5	6月	2,560,000	5,460,000	4,080,000	850,000	#######		
6	7月	3,170,000	6,500,000	5,660,000	1,580,000	#######		
7	8月	2,670,000	5,520,000	4,200,000	1,560,000	#######		
8	9月	3,770,000	6,520,000	5,220,000	1,780,000	#######		
9	合計	#######	#######	#######	7,780,000	#######		

キーワード　エラー値「#####」

エラー値「#####」は、セルの幅が狭くて計算結果を表示できない場合に表示されます。セルの幅を広げたり（Sec.41参照）、表示する小数点以下の桁数を減らしたりすると（Sec.36参照）、解決されます。また、時間の計算が負になった場合にも表示されます。

1. セルの幅を広げると、
2. エラーが解決されます。

	A	B	C	D	E	F	G
2		北日本	東日本	西日本	沖縄	合計	
3	4月	3,000,000	5,720,000	4,910,000	790,000	14,420,000	
4	5月	2,980,000	5,560,000	4,430,000	1,220,000	14,190,000	
5	6月	2,560,000	5,460,000	4,080,000	850,000	12,950,000	
6	7月	3,170,000	6,500,000	5,660,000	1,580,000	16,910,000	
7	8月	2,670,000	5,520,000	4,200,000	1,560,000	13,950,000	
8	9月	3,770,000	6,520,000	5,220,000	1,780,000	17,290,000	
9	合計	18,150,000	35,280,000	28,500,000	7,780,000	89,710,000	

4 エラー値「#NAME?」が表示されたら…

🔍 キーワード　エラー値「#NAME?」

エラー値「#NAME?」は、関数名が間違っていたり、数式内の文字列を「"」で囲んでいなかったり、セル範囲の「:」が抜けていたりした場合に表示されます。関数名や数式内の文字を修正すると、解決されます。

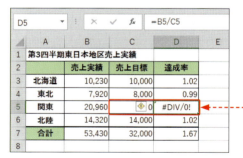

関数名が間違っているため（正しくは「AVERAGE」）、「#NAME?」が表示されます。

1 正しい関数名を入力すると、

2 エラーが解決されます。

5 エラー値「#DIV/0!」が表示されたら…

🔍 キーワード　エラー値「#DIV/0!」

エラー値「#DIV/0!」は、割り算の除数（割るほうの数）の値が「0」または未入力で空白の場合に表示されます。除数として参照するセルの値または参照先そのものを修正すると、解決されます。

割り算の除数となるセル[C5]に「0」が入力されているため、「#DIV/0!」が表示されます。

1 セル[C5]を修正すると、

2 エラーが解決されます。

6 エラー値「#N/A」が表示されたら…

Section 34 計算結果のエラーを解決する

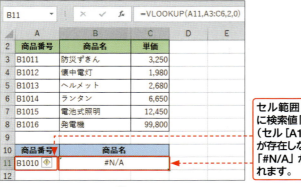

キーワード エラー値「#N/A」

エラー値「#N/A」は、VLOOKUP関数、LOOKUP関数、HLOOKUP関数、MATCH関数などの検索／行列関数で、検索した値が検索範囲内に存在しない場合に表示されます。検索値を修正すると、解決されます（VLOOKUP関数については、P.304参照）。

ステップアップ　そのほかのエラー値

●#NULL!
指定したセル範囲に共通部分がない場合や、参照するセル範囲が間違っている場合に表示されます（例では「, 」が抜けている）。参照しているセル範囲を修正すると、解決されます。

●#NUM!
引数として指定できる数値の範囲を超えている場合に表示されます（例では「入社年」に「9999」より大きい値を指定している）。Excelで処理できる数値の範囲におさまるように修正すると、解決されます。

●#REF!
数式中で参照しているセルが、行や列の削除などで削除された場合に表示されます。参照先を修正すると、解決されます。

125

7 数式を検証する

メモ エラーチェックオプション

<エラーチェックオプション> をクリックして表示されるメニューを利用すると、エラーの原因を調べたり、数式を検証したり、エラーの内容に応じた修正を行ったりすることができます。

1. エラーが表示されたセル（ここではセル[C3]）をクリックして、<エラーチェックオプション>をクリックし、

2. <計算の過程を表示>をクリックすると、

3. エラー値の検証内容が表示されます。

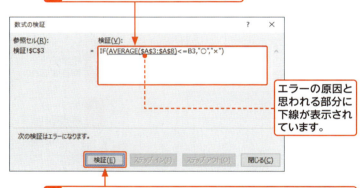

エラーの原因と思われる部分に下線が表示されています。

4. <検証>をクリックすると、下線が引かれた部分の計算結果が表示され、エラーの原因が確認できます。

ヒント エラーインジケーターを表示しないようにするには？

<エラーチェックオプション>をクリックすると表示されるメニューから<エラーチェックオプション>をクリックすると、<Excelのオプション>ダイアログボックスの<数式>が表示されます。<バックグラウンドでエラーチェックを行う>をクリックしてオフにすると、エラーインジケーターが表示されなくなります。

ここをクリックしてオフにします。

ステップアップ ワークシート全体のエラーをチェックする

<数式>タブの<ワークシート分析>グループの<エラーチェック>をクリックすると、<エラーチェック>ダイアログボックスが表示されます。このダイアログボックスを利用すると、ワークシート全体のエラーを順番にチェックしたり、修正したりすることができます。

エラーのある最初のセルが選択され、エラーの説明が表示されます。

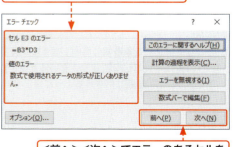

<前へ><次へ>でエラーのあるセルを順番に移動できます。

Chapter 04

第**4**章

文字とセルの書式

Section	35	セルの表示形式と書式の基本
	36	セルの表示形式を変更する
	37	文字の配置を変更する
	38	文字色やスタイルを変更する
	39	文字サイズやフォントを変更する
	40	セルの背景に色を付ける
	41	列幅や行の高さを調整する
	42	表の見た目をまとめて変更する ── テーマ
	43	セルを結合する
	44	ふりがなを表示する
	45	セルの書式だけを貼り付ける
	46	形式を選択して貼り付ける
	47	条件に基づいて書式を変更する

Section 35 セルの表示形式と書式の基本

覚えておきたいキーワード
- ☑ 表示形式
- ☑ 文字の書式
- ☑ セルの書式

Excelでは、同じデータを入力しても、表示形式によって表示結果を変えられます。データが目的に合った形で表示されるように、表示形式の基本を理解しておきましょう。また、文書や表などの見栄えも重要です。表を見やすくするために設定するさまざまな書式についても確認しておきましょう。

1 表示形式と表示結果

Excelでは、セルに対して「表示形式」を設定することで、実際にセルに入力したデータを、さまざまな見た目で表示させることができます。表示形式には、下図のようなものがあります。独自の表示形式を設定することもできます。

セルに入力したデータ → 表示形式を設定したセルの表示結果

表示形式の設定方法

セルの表示形式を設定するには、＜ホーム＞タブの＜数値＞グループの各コマンドを利用するか、＜セルの書式設定＞ダイアログボックスの＜表示形式＞を利用します。

表示形式を設定するには、これらのコマンドを利用します。

＜セルの書式設定＞ダイアログボックスの＜表示形式＞を利用すると、さらに詳細な設定ができます。

2 書式とは

Excelで作成した文書や表などの見せ方を設定するのが「書式」です。Excelでは、文字サイズやフォント、色などの文字書式を変更したり、セルの背景色、列幅や行の高さ、セル結合などを設定したりして、表の見栄えを変更することができます。前ページで解説した表示形式も書式の一部です。また、セルの内容に応じて見せ方を変える、条件付き書式を設定することもできます。

書式の設定例

列幅や行の高さの調整
列幅や行の高さを調整します。

フォントの書式
サイズや種類、色など、文字の書式を変更します。

セルの結合
複数のセルを1つに結合します。

セルの塗りつぶし
セルに背景色を付けます。

文字の配置
セル内の文字位置を変更します。

条件付き書式の設定例

セルの値の上昇や下降を5つの矢印（アイコンセット）で表示します。

セルの値の大小を棒の長さ（データバー）で表示します。

Section 36 セルの表示形式を変更する

覚えておきたいキーワード
- 桁区切りスタイル
- パーセンテージスタイル
- 通貨スタイル

表示形式は、データを目的に合った形式でワークシート上に表示するための機能です。これを利用して数値を桁区切りスタイル、通貨スタイル、パーセンテージスタイルなどで表示したり、小数点以下の桁数を変えるなどして、表を見やすく使いやすくすることができます。

1 数値を3桁区切りで表示する

メモ 桁区切りスタイルへの変更

<ホーム>タブの<桁区切りスタイル> をクリックすると、数値を3桁ごとに「,」(カンマ)で区切って表示することができます。また、マイナスの数値がある場合は、赤字で表示されます。

1 表示形式を変更するセル範囲を選択します。

2 <ホーム>タブをクリックして、

3 <桁区切りスタイル>をクリックすると、

↓

4 数値が3桁ごとに「,」で区切られて表示されます。

マイナスの数値は赤字で表示されます。

 ヒント セルの表示形式の変更

セルの表示形式は、以下の方法で変更することができます。表示形式を変更しても、実際のデータは変更されません。

① <ホーム>タブの<数値>グループのコマンド
② ミニツールバー
③ <セルの書式設定>ダイアログボックスの<表示形式>(P.132参照)

2 表示形式をパーセンテージスタイルに変更する

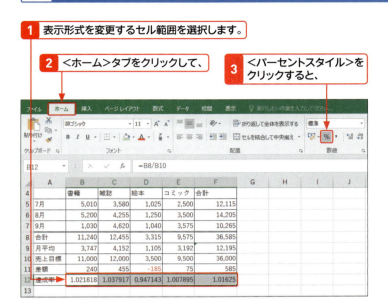

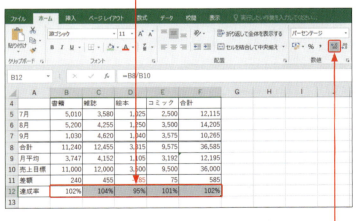

メモ パーセンテージスタイルへの変更

＜ホーム＞タブの＜パーセントスタイル＞ % をクリックすると、小数点以下の桁数が「0」（ゼロ）のパーセンテージスタイルになります。

ヒント 小数点以下の桁数を変更する

＜ホーム＞タブの＜数値＞グループの＜小数点以下の表示桁数を増やす＞をクリックすると、小数点以下の桁数が1つ増え、＜小数点以下の表示桁数を減らす＞をクリックすると、小数点以下の桁数が1つ減ります。この場合、セルの表示上はデータが四捨五入されていますが、実際のデータは変更されません。

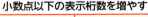

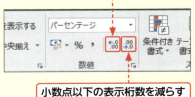

3 日付の表示形式を変更する

メモ　日付の表示形式の変更

日付の表示形式を和暦などに変更したい場合は、右の手順のように＜セルの書式設定＞ダイアログボックスを利用します。また、＜ホーム＞タブの＜数値の書式＞の▼をクリックして表示される一覧から変更することもできます。＜長い日付形式＞をクリックすると、「2015年10月15日」という形式に変更されます。＜短い日付形式＞をクリックすると、もとの「2015/10/15」という表示形式に戻ります。

ステップアップ　日付や時刻のデータ

Excelでは、日付や時刻のデータは、「シリアル値」という数値で扱われます。日付スタイルや時刻スタイルのセルの表示形式を標準スタイルに変更すると、シリアル値が表示されます。たとえば、「2015/1/1 12:00」の場合は、シリアル値の「42005.5」が表示されます。

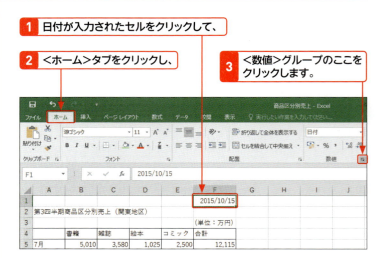

1 日付が入力されたセルをクリックして、

2 ＜ホーム＞タブをクリックし、

3 ＜数値＞グループのここをクリックします。

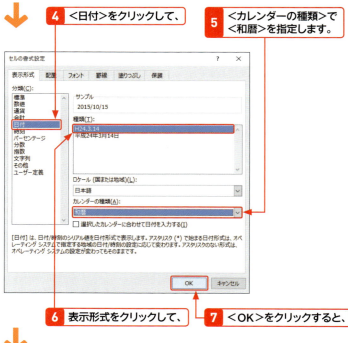

4 ＜日付＞をクリックして、

5 ＜カレンダーの種類＞で＜和暦＞を指定します。

6 表示形式をクリックして、

7 ＜OK＞をクリックすると、

8 日付の表示形式が変更されます。

4 表示形式を通貨スタイルに変更する

1 表示形式を変更するセル範囲を選択します。

メモ 通貨スタイルへの変更

＜ホーム＞タブの＜通貨表示形式＞をクリックすると、数値の先頭に「¥」が付き、3桁ごとに「,」(カンマ)で区切った形式で表示されます。

2 ＜ホーム＞タブをクリックして、

3 ＜通貨表示形式＞をクリックすると、

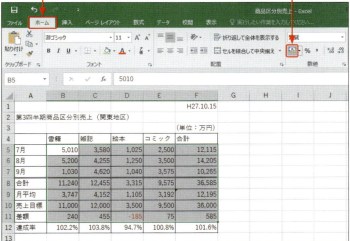

4 選択したセル範囲が通貨スタイルに変更されます。

ヒント 別の通貨記号を使うには?

「¥」以外の通貨記号を使いたい場合は、＜通貨表示形式＞の▼をクリックして表示される一覧から利用したい通貨記号を指定します。メニュー最下段の＜その他の通貨表示形式＞をクリックすると、＜セルの書式設定＞ダイアログボックスが表示され、そのほかの通貨記号が選択できます。

Section 37 文字の配置を変更する

覚えておきたいキーワード
☑ 中央揃え
☑ 折り返して全体を表示
☑ 縦書き

文字を入力した直後は、数値は右揃えに、文字は左揃えに配置されますが、この**配置**は**任意**に**変更**することができます。また、セルの中に文字が入りきらない場合は、**文字を折り返して表示**したり、**セル幅に合わせて縮小**したり、**縦書き**にしたりすることもできます。

1 文字をセルの中央に揃える

メモ 文字の左右の配置

＜ホーム＞タブの＜配置＞グループで以下のコマンドを利用すると、セル内の文字を左揃えや中央揃え、右揃えに設定できます。

中央揃え

ステップアップ 文字の上下の配置

＜ホーム＞タブの＜配置＞グループで以下のコマンドを利用すると、セル内の文字を上揃えや上下中央揃え、下揃えに設定できます。

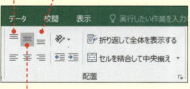

上下中央揃え

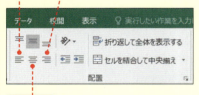

1 文字配置を変更するセル範囲を選択します。
2 ＜ホーム＞タブをクリックして、
3 ＜中央揃え＞をクリックすると、
4 文字が中央揃えに設定されます。

2 セルに合わせて文字を折り返す

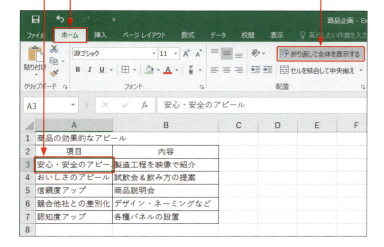

1 セル内に文字がおさまっていないセルをクリックします。
2 <ホーム>タブをクリックして、
3 <折り返して全体を表示する>をクリックすると、

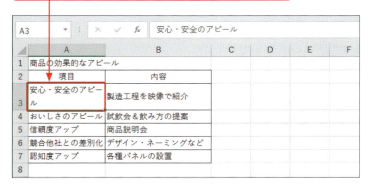

4 セル内で文字が折り返され、文字全体が表示されます。

メモ 文字を折り返す

左の手順で操作すると、セルに合わせて文字が自動的に折り返されて表示されます。文字の折り返し位置は、セル幅に応じて自動的に調整されます。折り返した文字をもとに戻すには、<折り返して全体を表示する>を再度クリックします。

ヒント 行の高さは自動調整される

文字を折り返すと、折り返した文字に合わせて、行の高さが自動的に調整されます。

ステップアップ 指定した位置で文字を折り返す

指定した位置で文字を折り返したい場合は、改行を入力します。セル内をダブルクリックして、折り返したい位置にカーソルを移動し、Alt + Enter を押すと、指定した位置で改行されます。

ステップアップ インデントを設定する

「インデント」とは、文字とセル枠線との間隔を広くする機能のことです。インデントを設定するには、セル範囲を選択して、<ホーム>タブの<インデントを増やす>をクリックします。クリックするごとに、セル内のデータが1文字分ずつ右へ移動します。インデントを解除するには、<インデントを減らす>をクリックします。

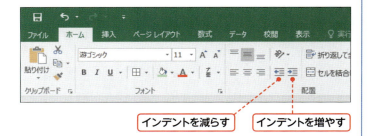

3 文字の大きさをセルの幅に合わせる

メモ　縮小して全体を表示する

右の手順で操作すると、セル内におさまらない文字がセルの幅に合わせて自動的に縮小して表示されます。セルの幅を変えずに文字全体を表示したいときに便利な機能です。セル幅を広げると、文字の大きさはもとに戻ります。

1 文字の大きさを調整するセルをクリックして、

2 <ホーム>タブをクリックし、

3 <配置>グループのここをクリックします。

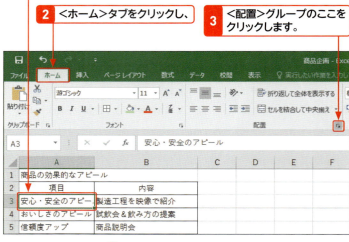

4 <縮小して全体を表示する>をクリックしてオンにし、

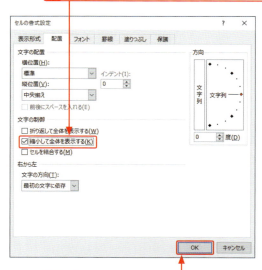

5 <OK>をクリックすると、

6 文字がセルの幅に合わせて、自動的に縮小されます。

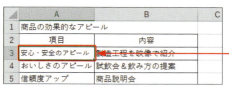

ステップアップ　文字の縦位置の調整

<セルの書式設定>ダイアログボックスの<文字の配置>グループの<縦位置>を利用すると、<上詰め>や<下詰め>など、文字の縦位置を設定することができます。

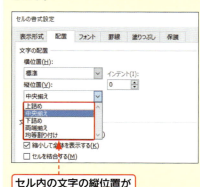

セル内の文字の縦位置が設定できます。

4 文字を縦書きで表示する

Section 37 文字の配置を変更する

1 文字を縦書きにするセル範囲を選択して、

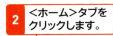 **2** <ホーム>タブをクリックします。

 3 <方向>をクリックして、

 4 <縦書き>をクリックすると、

メモ 文字を縦書きにする

文字を縦書きにするには、<ホーム>タブの<方向> をクリックして、<縦書き>をクリックします。また、<左回りに回転><右回りに回転>をクリックすると、それぞれの方向に45度回転させることができます。

5 文字が縦書き表示になります。

ステップアップ 文字の角度を自由に設定する

<セルの書式設定>ダイアログボックスの<配置>の<方向>を利用すると(前ページ参照)、文字の角度を任意に設定することができます。

ステップアップ 均等割り付けを設定する

「均等割り付け」とは、セル内の文字をセル幅に合わせて均等に配置する機能のことです。均等割り付けは、セル範囲を選択して<セルの書式設定>ダイアログボックスの<配置>を表示し、<文字の配置>グループの<横位置>で設定します。
なお、セル幅を超える文字が入力されているセルで均等割り付けを設定すると、その文字は折り返されます。

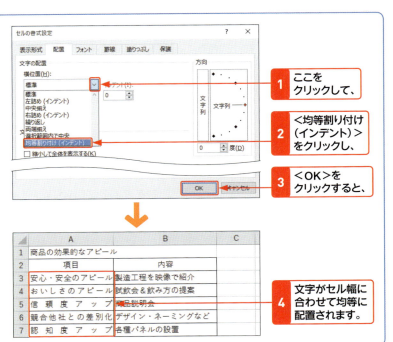

第4章 文字とセルの書式

137

Section 38 文字色やスタイルを変更する

覚えておきたいキーワード
- ☑ フォントの色
- ☑ 太字
- ☑ 斜体／下線

文字に色を付けたり太字にしたりすると文字が強調され、表にメリハリが付きます。また、文字を斜体にしたり下線を付けたりすると、特定の文字を目立たせることができます。文字の色やスタイルを変更するには、＜ホーム＞タブの＜フォント＞グループの各コマンドを利用します。

1 文字に色を付ける

メモ 同じ色を繰り返し設定する

右の手順で色を設定すると、＜フォントの色＞コマンドの色も指定した色に変わります。別のセルをクリックして、＜フォントの色＞ をクリックすると、直前に指定した色を繰り返し設定することができます。

＜フォントの色＞コマンドの色も、直前に指定した色に変わります。

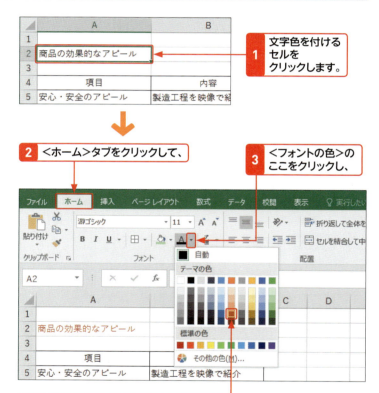

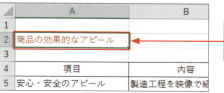

第4章 文字とセルの書式

138

2 文字を太字にする

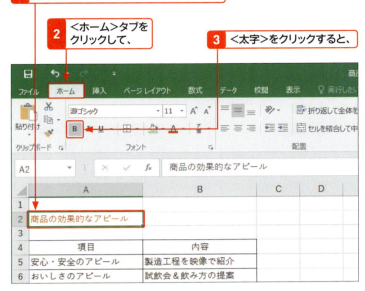

ヒント 太字を解除するには？

太字の設定を解除するには、セルをクリックし、＜ホーム＞タブの＜太字＞ B を再度クリックします。

ヒント 文字の一部分に書式を設定するには？

セルを編集できる状態にして、文字の一部分を選択してから書式を設定すると、選択した部分の文字だけに書式を設定することができます。

3 文字を斜体にする

> **ヒント　斜体を解除するには？**
>
> 斜体の設定を解除するには、セルをクリックし、＜ホーム＞タブの＜斜体＞ I を再度クリックします。

1. 文字を斜体にするセル範囲を選択します。
2. ＜ホーム＞タブをクリックして、
3. ＜斜体＞をクリックすると、

4. 文字が斜体に設定されます。

ステップアップ　文字飾りを設定する

＜ホーム＞タブの＜フォント＞グループの をクリックすると、＜セルの書式設定＞ダイアログボックスの＜フォント＞が表示されます。このダイアログボックスで文字飾りを設定することができます。＜上付き＞＜下付き＞を利用すると、数式・数列や分子式なども入力できます。

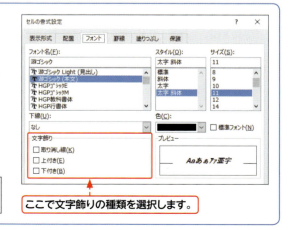

4 文字に下線を付ける

1. 文字に下線を付けるセルをクリックします。
2. <ホーム>タブをクリックして、
3. <下線>をクリックすると、

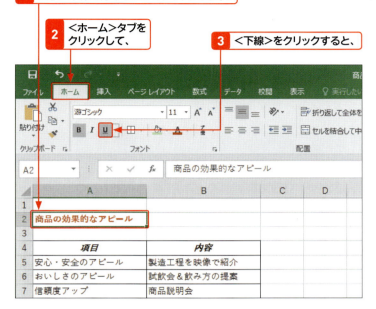

4. 文字列に下線が設定されます。

メモ 二重下線を付ける

<下線> U の ▼ をクリックすると表示されるメニューを利用すると、二重下線を引くことができます。なお、下線を解除するには、下線が付いているセルをクリックして、<下線> U を再度クリックします。

ステップアップ 会計用の下線を付ける

<セルの書式設定>ダイアログボックスの<フォント>（前ページの「ステップアップ」参照）の<下線>を利用すると、会計用の下線を付けることができます。

会計用の下線は文字と重ならないため、文字が見やすくなります。

ヒント 文字色と異なる色で下線を引きたい場合?

上記の手順で引いた下線は、文字色と同色になります。文字色と異なる色で下線を引きたい場合は、文字の下に直線を描画して、線の色を目的の色に設定するとよいでしょう。図形の描画と編集については、Sec.88、Sec.89を参照してください。

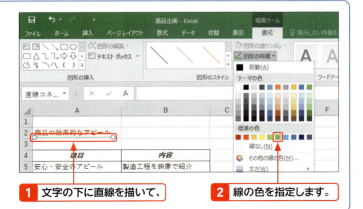

1. 文字の下に直線を描いて、
2. 線の色を指定します。

Section 39 文字サイズやフォントを変更する

覚えておきたいキーワード
- ☑ 文字サイズ
- ☑ フォント
- ☑ フォントサイズ

文字サイズやフォントは、目的に応じて変更することができます。表のタイトルや項目などの文字サイズやフォントを変更すると、その部分を目立たせることができます。文字サイズやフォントを変更するには、＜ホーム＞タブの＜フォントサイズ＞と＜フォント＞を利用します。

1 文字サイズを変更する

新機能 Excelの既定のフォント

Excelの既定のフォントは、Excel 2013までは「MS Pゴシック」でしたが、Excel 2016では「游ゴシック」に変わりました。スタイルは「標準」、サイズは「11」ポイントです。なお、「1pt」は1/72インチで、およそ0.35mmです。

ヒント ミニツールバーを使う

文字サイズは、セルを右クリックすると表示されるミニツールバーでも変更することができます。

ステップアップ 文字サイズを直接入力する

＜フォントサイズ＞は、文字サイズの数値を直接入力して設定することもできます。この場合、一覧には表示されない「9.5pt」や「96pt」といった文字サイズを指定することも可能です。

[1] 文字サイズを変更するセルをクリックします。

[2] ＜ホーム＞タブをクリックして、

[3] ＜フォントサイズ＞のここをクリックし、

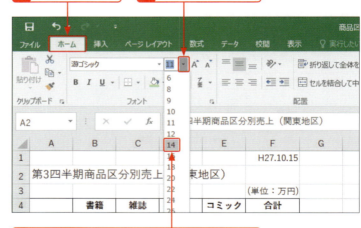

[4] 文字サイズにマウスポインターを合わせると、文字サイズが一時的に適用されて表示されます。

[5] 文字サイズをクリックすると、文字サイズの適用が確定されます。

2 フォントを変更する

1 フォントを変更するセルをクリックします。

	A	B	C	D	E	F	G
1						H27.10.15	
2	第3四半期商品区分別売上（関東地区）						
3						（単位：万円）	
4		書籍	雑誌	絵本	コミック	合計	
5	7月	5,010	3,580	1,025	2,500	12,115	
6	8月	5,200	4,255	1,250	3,500	14,205	
7	9月	1,030	4,620	1,040	3,575	10,265	

2 ＜ホーム＞タブをクリックして、

3 ＜フォント＞のここをクリックし、

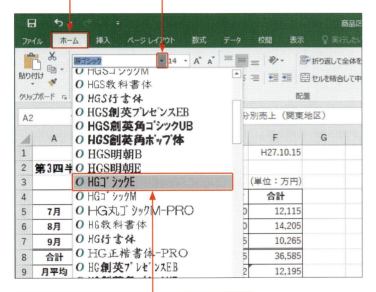

4 フォントにマウスポインターを合わせると、フォントが一時的に適用されて表示されます。

5 フォントをクリックすると、フォントの適用が確定されます。

	A	B	C	D	E	F	G
1						H27.10.15	
2	第3四半期商品区分別売上（関東地区）						
3						（単位：万円）	
4		書籍	雑誌	絵本	コミック	合計	
5	7月	5,010	3,580	1,025	2,500	12,115	
6	8月	5,200	4,255	1,250	3,500	14,205	
7	9月	1,030	4,620	1,040	3,575	10,265	

ヒント　ミニツールバーを使う

フォントは、セルを右クリックすると表示されるミニツールバーでも変更することができます。

ヒント　一部の文字だけを変更するには？

セルを編集できる状態にして、文字の一部分を選択すると、選択した部分のフォントや文字サイズだけを変更することができます。

文字の一部分を選択します。

ステップアップ　文字の書式をまとめて変更する

＜ホーム＞タブの＜フォント＞グループの ▫ をクリックして表示される＜セルの書式設定＞ダイアログボックスの＜フォント＞（P.140の「ステップアップ」参照）では、フォントや文字サイズ、文字のスタイルや色などをまとめて変更することができます。

Section 40 セルの背景に色を付ける

覚えておきたいキーワード
- 塗りつぶしの色
- 標準の色
- テーマの色

セルの背景に色を付けると、見やすい表になります。セルの背景色を設定するには、<ホーム>タブの<塗りつぶしの色>を利用して、<テーマの色>や<標準の色>から色を選択します。また、Excelにあらかじめ用意された<セルのスタイル>を利用することもできます。

1 セルの背景に<標準の色>を設定する

 メモ 同じ色を繰り返し設定する

右の手順で色を設定すると、<塗りつぶしの色>コマンドの色も指定した色に変わります。別のセルをクリックして、<塗りつぶしの色> をクリックすると、直前に指定した色を繰り返し設定することができます。

 ヒント 一覧に目的の色がない場合は？

手順3で表示される一覧に目的の色がない場合は、最下段にある<その他の色>をクリックします。<色の設定>ダイアログボックスが表示されるので、<標準>や<ユーザー設定>で使用したい色を指定します。

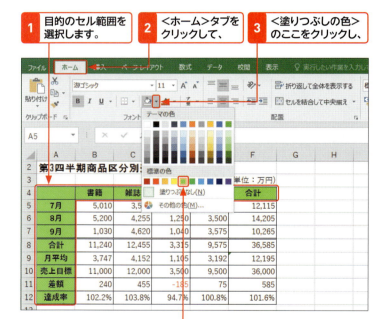

1 目的のセル範囲を選択します。
2 <ホーム>タブをクリックして、
3 <塗りつぶしの色>のここをクリックし、
4 <標準の色>から目的の色にマウスポインターを合わせると、色が一時的に適用されて表示されます。
5 色をクリックすると、塗りつぶしの色が確定されます。

2 セルの背景に＜テーマの色＞を設定する

1 目的のセル範囲を選択します。

4		書籍	雑誌	絵本	コミック	合計
5	7月	5,010	3,580	1,025	2,500	12,115
6	8月	5,200	4,255	1,250	3,500	14,205
7	9月	1,030	4,620	1,040	3,575	10,265
8	合計	11,240	12,455	3,315	9,575	36,585
9	月平均	3,747	4,152	1,105	3,192	12,195
10	売上目標	11,000	12,000	3,500	9,500	36,000
11	差額	240	455	-185	75	585
12	達成率	102.2%	103.8%	94.7%	100.8%	101.6%

2 ＜ホーム＞タブをクリックして、

3 ＜塗りつぶしの色＞のここをクリックし、

ヒント　テーマの色

＜テーマの色＞で設定する色は、＜ページレイアウト＞タブの＜テーマ＞の設定に基づいています（Sec.42参照）。＜テーマ＞でスタイルを変更すると、＜テーマの色＞で設定した色を含めてブック全体が自動的に変更されます。それに対し、＜標準の色＞で設定した色は、＜テーマ＞の変更に影響を受けません。

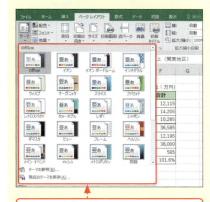

＜テーマの色＞は、＜テーマ＞のスタイルに基づいて自動的に変更されます。

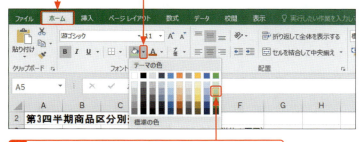

4 ＜テーマの色＞から目的の色にマウスポインターを合わせると、色が一時的に適用されて表示されます。

5 色をクリックすると、塗りつぶしの色が確定されます。

4		書籍	雑誌	絵本	コミック	合計
5	7月	5,010	3,580	1,025	2,500	12,115
6	8月	5,200	4,255	1,250	3,500	14,205
7	9月	1,030	4,620	1,040	3,575	10,265
8	合計	11,240	12,455	3,315	9,575	36,585
9	月平均	3,747	4,152	1,105	3,192	12,195
10	売上目標	11,000	12,000	3,500	9,500	36,000
11	差額	240	455	-185	75	585
12	達成率	102.2%	103.8%	94.7%	100.8%	101.6%

ヒント　セルの背景色を消去するには？

セルの背景色を消すには、手順 **4** で＜塗りつぶしなし＞をクリックします。

ステップアップ　＜セルのスタイル＞を利用する

＜ホーム＞タブの＜セルのスタイル＞を利用すると、Excelにあらかじめ用意された書式をタイトルに設定したり、セルにテーマのスタイルを設定したりすることができます。

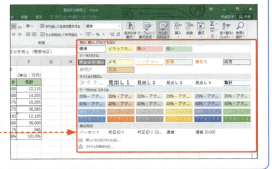

ここでスタイルを設定できます。

Section 41 列幅や行の高さを調整する

覚えておきたいキーワード
- ☑ 列幅
- ☑ 行の高さ
- ☑ 列幅の自動調整

数値や文字がセルにおさまりきらない場合や、表の体裁を整えたい場合は、列幅や行の高さを変更します。列幅や行の高さは、列番号や行番号の境界をマウスでドラッグしたり、数値で指定したりして変更します。また、セルのデータに合わせて列幅を調整することもできます。

1 ドラッグして列幅を変更する

メモ ドラッグ操作による列の幅や行の高さの変更

列番号や行番号の境界にマウスポインターを合わせ、ポインターの形が ╂ や ╂ に変わった状態でドラッグすると、列幅や行の高さを変更することができます。列幅を変更する場合は目的の列番号の右側に、行の高さを変更する場合は目的の行番号の下側に、マウスポインターを合わせます。

1 幅を変更する列番号の境界にマウスポインターを合わせ、ポインターの形が ╂ に変わった状態で、

2 右方向にドラッグすると、

3 列の幅が変更されます。

ヒント 列幅や行の高さの表示単位

変更中の列幅や行の高さは、マウスポインターの右上に数値で表示されます（手順 の図参照）。列幅は、Excelの既定のフォント（11ポイント）で入力できる半角文字の「文字数」で、行の高さは、入力できる文字の「ポイント数」で表されます。カッコの中には、ピクセル数が表示されます。

2 セルのデータに列幅を合わせる

1 幅を変更する列番号の境界にマウスポインターを合わせ、形が ✛ に変わった状態で、

2 ダブルクリックすると、

3 セルのデータに合わせて、列の幅が変更されます。

対象となる列内のセルで、もっとも長いデータに合わせて列幅が自動的に調整されます。

ヒント 複数の行や列を同時に変更するには？

複数の行または列を選択した状態で境界をドラッグするか、＜行の高さ＞ダイアログボックスまたは＜列幅＞ダイアログボックス（下の「ステップアップ」参照）を表示して数値を入力すると、複数の行の高さや列の幅を同時に変更できます。

複数の列を選択して境界をドラッグすると、列幅を同時に変更できます。

ステップアップ 列幅や行の高さを数値で指定する

列幅や行の高さは、数値で指定して変更することもできます。
列幅は、調整したい列をクリックして、＜ホーム＞タブの＜セル＞グループの＜書式＞から＜列の幅＞をクリックして表示される＜列幅＞ダイアログボックスで指定します。行の高さは、同様の方法で＜行の高さ＞をクリックして表示される＜行の高さ＞ダイアログボックスで指定します。

＜列幅＞ダイアログボックス

文字数を指定します。

＜行の高さ＞ダイアログボックス

ポイント数を指定します。

Section 42 表の見た目をまとめて変更する──テーマ

覚えておきたいキーワード
- ☑ テーマ
- ☑ 配色
- ☑ フォント

表の見た目をまとめて変更したいときは、テーマを利用すると便利です。テーマを利用すると、ブック全体のフォントやセルの背景色、塗りつぶしの効果などの書式をまとめて変更することができます。また、テーマの配色やフォントを個別にカスタマイズすることもできます。

1 テーマを変更する

🔍 キーワード テーマ

「テーマ」とは、フォントやセルの背景色、塗りつぶしの効果などの書式をまとめたもので、ブック全体の書式をすばやくかんたんに設定できる機能です。テーマの配色やフォントを個別に変更することもできます。設定したテーマは、ブック内のすべてのワークシートに適用されます。

💡 ヒント テーマを変更しても設定が変わらない?

＜ホーム＞タブの＜塗りつぶしの色＞や＜フォントの色＞で＜標準の色＞を設定したり、＜フォント＞を＜すべてのフォント＞の一覧から設定したりした場合は、テーマは適用されません。

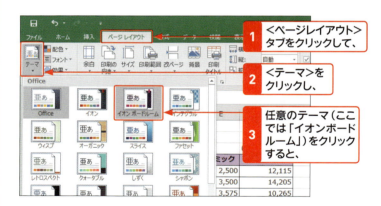

＜標準の色＞から設定した色は、テーマが適用されません。

第4章 文字とセルの書式

2 テーマの配色やフォントを変更する

1 <ページレイアウト>タブをクリックして、

2 <配色>をクリックし、

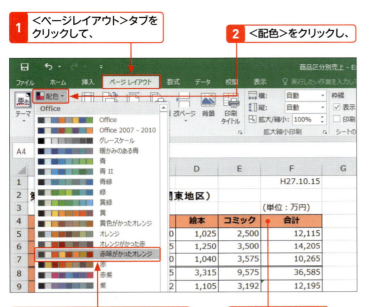

3 変更したい配色をクリックすると、

4 テーマの配色が変更されます。

5 <ページレイアウト>タブの<フォント>をクリックして、

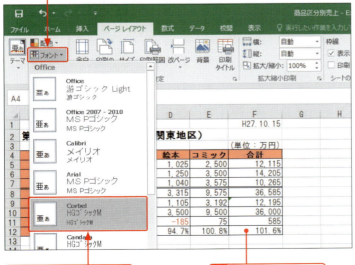

6 変更したいフォントをクリックすると、

7 テーマのフォントが変更されます。

メモ テーマの色

テーマを変更すると、<ホーム>タブの<塗りつぶしの色>や<フォントの色>から選択できる<テーマの色>も、設定したテーマに合わせて変更されます。

<テーマの色>も、設定したテーマに合わせて変更されます。

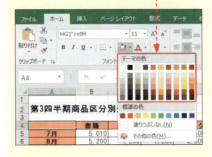

メモ テーマのフォント

テーマを変更すると、<ホーム>タブの<フォント>から選択できる<テーマのフォント>も、設定したテーマに合わせて変更されます。

<テーマのフォント>も、設定したテーマに合わせて変更されます。

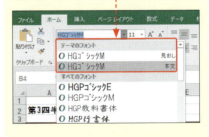

ヒント テーマをもとに戻すには？

既定ではOfficeテーマが設定されています。テーマをもとに戻すには、前ページの手順 **3** で<Office>をクリックします。

Section 43 セルを結合する

覚えておきたいキーワード
- ☑ セルの結合
- ☑ セルを結合して中央揃え
- ☑ セル結合の解除

隣り合う複数のセルは、結合して1つのセルとして扱うことができます。結合したセル内の文字配置は、通常のセルと同じように任意に設定することができるので、複数のセルにまたがる見出しなどに利用すると、表の体裁を整えることができます。

1 セルを結合して文字を中央に揃える

ヒント 結合するセルにデータがある場合は？

結合するセルの選択範囲に複数のデータが存在する場合は、左上端のセルのデータのみが保持されます。ただし、空白のセルは無視されます。

ヒント セルの結合を解除するには？

セルの結合を解除するには、結合されたセルを選択して、＜セルを結合して中央揃え＞をクリックするか、下の手順で操作します。

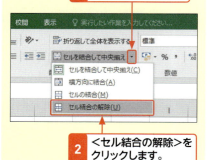

1 ここをクリックして、
2 ＜セル結合の解除＞をクリックします。

1 セル [B3] から [E3] までを選択します。
2 ＜ホーム＞タブをクリックして、
3 ＜セルを結合して中央揃え＞をクリックすると、
4 セルが結合され、文字の配置が自動的に中央揃えになります。
5 これらのセルも同様に結合します。

2 文字配置を維持したままセルを結合する

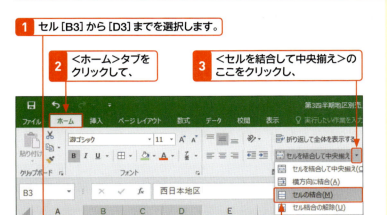

1. セル [B3] から [D3] までを選択します。
2. ＜ホーム＞タブをクリックして、
3. ＜セルを結合して中央揃え＞のここをクリックし、
4. ＜セルの結合＞をクリックすると、

メモ 文字配置を維持したままセルを結合する

＜ホーム＞タブの＜セルを結合して中央揃え＞をクリックすると、セルに入力されていた文字が中央配置されます。セルを結合したときに、データを中央に配置したくない場合は、左の手順で操作します。

5. 文字の配置が左揃えのままセルが結合されます。
6. これらのセルも同様に結合します。

ステップアップ セルを横方向に結合する

結合したいセルを選択して、上記の手順 4 で＜横方向に結合＞をクリックすると、同じ行のセルどうしを一気に結合することができます。

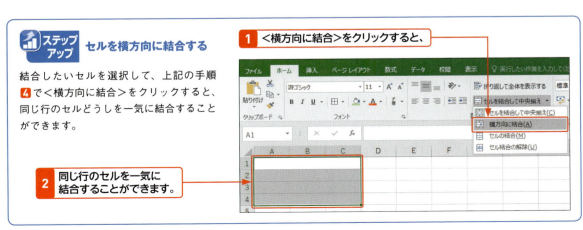

1. ＜横方向に結合＞をクリックすると、
2. 同じ行のセルを一気に結合することができます。

Section 44 ふりがなを表示する

覚えておきたいキーワード
- ☑ ふりがなの表示
- ☑ ふりがなの編集
- ☑ ふりがなの設定

セルに入力した文字には、かんたんな操作でふりがなを表示させることができます。表示されたふりがなが間違っていた場合は、通常の文字と同様の操作で修正することができます。また、ふりがなは初期状態ではカタカナで表示されますが、ひらがなで表示したり、配置を変更したりすることも可能です。

1 文字にふりがなを表示する

> **メモ ふりがなを表示するための条件**
>
> 右の手順で操作すると、ふりがなの表示／非表示を切り替えることができます。ただし、ふりがな機能は文字を入力した際に保存される読み情報を利用しているため、ほかの読みで入力した場合は修正が必要です。また、ほかのアプリケーションで入力したデータをセルに貼り付けた場合などは、ふりがなが表示されません。

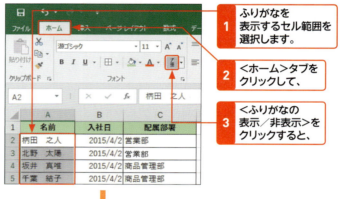

1. ふりがなを表示するセル範囲を選択します。
2. <ホーム>タブをクリックして、
3. <ふりがなの表示/非表示>をクリックすると、

4. ふりがなが表示されます。

ふりがなが表示された分、自動的にセルの高さが広がります。

2 ふりがなを編集する

> **ヒント ふりがな編集のそのほかの方法**
>
> ふりがなの編集は、<ホーム>タブの<ふりがなの表示/非表示>の をクリックし、<ふりがなの編集>をクリックしても行うことができます（次ページの手順3の図参照）。

1. ふりがなの表示されたセルをダブルクリックして、
2. ふりがなをクリックすると、ふりがなが枠で囲まれ、編集できる状態になります。

編集中は、対応する漢字の色が緑で表示されます。

ステップアップ 関数を利用する

PHONETIC関数を利用すると、別のセルにふりがなを取り出すことができます（P.307参照）。

3 ふりがなの種類や配置を変更する

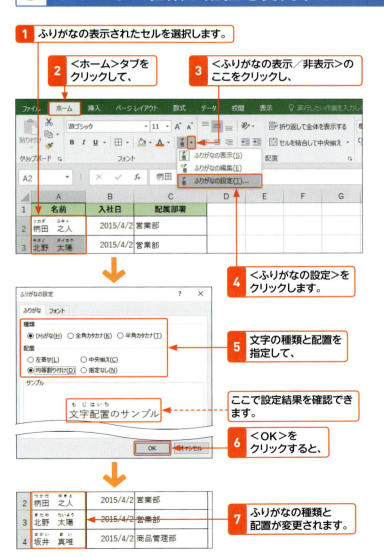

ステップアップ ふりがなのフォントや文字サイズの変更

左の手順で表示される＜ふりがなの設定＞ダイアログボックスの＜フォント＞では、ふりがなのフォントやスタイル、文字サイズなどを変更することができます。

ふりがなのフォントや文字サイズなどを変更することができます。

Section 44 ふりがなを表示する

第4章 文字とセルの書式

153

Section 45 セルの書式だけを貼り付ける

覚えておきたいキーワード
- ☑ 書式のコピー
- ☑ 書式の貼り付け
- ☑ 書式の連続貼り付け

セルに設定した罫線や色、配置などの書式を、別のセルに繰り返し設定するのは手間がかかります。このようなときは、もとになる表の書式をコピーして貼り付けることで、同じ形式の表をかんたんに作成することができます。書式は連続して貼り付けることもできます。

1 書式をコピーして貼り付ける

メモ 書式のコピー

書式のコピー機能を利用すると、書式だけをコピーして別のセル範囲に貼り付けることができます。同じ書式を何度も設定したい場合に利用すると便利です。

ヒント 書式をコピーするそのほかの方法

書式のみをコピーするには、右の手順のほかに、＜貼り付け＞の下部をクリックすると表示される＜その他の貼り付けオプション＞の＜書式設定＞を利用する方法もあります（Sec.46参照）。

セルに設定している背景色と文字色、文字配置をコピーします。

1. 書式をコピーするセルをクリックします。

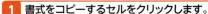

2. ＜ホーム＞タブをクリックして、
3. ＜書式のコピー／貼り付け＞をクリックすると、

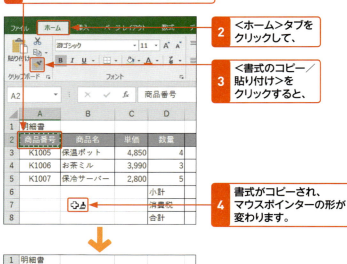

4. 書式がコピーされ、マウスポインターの形が変わります。

5. 貼り付ける位置でクリックすると、

6. 書式だけが貼り付けられます。

第4章 文字とセルの書式

154

2 書式を連続して貼り付ける

セルに設定している背景色を連続してコピーします。

1 書式をコピーするセル範囲を選択します。

2 ＜ホーム＞タブをクリックして、

3 ＜書式のコピー／貼り付け＞をダブルクリックすると、

4 書式がコピーされ、マウスポインターの形が変わります。

5 貼り付ける位置でクリックすると、

6 書式だけが貼り付けられます。

7 マウスポインターの形が のままなので、

8 続けて書式を貼り付けることができます。

メモ 書式の連続貼り付け

書式を連続して貼り付けるには、＜書式のコピー／貼り付け＞ をダブルクリックし、左の手順に従います。＜書式のコピー／貼り付け＞では、次の書式がコピーできます。

① 表示形式
② 文字の配置、折り返し、セルの結合
③ フォント
④ 罫線の設定
⑤ 文字の色やセルの背景色
⑥ 文字サイズ、スタイル、文字飾り

ヒント 書式の連続貼り付けを中止するには？

書式の連続貼り付けを中止して、マウスポインターをもとに戻すには、Esc を押すか、＜書式のコピー／貼り付け＞ を再度クリックします。

Section 46 形式を選択して貼り付ける

覚えておきたいキーワード
☑ 貼り付け
☑ 形式を選択して貼り付け
☑ 貼り付けのオプション

計算式の結果だけをコピーしたい、表の列幅を保持してコピーしたい、表の縦と横を入れ替えたい、といったことはよくあります。この場合は、<貼り付け>のオプションを利用すると数式だけ、値だけ、書式設定だけといった個別の貼り付けが可能となります。

1 <貼り付け>で利用できる機能

<貼り付け>の下部をクリックすると表示されるメニューを利用すると、コピーしたデータをさまざまな形式で貼り付けることができます。それぞれのアイコンにマウスポインターを合わせると、適用した状態がプレビューされるので、結果をすぐに確認することができます。

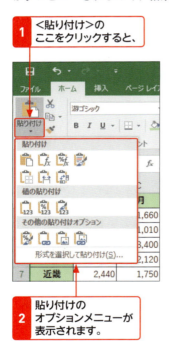

1 <貼り付け>のここをクリックすると、
2 貼り付けのオプションメニューが表示されます。

グループ	アイコン	項目	概要
貼り付け		貼り付け	セルのデータすべてを貼り付けます。
		数式	セルの数式だけを貼り付けます。
		数式と数値の書式	セルの数式と数値の書式を貼り付けます(P.158参照)。
		元の書式を保持	もとの書式を保持して貼り付けます。
		罫線なし	罫線を除く、書式や値を貼り付けます。
		元の列幅を保持	もとの列幅を保持して貼り付けます(P.159参照)。
		行列を入れ替える	行と列を入れ替えてすべてのデータを貼り付けます。
値の貼り付け		値	セルの値だけを貼り付けます(P.157参照)。
		値と数値の書式	セルの値と数値の書式を貼り付けます。
		値と元の書式	セルの値ともとの書式を貼り付けます。
その他の貼り付けオプション		書式設定	セルの書式のみを貼り付けます。
		リンク貼り付け	もとのデータを参照して貼り付けます。
		図	もとのデータを図として貼り付けます。
		リンクされた図	もとのデータをリンクされた図として貼り付けます。
形式を選択して貼り付け		形式を選択して貼り付け(S)...	<形式を選択して貼り付け>ダイアログボックスが表示されます(P.159参照)。

2 値のみを貼り付ける

1 コピーするセル範囲を選択して、
2 <ホーム>タブをクリックし、
3 <コピー>をクリックします。

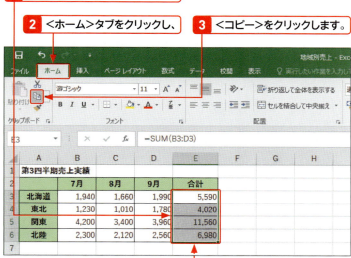

 コピーするセルには、数式と通貨形式が設定されています。

4 別シートの貼り付け先のセルをクリックして、
5 <ホーム>タブをクリックします。
6 <貼り付け>のここをクリックして、
7 <値>をクリックすると、

8 数式と数値の書式が取り除かれて、値だけが貼り付けられます。

<貼り付けのオプション>が表示されます(右の「ヒント」参照)。

メモ 値の貼り付け

<貼り付け>のメニューを利用すると、必要なものだけを貼り付ける、といったことがかんたんにできます。ここでは「値だけの貼り付け」を行います。貼り付ける形式を<値> にすると、数式や数値の書式が設定されているセルをコピーした場合でも、表示されている計算結果の数値や文字だけを貼り付けることができます。

メモ ほかのブックへの値の貼り付け

セル参照を利用している数式の計算結果をコピーし、別のワークシートに貼り付けると、正しい結果が表示されません。これは、セル参照が貼り付け先のワークシートのセルに変更されて、正しい計算が行えないためです。このような場合は、値だけを貼り付けておくと、計算結果だけを利用できます。

ヒント <貼り付けのオプション>の利用

貼り付けたあと、その結果の右下に<貼り付けのオプション>が表示されます。これをクリックすると、貼り付けたあとで結果を手直しするためのメニューが表示されます。メニューの内容は、前ページの貼り付けのオプションメニューと同じものです。

3 数式と数値の書式を貼り付ける

メモ 数式と数値の書式の貼り付け

手順7のように貼り付ける形式を＜数式と数値の書式＞にすると、表の罫線や背景色などを除いて、数式と数値の書式だけを貼り付けることができます。なお、「数値の書式」とは、数値に設定した表示形式のことです。

1 セル範囲を選択して、
2 ＜ホーム＞タブをクリックし、
3 ＜コピー＞をクリックします。

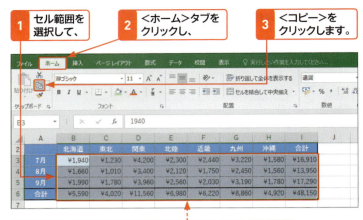

セルに背景色を付けて、罫線のスタイルを変更した表です。

4 別シートの貼り付け先のセルをクリックして、
5 ＜ホーム＞タブをクリックします。
6 ＜貼り付け＞のここをクリックして、

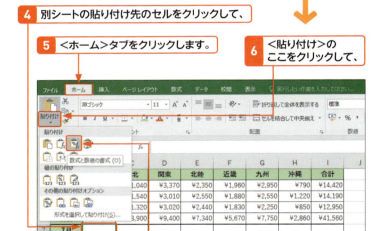

ヒント 数式のみの貼り付け

右の手順7で＜数式＞をクリックすると、「¥」や桁区切り、罫線、背景色を除いて、数式だけが貼り付けられます。数式ではなく値が入力されたセルは、値が貼り付けられます。

7 ＜数式と数値の書式＞をクリックすると、

8 背景色や罫線が解除されて、数式と数値の書式だけが貼り付けられます。

数式が正しく貼り付けられています。

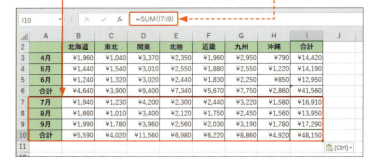

ヒント 数式の参照セルは自動的に変更される

貼り付ける形式を＜数式と数値の書式＞や＜数式＞にした場合、通常の貼り付けと同様に、数式のセル参照は自動的に変更されます。

4 もとの列幅を保持して貼り付ける

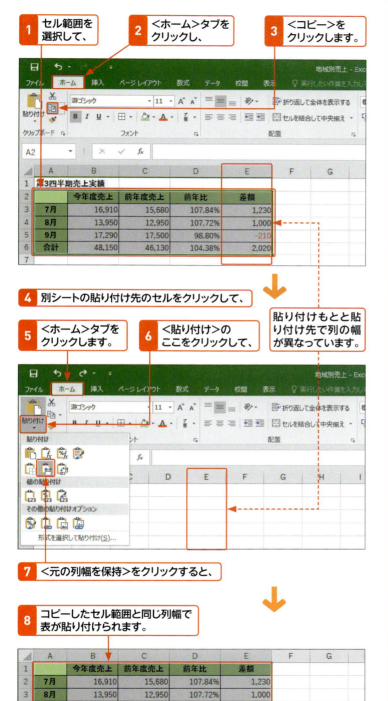

メモ 列の幅を保持した貼り付け

左の例のように、貼り付けもとと貼り付け先の列幅が異なる場合、単なる貼り付けでは列幅が不足して数値が正しく表示されないことがあります。列幅を保持して貼り付けを行う場合は、左の手順で操作します。

ステップアップ ＜形式を選択して貼り付け＞ダイアログボックス

＜貼り付け＞の下部をクリックして表示される一覧から＜形式を選択して貼り付け＞をクリックすると、＜形式を選択して貼り付け＞ダイアログボックスが表示されます。このダイアログボックスを利用すると、さらに詳細な条件を設定して貼り付けることができます。

貼り付けの形式を選択することができます。

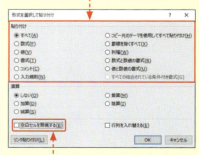

ここをクリックしてオンにすると、データが入力されていないセルは貼り付けられません。

Section 47 条件に基づいて書式を変更する

覚えておきたいキーワード
- ☑ 条件付き書式
- ☑ 相対評価
- ☑ ルールのクリア

条件を指定して、条件に一致するセルの背景色を変えたり、数値に色を付けたりして、特定のセルを目立たせて表示するには、条件付き書式を設定します。条件付き書式とは、指定した条件に基づいてセルを強調表示したり、データを相対的に評価したりして、視覚化する機能です。

1 特定の値より大きい数値に色を付ける

メモ 値を指定して評価する

条件付き書式の＜セルの強調表示ルール＞では、ユーザーが指定した値をもとに、指定の値より大きい／小さい、指定の範囲内、指定の値に等しい、などの条件でセルを強調表示することで、データを評価することができます。

ヒント 既定値で用意されている書式

条件付き書式の＜セルの強調表示ルール＞と＜上位／下位ルール＞では、各ダイアログボックスの＜書式＞メニューに、あらかじめいくつかの書式が用意されています。これら以外の書式を利用したい場合は、メニューの最下段の＜ユーザー設定の書式＞をクリックして、個別に書式を設定します。

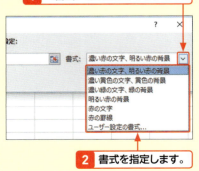

1 ＜書式＞のここをクリックして、
2 書式を指定します。

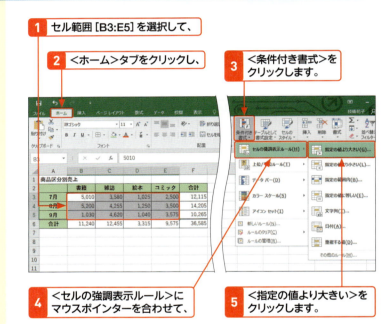

1 セル範囲［B3:E5］を選択して、
2 ＜ホーム＞タブをクリックし、
3 ＜条件付き書式＞をクリックします。
4 ＜セルの強調表示ルール＞にマウスポインターを合わせて、
5 ＜指定の値より大きい＞をクリックします。

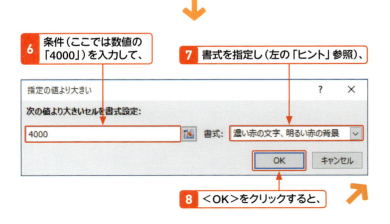

6 条件（ここでは数値の「4000」）を入力して、
7 書式を指定し（左の「ヒント」参照）、
8 ＜OK＞をクリックすると、

9 指定した値より大きい数値のセルに書式が設定されます。

2 平均値より小さい数値に色を付ける

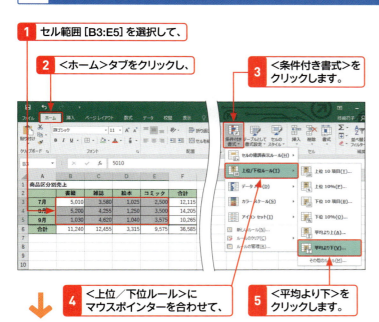

1 セル範囲 [B3:E5] を選択して、
2 <ホーム>タブをクリックし、
3 <条件付き書式>をクリックします。
4 <上位／下位ルール>にマウスポインターを合わせて、
5 <平均より下>をクリックします。

> **メモ　数値や割合を指定して評価する**
>
> 条件付き書式の<上位／下位ルール>では、「上位または下位○項目」、「上位または下位○パーセント」、「平均より上または下」のセルに書式を設定します。なお、値を指定して評価する場合は、通常<セルの強調表示ルール>で行いますが、平均より上、平均より下の場合は、<上位／下位ルール>で設定するほうがかんたんです。

6 書式を指定して、
7 <OK>をクリックすると、
8 平均より小さい数値のセルのみに書式が設定されます。

3 数値の大小に応じて色やアイコンを付ける

メモ 条件付き書式による相対評価

条件付き書式の<データバー><カラースケール><アイコンセット>では、ユーザーが値を指定しなくても、選択したセル範囲の最大値・最小値を自動計算し、データを相対評価して、以下のいずれかの方法で書式が表示されます。これらの条件付き書式は、データの傾向を粗く把握したい場合に便利です。

① データバー
値の大小に応じて、セルにグラデーションや単色で「カラーバー」を表示します。右の例のようにプラスとマイナスの数値がある場合は、マイナス、プラス間に境界線が適用されたカラーバーが表示されます。

② カラースケール
値の大小に応じて、セルのカラーを切り替えます。

③ アイコンセット
値の大小に応じて、3段階・4段階または5段階で評価して、対応するアイコンをセルの左端に表示します。

セルにデータバーを表示する

1 セル範囲[E3:E9]を選択して、
2 <ホーム>タブをクリックし、
3 <条件付き書式>をクリックします。

4 <データバー>にマウスポインターを合わせて、
5 目的のデータバー(ここでは<水色のデータバー>)をクリックすると、
6 値の大小に応じたカラーバーが表示されます。

ヒント <クイック分析>を利用する

条件付き書式は、<クイック分析>を使って設定することもできます。
目的のセル範囲をドラッグして、右下に表示される<クイック分析>をクリックし、<書式>から目的のコマンドをクリックします。メニューから選択するよりかんたんに設定できますが、選択できるコマンドの種類が限られます。

1 セル範囲[B3:E5]を選択して、
2 <クイック分析>をクリックし、
3 <書式>から目的のコマンドをクリックします。

セルにアイコンセットを表示する

1 セル範囲 [D3:D9] を選択して、 **2** <ホーム>タブをクリックし、

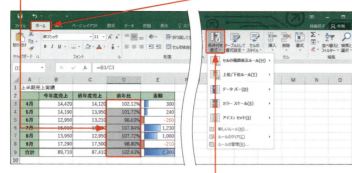

3 <条件付き書式>をクリックします。

4 <アイコンセット>にマウスポインターを合わせて、
5 目的のアイコンセット（ここでは<5つの矢印（色分け）>）をクリックすると、

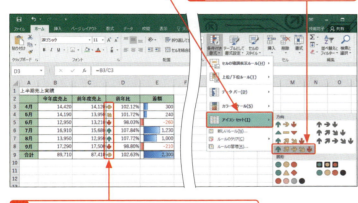

6 値の大小に応じて5種類の矢印が表示されます。

Section 47 条件に基づいて書式を変更する

ステップアップ 条件付き書式の設定を編集する

設定を編集したいセル範囲を選択して、<条件付き書式>をクリックし、<ルールの管理>をクリックします。<条件付き書式ルールの管理>ダイアログボックスが表示されるので、編集したいルールをクリックし、<ルールの編集>をクリックして編集します。

1 編集するルールをクリックして、
2 <ルールの編集>をクリックします。

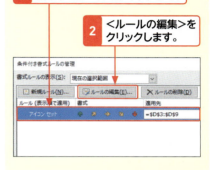

ヒント 条件付き書式の設定を解除するには？

設定を解除したいセル範囲を選択して、右下に表示される<クイック分析>をクリックし、<書式>から<書式のクリア>をクリックします。
また、<条件付き書式>をクリックして、<ルールのクリア>から<選択したセルからルールをクリア>をクリックしても解除できます。

1 設定を解除したいセル範囲を選択して、
2 <クイック分析>をクリックし、

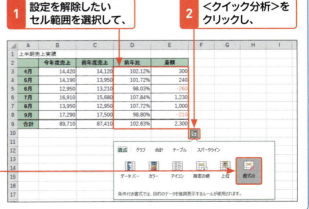

3 <書式>のここをクリックします。

第4章 文字とセルの書式

163

4 数式を使って条件を設定する

ヒント 数式を使った条件付き書式の設定

右の手順では、ほかのセルを参照して計算した結果をもとに書式設定を行うため、＜新しい書式ルール＞ダイアログボックスを利用します。条件を数式で指定する場合は、次の点に注意してください。

- 冒頭に「=」を入力します。
- セル参照を指定すると、最初は絶対参照で入力されるので、必要に応じて相対参照や複合参照に変更します。

メモ 書式の設定

手順7 で＜書式＞をクリックすると、＜セルの書式設定＞ダイアログボックスが表示されます。右の手順では、＜塗りつぶし＞でセルの背景色を設定しています。

前月比が「1」より大きいかどうかで書式設定します。

1. セル[B4]をクリックして、
2. ＜ホーム＞タブをクリックし、
3. ＜条件付き書式＞をクリックして、

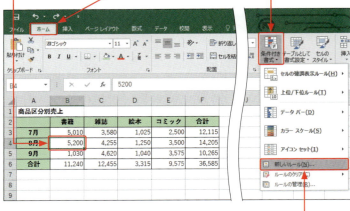

4. ＜新しいルール＞をクリックします。

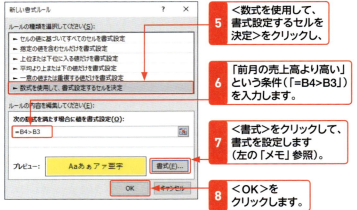

5. ＜数式を使用して、書式設定するセルを決定＞をクリックし、
6. 「前月の売上高より高い」という条件(「=B4>B3」)を入力します。
7. ＜書式＞をクリックして、書式を設定します(左の「メモ」参照)。
8. ＜OK＞をクリックします。

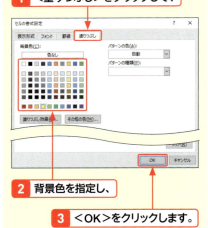

1. ＜塗りつぶし＞をクリックして、
2. 背景色を指定し、
3. ＜OK＞をクリックします。

9. セル[B4]をコピーして、セル範囲[B4:E5]に書式を貼り付けると(左下の「ヒント」参照)、前月比1以上のセルに背景色が設定されます。

ヒント 書式を貼り付ける

手順9 で書式を貼り付けるには、セル[B4]をコピーしたあと、セル範囲[B4:E5]を選択して＜貼り付け＞の下部をクリックし、＜書式設定＞をクリックします(Sec.46参照)。

Chapter 05

第5章

セル・シート・ブックの操作

Section	48	行や列を挿入・削除する
	49	行や列をコピー・移動する
	50	セルを挿入・削除する
	51	セルをコピー・移動する
	52	文字列を検索する
	53	文字列を置換する
	54	行や列を非表示にする
	55	見出しを固定する
	56	ワークシートを操作する
	57	ウィンドウを分割・整列する
	58	シートやブックを保護する

Section 48 行や列を挿入・削除する

覚えておきたいキーワード
- ☑ 行／列の挿入
- ☑ 行／列の削除
- ☑ 挿入オプション

表を作成したあとで新しい項目が必要になった場合は、行や列を挿入してデータを追加します。また、不要になった項目は、行単位または列単位で削除することができます。挿入した行や列には上の行や左の列の書式が適用されますが、不要な場合は書式を解除することができます。

1 行や列を挿入する

メモ 行を挿入する

行を挿入すると、選択した行の上に新しい行が挿入され、選択した行以下の行は、1行分下方向に移動します。挿入した行には上の行の書式が適用されるので、下の行の書式を適用したい場合は、右の手順を実行します。書式が不要な場合は、手順 7 で＜書式のクリア＞をクリックします。

メモ 列を挿入する

列を挿入する場合は、列番号をクリックして列を選択します。右の手順 4 で＜シートの列を挿入＞をクリックすると、選択した列の左に新しい列が挿入され、選択した列以降の列は、1列分右方向に移動します。

列番号［B］を選択して列を挿入した例

行を挿入する

1 行番号をクリックして行を選択し、

2 ＜ホーム＞タブをクリックします。

3 ＜挿入＞のここをクリックして、

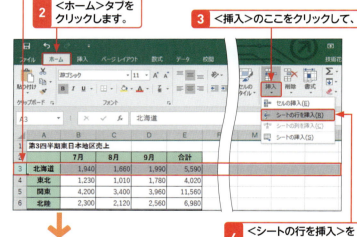

4 ＜シートの行を挿入＞をクリックすると、

5 選択した行の上に新しい行が挿入されます。

6 ＜挿入オプション＞をクリックして、

7 ＜下と同じ書式を適用＞をクリックすると、

8 挿入した行の書式が下と同じものに変更されます。

2 行や列を削除する

列を削除する

1 列番号をクリックして、削除する列を選択します。

2 <ホーム>タブをクリックして、

3 <削除>のここをクリックし、

4 <シートの列を削除>をクリックすると、

5 列が削除されます。

6 数式が入力されている場合は、自動的に再計算されます。

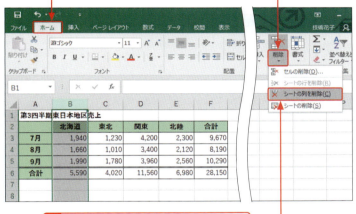

メモ 行や列を挿入・削除するそのほかの方法

行や列の挿入と削除は、選択した行や列を右クリックすると表示されるメニューからも行うことができます。

1 選択した列（あるいは行）を右クリックして、

2 <挿入>や<削除>をクリックします。

メモ 行を削除する

行を削除する場合は、行番号をクリックして削除する行を選択します。左の手順 4 で<シートの行を削除>をクリックすると、選択した行が削除され、下の行がその位置に移動してきます。

ヒント 挿入した行や列の書式を設定できる

挿入した行や列には、上の行（または左の列）の書式が適用されます。上の行（左の列）の書式を適用したくない場合は、行や列を挿入すると表示される<挿入オプション>をクリックし、挿入した行や列の書式を、下の行（または右の列）と同じ書式にしたり、書式を解除したりすることができます（前ページ参照）。

列を挿入して<挿入オプション>をクリックした場合

Section 49 行や列を コピー・移動する

覚えておきたいキーワード
- ☑ コピー
- ☑ 切り取り
- ☑ 貼り付け

データを入力して書式を設定した行や列を、ほかの表でも利用したいことはよくあります。この場合は、行や列をコピーすると効率的です。また、行や列を移動することもできます。列や行を移動すると、数式のセル参照も自動的に変更されるので、計算をし直す必要はありません。

1 行や列をコピーする

メモ 列をコピーする

列をコピーする場合は、列番号をクリックして列を選択し、右の手順でコピーします。列の場合も行と同様に、セルに設定している書式も含めてコピーされます。

ヒント コピー先にデータがある場合は？

行や列をコピーする際、コピー先にデータがあった場合は上書きされてしまうので、注意が必要です。

メモ マウスのドラッグ操作でコピー・移動する

行や列のコピーや移動は、マウスのドラッグ操作で行うこともできます。コピー・移動する行や列を選択してセルの枠にマウスポインターを合わせ、ポインターの形が変わった状態でドラッグすると、移動されます。Ctrl を押しながらドラッグすると、コピーされます。

Ctrl を押しながらドラッグすると、コピーされます。

行をコピーする

1 行番号をクリックして行を選択し、

2 <ホーム>タブをクリックして、

3 <コピー>をクリックします。

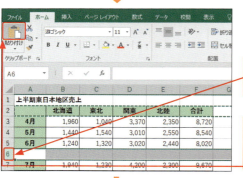

4 行をコピーする位置の行番号をクリックして、

5 <ホーム>タブの<貼り付け>をクリックすると、

6 選択した行が書式も含めてコピーされます。

2 行や列を移動する

列を移動する

1 列番号をクリックして、移動する列を選択し、

2 <ホーム>タブをクリックして、

3 <切り取り>をクリックします。

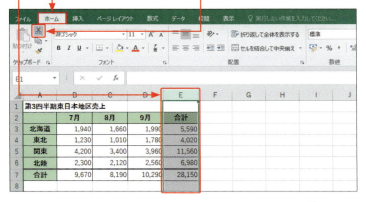

4 列を移動する位置の列番号をクリックして、

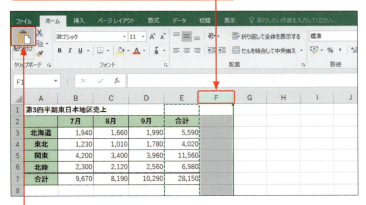

5 <ホーム>タブの<貼り付け>をクリックすると、

6 列が移動されます。

7 数式が入力されている場合、セル参照も自動的に変更されます。

メモ 行を移動する

行を移動する場合は、行番号をクリックして移動する行を選択し、左の手順で移動します。行や列を移動する場合も、貼り付け先にデータがあった場合は、上書きされるので注意が必要です。

ステップアップ 上書きせずにコピー・移動する

現在のセルを上書きせずに、行や列をコピーしたり移動したりすることもできます。マウスの右クリックで対象をドラッグし、コピーあるいは移動したい位置でマウスのボタンを離し、<下へシフトしてコピー>あるいは<下へシフトして移動>をクリックします。この操作を行うと、指定した位置に行や列が挿入されます。

1 マウスの右クリックでドラッグし、

2 マウスのボタンを離して、

3 <下へシフトしてコピー>あるいは<下へシフトして移動>をクリックします。

Section 50 セルを挿入・削除する

覚えておきたいキーワード
- ☑ セルの挿入
- ☑ セルの削除
- ☑ セルの移動方向

行単位や列単位で挿入や削除を行うだけではなく、セル単位でも挿入や削除を行うことができます。セルを挿入・削除する際は、挿入や削除後のセルの移動方向を指定します。挿入したセルには上や左のセルの書式が適用されますが、不要な場合は書式を解除することができます。

1 セルを挿入する

セルを挿入するそのほかの方法

セルを挿入するには、右の手順のほかに、選択したセル範囲を右クリックすると表示されるメニューの＜挿入＞を利用する方法があります。

挿入後のセルの移動方向

セルを挿入する場合は、右の手順のように＜セルの挿入＞ダイアログボックスで挿入後のセルの移動方向を指定します。指定できる項目は次の4とおりです。

① **右方向にシフト**
  選択したセルとその右側にあるセルが、右方向へ移動します。
② **下方向にシフト**
  選択したセルとその下側にあるセルが、下方向へ移動します。
③ **行全体**
  行を挿入します。
④ **列全体**
  列を挿入します。

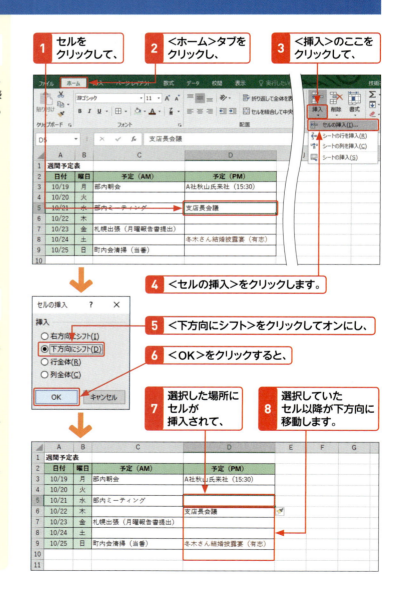

2 セルを削除する

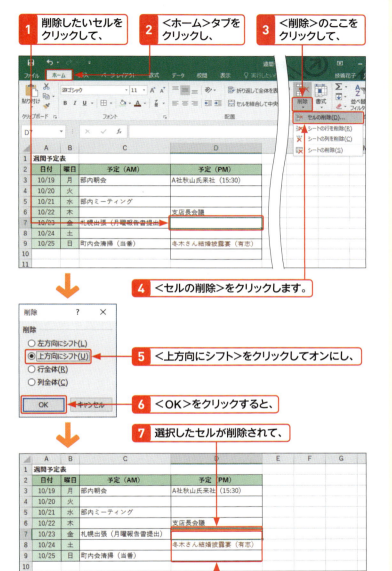

> **メモ** セルを削除するそのほかの方法
>
> セルを削除するには、左の手順のほかに、選択したセル範囲を右クリックすると表示されるメニューの＜削除＞を利用する方法があります。

> **ヒント** 削除後のセルの移動方向
>
> セルを削除する場合は、左の手順のように＜削除＞ダイアログボックスで削除後のセルの移動方向を選択します。選択できる項目は次の4とおりです。
>
> ①左方向にシフト
> 　削除したセルの右側にあるセルが左方向へ移動します。
> ②上方向にシフト
> 　削除したセルの下側にあるセルが上方向へ移動します。
> ③行全体
> 　行を削除します。
> ④列全体
> 　列を削除します。

> **ヒント** 挿入したセルの書式を設定できる
>
> 挿入したセルの上のセル（または左のセル）に書式が設定されていると、＜挿入オプション＞が表示されます。これを利用すると、挿入したセルの書式を上下または左右のセルと同じ書式にしたり、書式を解除したりすることができます。

Section 51 セルをコピー・移動する

覚えておきたいキーワード
- ☑ コピー
- ☑ 切り取り
- ☑ 貼り付け

セルに入力したデータをほかのセルでも使用したいことはよくあります。この場合は、セルをコピーして利用すると、同じデータを改めて入力する手間が省けます。また、入力したデータをほかのセルに移動することもできます。削除して入力し直すより効率的です。

1 セルをコピーする

メモ セルをコピーするそのほかの方法

セルをコピーするには右の手順のほかに、セルを右クリックすると表示されるメニューの＜コピー＞と＜貼り付け＞を利用する方法があります。

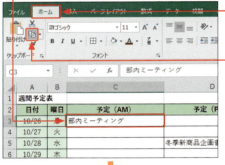

1 セルをクリックして、
2 ＜ホーム＞タブをクリックし、
3 ＜コピー＞をクリックします。

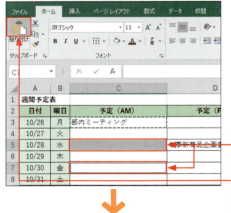

4 貼り付け先のセルをクリックして選択し、
5 ＜ホーム＞タブの＜貼り付け＞をクリックすると、

6 セルがコピーされます。

ヒント 離れた位置にあるセルを同時に選択するには？

離れた位置にあるセルを同時に選択するには、最初のセルをクリックしたあと、Ctrlを押しながら別のセルをクリックします。

2 セルを移動する

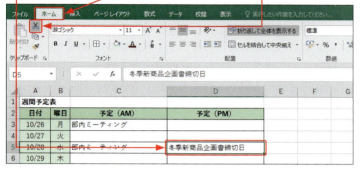

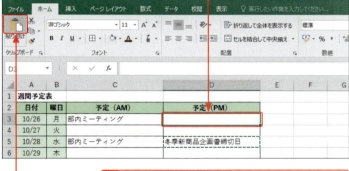

メモ セルのコピーや移動

セルをコピーしたり移動したりする場合、貼り付け先のデータは上書きされるので注意が必要です。

メモ 罫線も切り取られる

セルに罫線を設定してある場合は、セルを移動すると罫線も移動してしまいます。罫線を引く前に移動をするか、移動したあとに罫線を設定し直します。

ヒント マウスのドラッグ操作でコピー・移動する

セルのコピーや移動は、マウスのドラッグ操作で行うこともできます。コピー・移動するセルをクリックしてセルの枠にマウスポインターを合わせ、ポインターの形が変わった状態でドラッグすると、セルが移動されます。Ctrlを押しながらドラッグすると、コピーされます。

ポインターの形が変わった状態でドラッグすると、セルが移動されます。

Section 52 文字列を検索する

覚えておきたいキーワード
- ☑ 検索
- ☑ 検索範囲
- ☑ ワイルドカード

データの中から特定の文字を見つけ出したい場合、行や列を一つ一つ探していくのは手間がかかります。この場合は、検索機能を利用すると便利です。検索機能では、文字を検索する範囲や方向など、詳細な条件を設定して検索することができます。また、検索結果を一覧で表示することもできます。

1 ＜検索と置換＞ダイアログボックスを表示する

メモ 検索範囲を指定する

文字の検索では、アクティブセルが検索の開始位置になります。また、あらかじめセル範囲を選択して右の手順に従うと、選択したセル範囲だけを検索することができます。

1 表内のいずれかのセルをクリックします。

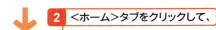
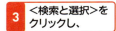

ヒント 検索から置換へ

＜検索と置換＞ダイアログボックスの＜検索＞で検索を行ったあとに＜置換＞に切り替えると、検索結果を利用して置換を行うことができます。

2 ＜ホーム＞タブをクリックして、

3 ＜検索と選択＞をクリックし、

4 ＜検索＞をクリックすると、

5 ＜検索と置換＞ダイアログボックスの＜検索＞が表示されます。

ステップアップ ワイルドカード文字の利用

検索文字列には、ワイルドカード文字「＊」（任意の長さの任意の文字）と「？」（任意の1文字）を使用できます。たとえば「第一＊」と入力すると「第一」や「第一営業部」「第一事業部」などが検索されます。「第？研究室」と入力すると「第一研究室」や「第二研究室」などが検索されます。

第5章 セル・シート・ブックの操作

174

2 文字を検索する

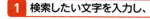

1 検索したい文字を入力し、 **2** <次を検索>をクリックすると、

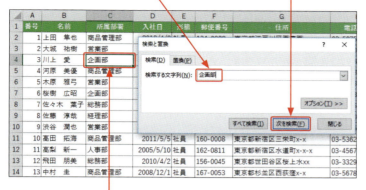

3 文字が検索されます。

4 再度<次を検索>をクリックすると、

5 次の文字が検索されます。

ヒント 検索文字が見つからない場合は？

検索する文字が見つからない場合は、検索の詳細設定（下の「ステップアップ」参照）で検索する条件を設定し直して、再度検索します。

メモ 検索結果を一覧表示する

手順 **2** で<すべて検索>をクリックすると、検索結果がダイアログボックスの下に一覧で表示されます。

ステップアップ 検索の詳細設定

<検索と置換>ダイアログボックスで<オプション>をクリックすると、右図のように検索条件を細かく設定することができます。

- 検索場所をシートかブックで指定します。
- 検索方向を行か列で指定します。
- 検索対象の属性を指定します。
- 検索する文字の書式を指定します。
- 検索する文字の属性を指定します。

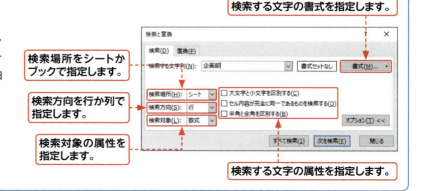

175

Section 53 文字列を置換する

覚えておきたいキーワード
☑ 置換
☑ 置換範囲
☑ すべて置換

データの中にある特定の文字だけを別の文字に置き換えたい場合、一つ一つ見つけて修正するのは手間がかかります。この場合は、置換機能を利用すると便利です。置換機能を利用すると、検索条件に一致するデータを個別に置き換えたり、すべてのデータをまとめて置き換えたりすることができます。

1 <検索と置換>ダイアログボックスを表示する

メモ 置換範囲を指定する

文字の置換では、ワークシート上のすべての文字が置換の対象となります。特定の範囲の文字を置換したい場合は、あらかじめ目的のセル範囲を選択してから、右の手順で操作します。

1 表内のいずれかのセルをクリックします。

2 <ホーム>タブをクリックして、

3 <検索と選択>をクリックし、

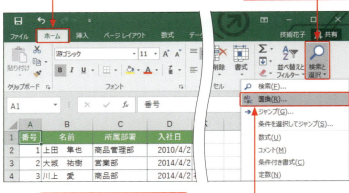

4 <置換>をクリックすると、

5 <検索と置換>ダイアログボックスの<置換>が表示されます。

ステップアップ 置換の詳細設定

<検索と置換>ダイアログボックスの<オプション>をクリックすると、検索する文字の条件を詳細に設定することができます。設定内容は、<検索>と同様です。P.175の「ステップアップ」を参照してください。

2 文字を置換する

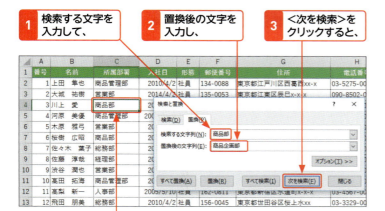

1. 検索する文字を入力して、
2. 置換後の文字を入力し、
3. <次を検索>をクリックすると、
4. 置換する文字が検索されます。
5. <置換>をクリックすると、

6. 指定した文字に置き換えられ、
7. 次の文字が検索されます。
8. 同様に<置換>をクリックして、文字を置き換えていきます。

メモ データを一つ一つ置換する

左の手順で操作すると、1つずつデータを確認しながら置換を行うことができます。検索された文字を置換せずに次を検索する場合は、<次を検索>をクリックします。置換が終了すると、確認のダイアログボックスが表示されるので<OK>をクリックし、<検索と置換>ダイアログボックスの<閉じる>をクリックします。

ヒント まとめて一気に置換するには？

左の手順3で<すべて置換>をクリックすると、検索条件に一致するすべてのデータがまとめて置き換えられます。

ステップアップ 特定の文字を削除する

置換機能を利用すると、特定の文字を削除することができます。たとえば、セルに含まれるスペースを削除したい場合は、<検索する文字列>にスペースを入力し、<置換後の文字列>に何も入力せずに置換を実行します。

1. スペースを削除したい場合は、<検索する文字列>にスペースを入力し、
2. <置換後の文字列>に何も入力せずに置換を実行します。

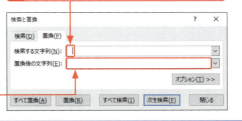

177

Section 54 行や列を非表示にする

覚えておきたいキーワード
☑ 列の非表示
☑ 行の非表示
☑ 列／行の再表示

特定の行や列を削除するのではなく、一時的に隠しておきたい場合があります。このようなときは、行や列を非表示にすることができます。非表示にした行や列は印刷されないので、必要な部分だけを印刷したいときにも便利です。非表示にした行や列が必要になったときは再表示します。

1 列を非表示にする

 メモ　列を非表示にするそのほかの方法

列を非表示にするには、右の手順のほかに、非表示にする列全体を選択し、右クリックすると表示されるメニューから＜非表示＞をクリックする方法があります。

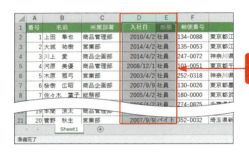

1 非表示にする列全体を選択して、

 メモ　行を非表示にする

行を非表示にするには、行番号をクリックまたはドラッグして非表示にしたい行全体を選択するか、非表示にしたい行に含まれるセルやセル範囲を選択し、右の手順 5 で＜行を表示しない＞をクリックします。

2 ＜ホーム＞タブをクリックします。

3 ＜書式＞をクリックして、

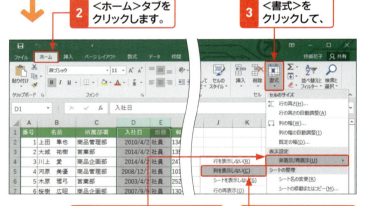

4 ＜非表示／再表示＞にマウスポインターを合わせ、

5 ＜列を表示しない＞をクリックすると、

 ヒント　非表示にした行や列は印刷されない

行や列を非表示にして印刷を実行すると、非表示にした行や列は印刷されず、画面に表示されている部分だけが印刷されます。

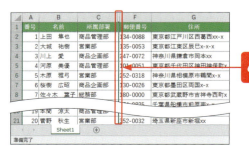

6 選択した列が非表示になります。

2 非表示にした列を再表示する

前ページで非表示にした列を再表示します。

1 非表示にした列をはさむ左右の列を、列番号をドラッグして選択します。

メモ 列を再表示するそのほかの方法

非表示にした列を再表示するには、左の手順のほかに、非表示にした列をはさむように左右の列を選択し、右クリックすると表示されるメニューから＜再表示＞をクリックする方法があります。

2 ＜ホーム＞タブをクリックして、
3 ＜書式＞をクリックします。

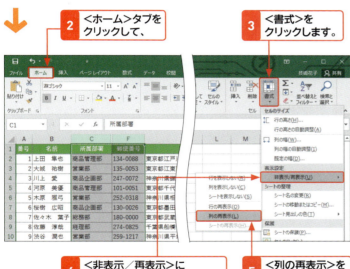

4 ＜非表示／再表示＞にマウスポインターを合わせて、
5 ＜列の再表示＞をクリックすると、

メモ 非表示にした行を再表示する

非表示にした行を再表示する場合は、非表示の行をはさむように上下の行を選択したあと、手順 5 で＜行の再表示＞をクリックします。

ヒント 左端の列や上端の行を再表示するには？

左端の列や上端の行を非表示にした場合は、もっとも端の列番号か行番号から、ウィンドウの左側あるいは上に向けてドラッグし、非表示の列や行を選択します（下図参照）。続いて、左の手順（左端の列の場合）に従うと、非表示にした左端の列や上端の行を再表示することができます。

6 非表示にした列が再表示されます。

もっとも端にある列番号を左側にドラッグして選択します。

Section 55 見出しを固定する

覚えておきたいキーワード
- ウィンドウ枠の固定
- 行の固定
- 行と列の固定

大きな表の場合、ワークシートをスクロールすると表題や見出しが見えなくなり、入力したデータが何を表すのかわからなくなることがあります。このような場合は、表題や見出しの行や列を固定しておくと、スクロールしても、常に必要な行や列を表示させておくことができます。

1 見出しの行を固定する

メモ 見出しの行や列の固定

見出しの行を固定するには、固定する行の1つ下の先頭(いちばん左)のセルをクリックして、右の手順で操作します。見出しの列を固定するには、固定する列の右隣の先頭(いちばん上)のセルをクリックして、同様の操作を行います。

この見出しの行を固定します。

1 固定する行の1つ下の先頭(いちばん左)のセルをクリックして、

2 <表示>タブをクリックします。

3 <ウィンドウ枠の固定>をクリックして、

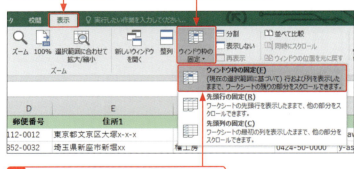

4 <ウィンドウ枠の固定>をクリックすると、

5 見出しの行が固定されて、境界線が表示されます。

ヒント 先頭行や先頭列の固定

<ウィンドウ枠の固定>をクリックして、<先頭行の固定>あるいは<先頭列の固定>をクリックすると、先頭行や先頭列を固定することができます。この場合、事前にセルをクリックしていなくてもかまいません。

境界線より下のウィンドウ枠内がスクロールします。

2 行と列を同時に固定する

この2つのセルを固定します。

1 このセルをクリックして、
2 <表示>タブをクリックします。
3 <ウィンドウ枠の固定>をクリックして、

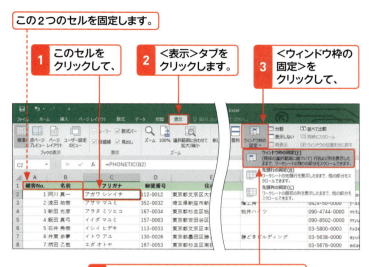

4 <ウィンドウ枠の固定>をクリックすると、

5 この2つのセルが固定され、

6 選択したセルの上側と左側に境界線が表示されます。

7 このペアの矢印だけが連動してスクロールします。

メモ 行と列を同時に固定する

行と列を同時に固定するには、固定したいセルの右斜め下のセルをクリックして左の手順で操作します。クリックしたセルの左上のウィンドウ枠が固定されて、残りのウィンドウ枠内をスクロールすることができます。

ヒント ウィンドウ枠の固定を解除するには？

ウィンドウ枠の固定を解除するには、<表示>タブをクリックして<ウィンドウ枠の固定>をクリックし、<ウィンドウ枠固定の解除>をクリックします。

1 <ウィンドウ枠の固定>をクリックして、

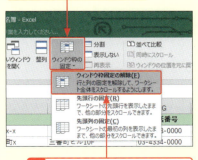

2 <ウィンドウ枠固定の解除>をクリックします。

Section 55 見出しを固定する

第5章 セル・シート・ブックの操作

181

Section 56 ワークシートを操作する

覚えておきたいキーワード
- ☑ ワークシートの追加／削除
- ☑ ワークシートの移動／コピー
- ☑ シート名の変更

Excel 2016の標準設定では、新規に作成したブックには1枚のワークシートが表示されています。必要に応じてワークシートを追加したり、不要になったワークシートを削除したりすることができます。また、コピーや移動、シート名やシート見出しの色を変更することもできます。

1 ワークシートを追加する

メモ ワークシートの追加

ワークシートを追加するには、シート見出しの右端にある＜新しいシート＞をクリックする方法と、＜ホーム＞タブの＜挿入＞を使う方法があります。右のようにワークシートをどこに追加するかによって、どちらかの方法を選ぶとよいでしょう。

シートの最後に追加する

1 ＜新しいシート＞をクリックすると、

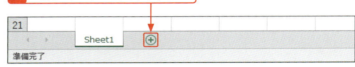

2 新しいワークシートがシートの後ろに追加されます。

選択したシートの前に追加する

1 シート見出しをクリックして、

2 ＜ホーム＞タブをクリックします。

3 ＜挿入＞のここをクリックして、

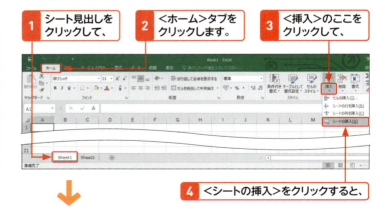

4 ＜シートの挿入＞をクリックすると、

5 選択していたシートの前に新しいワークシートが追加されます。

メモ ワークシートの枚数

Excel 2016の標準設定では、あらかじめ1枚のワークシートが用意されています。

2 ワークシートを削除する

1 削除するシート見出しをクリックします。
2 <ホーム>タブをクリックして、
3 <削除>のここをクリックし、

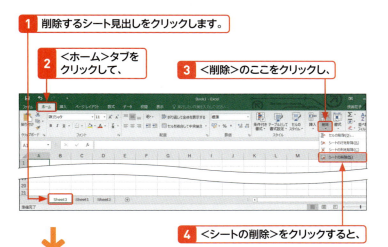

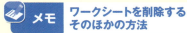
メモ ワークシートを削除するそのほかの方法

左の手順のほかに、シート見出しを右クリックすると表示されるメニューから<削除>をクリックしても、削除することができます。

4 <シートの削除>をクリックすると、

5 選択していたシートが削除されます。

3 ワークシートを移動・コピーする

1 シート見出し上でマウスのボタンを押したままにすると、マウスポインターの形が変わります。

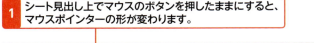

2 移動先へドラッグすると、

3 シートの移動先に▼マークが表示され、

4 マウスから指を離すと、その位置にシートが移動します。

メモ ワークシートをコピーする

ワークシートをコピーするには、移動と同様の手順でシート見出しをドラッグし、挿入する位置で Ctrl を押しながら、マウスのボタンを離します。Ctrl を押している間はマウスポインターの形が に変わります。

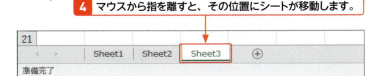

コピーされたシート名には、元のシート名の末尾に「(2)」「(3)」などの連続した番号が付きます。

183

Section 56

4 ブック間でワークシートを移動・コピーする

メモ　ブック間でのシートの移動・コピーの条件

ブック間でワークシートの移動・コピーを行うには、対象となるすべてのブックを開いておきます。

メモ　シートを移動・コピーするそのほかの方法

右の手順のほかに、シート見出しを右クリックすると表示されるメニューから＜移動またはコピー＞をクリックしても、手順5の＜シートの移動またはコピー＞ダイアログボックスが表示されます。

ヒント　ブック間でのシートのコピー

右の手順ではブックを移動しましたが、コピーする場合は、＜シートの移動またはコピー＞ダイアログボックスでコピー先のブックとシートを指定して、＜コピーを作成する＞をクリックしてオンにし、＜OK＞をクリックします。

コピーする場合は、ここをクリックしてオンにします。

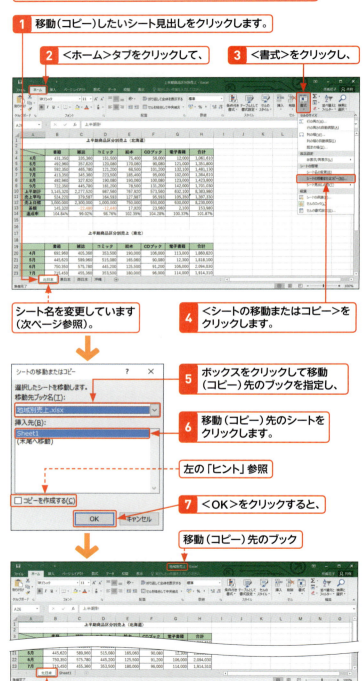

移動（コピー）もとと、移動（コピー）先のブックを開いておきます。

1. 移動（コピー）したいシート見出しをクリックします。
2. ＜ホーム＞タブをクリックして、
3. ＜書式＞をクリックし、
4. ＜シートの移動またはコピー＞をクリックします。

シート名を変更しています（次ページ参照）。

5. ボックスをクリックして移動（コピー）先のブックを指定し、
6. 移動（コピー）先のシートをクリックします。

左の「ヒント」参照

7. ＜OK＞をクリックすると、

移動（コピー）先のブック

8. 指定したブック内のシートの前に、シートが移動（コピー）されます。

5 シート名を変更する

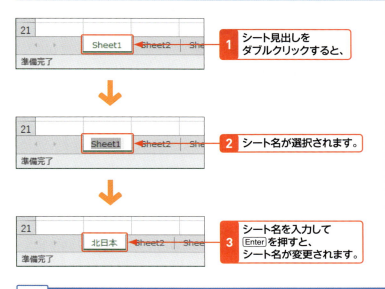

メモ　シート名で使える文字

シート名は半角・全角にかかわらず31文字まで入力できますが、半角・全角の「¥」「＊」「？」「：」「'」「／」と半角の「[ ]」は使用できません。また、シート名を空白（なにも文字を入力しない状態）にすることはできません。

6 シート見出しに色を付ける

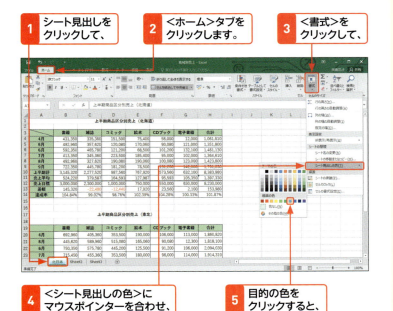

メモ　シート見出しの色

シート見出しに色を付けたシートが選択されている状態では、手順6の図のように表示されます。ほかのシートを選択している場合は、シート見出し全体に色が表示されます。

ほかのシートが選択されている場合は、このように表示されます。

ヒント　シート見出しの色を取り消すには？

シート見出しの色を取り消すには、手順5で＜色なし＞をクリックします。

Section 57 ウィンドウを分割・整列する

覚えておきたいキーワード
- ☑ ウィンドウの分割
- ☑ 新しいウィンドウを開く
- ☑ ウィンドウの整列

ウィンドウを上下や左右に分割して2つの領域に分けて表示させると、ワークシート内の離れた部分を同時に表示することができて便利です。また、1つのブックを複数のウィンドウで表示させると、同じブックにある別々のシートを比較しながら作業を行うことができます。

1 ウィンドウを上下に分割する

メモ ウィンドウの分割

ウィンドウを分割するには、右の手順で操作します。分割したウィンドウは別々にスクロールすることができるので、離れた位置のセル範囲を同時に見ることができます。

① 分割したい位置の下の行をクリックします。
② <表示>タブをクリックして、
③ <分割>をクリックすると、

ヒント ウィンドウを左右に分割するには？

ウィンドウを左右に分割するには、分割したい位置の右の列をクリックして、右の手順 、 を実行します。

④ ウィンドウが指定した位置で上下に分割され、分割バーが表示されます。

ヒント ウィンドウの分割を解除するには？

分割を解除するには、選択されている<分割>を再度クリックするか、分割バーをダブルクリックします。

第5章 セル・シート・ブックの操作

186

2 1つのブックを左右に並べて表示する

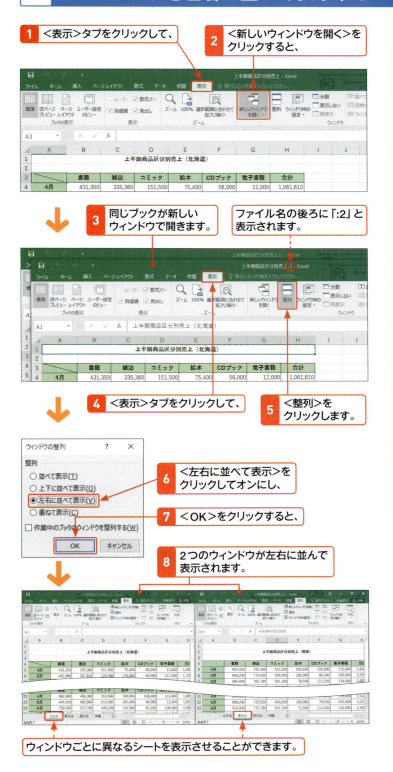

メモ タイトルバーに表示されるファイル名

1つのブックを並べて表示すると、タイトルバーに表示されるファイル名の後ろに「:1」「:2」などの番号が表示されます。この番号は、ウィンドウを区別するためのもので、実際にファイル名が変わったわけではありません。

ヒント ウィンドウを1つだけ閉じるには？

複数のウィンドウが並んで表示されている場合に、ウィンドウを1つだけ閉じるには、閉じたいウィンドウ右上の<閉じる> をクリックします。

ステップアップ 複数のブックを並べて表示する

複数のブックを左右に並べて表示することもできます。複数のブックを開いた状態で、手順 4 ～ 7 を実行します。

Section 58 シートやブックを保護する

覚えておきたいキーワード
- ☑ 範囲の編集を許可
- ☑ シートの保護
- ☑ ブックの保護

データが変更されたり、移動や削除されたりしないように、特定のシートやブックを保護することができます。表全体を編集できないようにするには<u>シートの保護</u>を、ブックの構成に関する変更ができないようにするには<u>ブックの保護</u>を設定します。また、<u>特定のセル範囲だけを編集可能にする</u>こともできます。

1 シートの保護とは

「シートの保護」とは、ワークシートやブックのデータが変更されたり、移動、削除されたりしないように、特定のワークシートやブックをパスワード付き、またはパスワードなしで保護する機能のことです。

シートの保護が設定されたシートでは…

保護されたシートのデータは変更することができません。

編集がロックされたシート

編集が許可されたセル範囲

特定のセル範囲に対してデータの編集を許可するように設定することができます。

2 データの編集を許可するセル範囲を設定する

メモ 編集を許可するセル範囲の設定

シートを保護すると、既定ではすべてのセルの編集ができなくなりますが、特定のセル範囲だけデータの編集を許可することもできます。ここでは、シートを保護する前に、データの編集を許可するセル範囲を指定します。

1 編集を可能にするセル範囲を選択します。

2 <校閲>タブをクリックして、

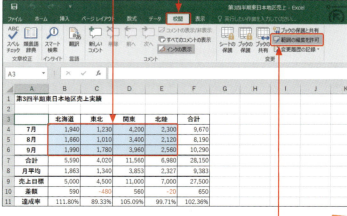

3 <範囲の編集を許可>をクリックし、

Section 58 シートやブックを保護する

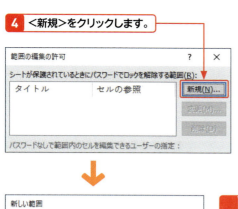

4 <新規>をクリックします。

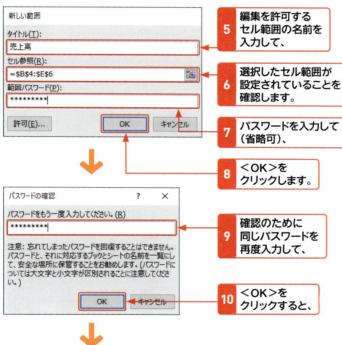

5 編集を許可するセル範囲の名前を入力して、

6 選択したセル範囲が設定されていることを確認します。

7 パスワードを入力して（省略可）、

8 <OK>をクリックします。

9 確認のために同じパスワードを再度入力して、

10 <OK>をクリックすると、

11 編集を許可するセル範囲が設定されるので、

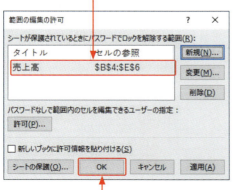

12 <OK>をクリックします。

ここまでの設定が完了したら、次ページの手順でシートを保護します。

メモ　セル範囲のタイトルとパスワード

手順 **5** の<新しい範囲>ダイアログボックスでは、セル範囲のタイトルとパスワードを入力します。タイトルは、そのセル範囲を簡潔に表す文字列にします。とくに、複数のセル範囲を登録したときには重要になります。

パスワードは、指定した範囲のデータ編集を特定のユーザーに許可するためのパスワードです。パスワードは省略することができますが、省略すると、すべてのユーザーがシートの保護を解除したり、保護された要素を変更したりすることができるようになります。

ヒント　編集可能なセル範囲の設定を削除するには？

編集を許可したセル範囲の設定を削除するには、手順 **2**、**3** の操作で<範囲の編集の許可>ダイアログボックスを表示して、目的のセル範囲をクリックし、<削除>をクリックします。

第5章　セル・シート・ブックの操作

3 シートを保護する

メモ シートの保護を解除するパスワード

手順④で入力するパスワードは、シートの保護を解除するためのパスワードです（次ページの「ヒント」参照）。このパスワードは、前ページの手順⑦で入力したものとは違うパスワードにすることをおすすめします。

ヒント 許可する操作を設定する

＜シートの保護＞ダイアログボックスでは、保護されたシートでユーザーに許可する操作を設定することができます。たとえば、「行の挿入は許可するが、削除は許可しない」などのように設定することができます。

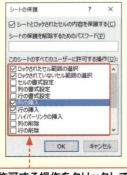

許可する操作をクリックしてオンにします。

P.188でデータの編集を許可するセル範囲を設定しています。

1 ＜校閲＞タブをクリックして、

2 ＜シートの保護＞をクリックします。

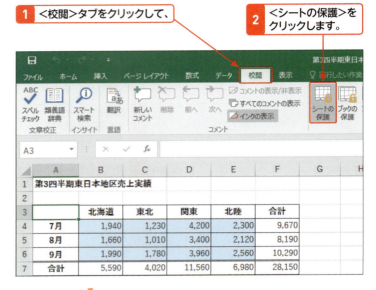

3 ここをクリックしてオンにし、

4 パスワードを入力します（省略可）。

5 許可する操作をクリックしてオンにし、

6 ＜OK＞をクリックします。

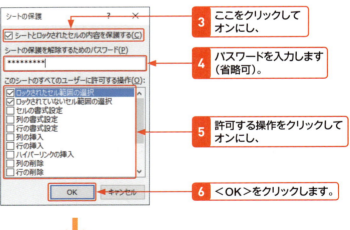

7 確認のために同じパスワードを再度入力して、

8 ＜OK＞をクリックすると、シートが保護されます。

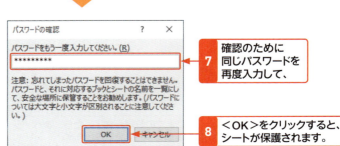

編集が許可されたセルのデータを編集する

1 編集が許可されたセルのデータを編集しようとすると(P.188参照)、

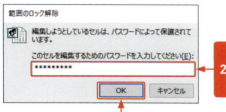

2 パスワードの入力を要求されます。P.189で設定したパスワードを入力して、

3 <OK>をクリックすると、データを編集することができます。

保護されたセルのデータを編集する

1 保護されたシートのデータを編集しようとすると(前ページ参照)、

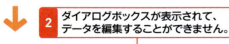

2 ダイアログボックスが表示されて、データを編集することができません。

3 <OK>をクリックして、ダイアログボックスを閉じます。

メモ シートの保護

シートの保護を設定すると、セルに対する操作が制限され、設定したパスワードを入力しない限り、データが編集できなくなります。セルに対して制限されるのは、設定時に許可した操作(前ページの手順 **5** の図)以外のすべての操作です。

ヒント シートの保護を解除するには?

シートの保護を解除するには、<校閲>タブをクリックして、<シート保護の解除>をクリックします。パスワードを設定している場合はパスワードの入力が要求されるので、パスワードを入力します。

1 <シート保護の解除>をクリックして、

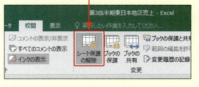

2 パスワードを入力し、

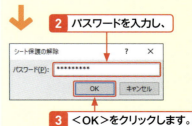

3 <OK>をクリックします。

第5章 セル・シート・ブックの操作

Section 58 シートやブックを保護する

4 ブックを保護する

メモ ブックの保護対象

＜シート構成とウィンドウの保護＞ダイアログボックスの＜シート構成＞では、次のような要素が保護されます。

- 非表示にしたワークシートの表示
- ワークシートの移動、削除、非表示、名前の変更
- 新しいワークシートやグラフシートの挿入
- ほかのブックへのシートの移動やコピー

1 ＜校閲＞タブをクリックして、

2 ＜ブックの保護＞をクリックします。

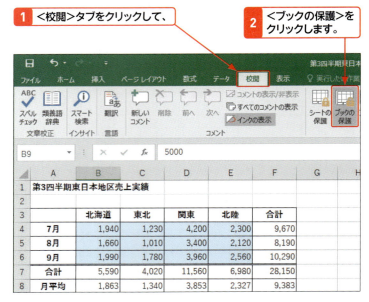

3 ＜シート構成＞がオンになっていることを確認して、

4 パスワードを入力し（省略可）、

5 ＜OK＞をクリックします。

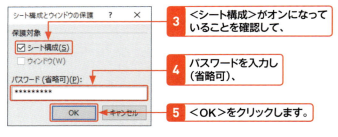

6 確認のために同じパスワードを再度入力して、

7 ＜OK＞をクリックすると、ブックが保護されます。

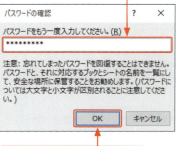

ヒント ブックの保護を解除するには？

ブックの保護を解除するには、＜校閲＞タブをクリックして＜ブックの保護＞をクリックします。パスワードを設定している場合はパスワードの入力が要求されるので、パスワードを入力します。

1 ＜ブックの保護＞をクリックして、

2 パスワードを入力し、

3 ＜OK＞をクリックします。

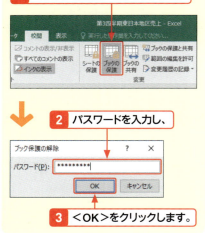

Chapter 06

第6章

表の印刷

Section	59	印刷機能の基本
	60	ワークシートを印刷する
	61	1ページにおさまるように印刷する
	62	改ページの位置を変更する
	63	印刷イメージを見ながらページを調整する
	64	ヘッダーとフッターを挿入する
	65	指定した範囲だけを印刷する
	66	2ページ目以降に見出しを付けて印刷する
	67	ワークシートをPDFに変換する

Section 59 印刷機能の基本

覚えておきたいキーワード
- ☑ ＜印刷＞画面
- ☑ 印刷プレビュー
- ☑ ＜ページレイアウト＞タブ

作成した表やグラフなどを思いどおりに印刷するには、印刷に関する基本を理解しておくことが大切です。Excelでは、印刷プレビューで印刷結果を確認しながら各種設定が行えるので、効率的に印刷できます。ここでは、印刷画面各部の名称と機能、印刷画面で設定できる各種機能を確認しておきましょう。

1 ＜印刷＞画面の各部の名称と機能

＜ファイル＞タブをクリックして＜印刷＞をクリックすると、下図の＜印刷＞画面が表示されます。この画面に、印刷プレビューやプリンターの設定、印刷内容に関する各種設定など、印刷を実行するための機能がすべてまとめられています。

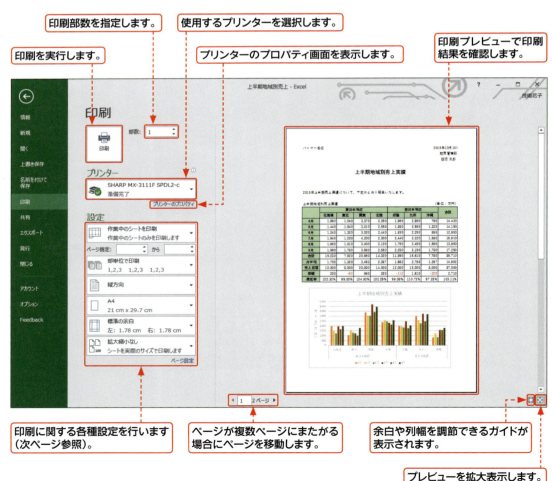

第6章 表の印刷

2 ＜印刷＞画面の印刷設定機能

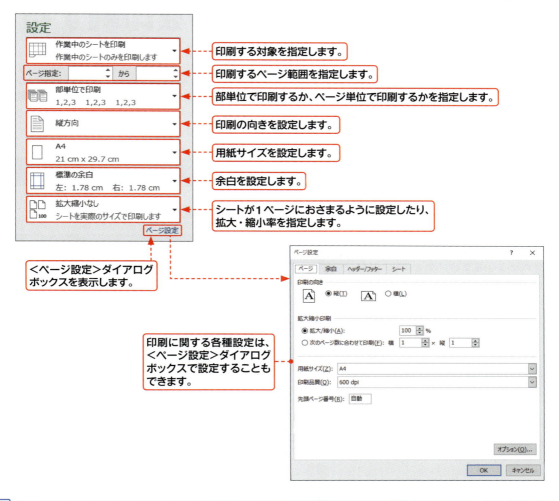

3 ＜ページレイアウト＞タブの利用

余白や印刷の向き、用紙サイズは、＜ページレイアウト＞タブの＜ページ設定＞グループでも設定することができます。

Section 60 ワークシートを印刷する

覚えておきたいキーワード
- ☑ 印刷プレビュー
- ☑ ページ設定
- ☑ 印刷

作成したワークシートを印刷する前に、印刷プレビューで印刷結果のイメージを確認すると、意図したとおりの印刷が行えます。Excelでは、＜印刷＞画面で印刷結果を確認しながら、印刷の向きや用紙、余白などの設定を行うことができます。設定内容を確認したら、印刷を実行します。

1 印刷プレビューを表示する

メモ　プレビューの拡大・縮小の切り替え

印刷プレビューの右下にある＜ページに合わせる＞をクリックすると、プレビューが拡大表示されます。再度クリックすると、縮小表示に戻ります。

＜ページに合わせる＞をクリックすると、プレビューが拡大表示されます。

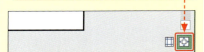

1 ＜ファイル＞タブをクリックして、

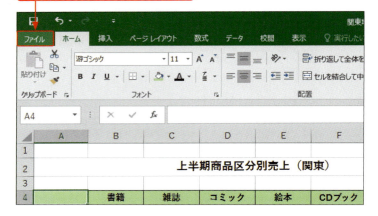

2 ＜印刷＞をクリックすると、

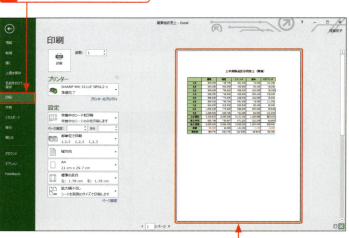

3 ＜印刷＞画面が表示され、右側に印刷プレビューが表示されます。

ヒント　複数ページのイメージを確認するには？

ワークシートの印刷が複数ページにまたがる場合は、印刷プレビューの左下にある＜次のページ＞、＜前のページ＞をクリックすると、次ページや前ページの印刷イメージを確認することができます。

前のページ　　次のページ

2 印刷の向きや用紙サイズ、余白の設定を行う

1 ＜印刷＞画面を表示しています（前ページ参照）。

2 ここをクリックして、

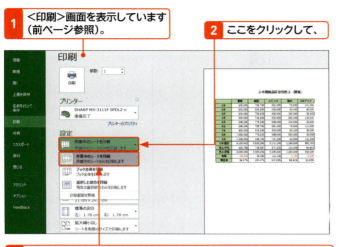

3 印刷する対象（ここでは＜作業中のシートを印刷＞）を指定します。

4 ここをクリックして、

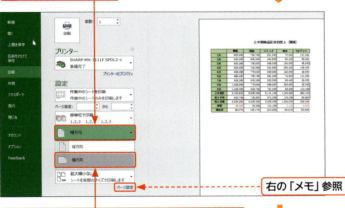

 右の「メモ」参照

5 印刷の向き（ここでは＜横方向＞）を指定します。

6 ここをクリックして、

7 使用する用紙（ここでは＜B5＞）を指定します。

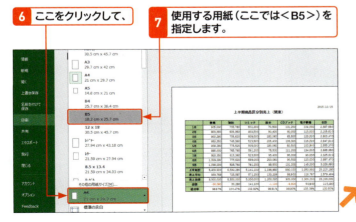

メモ そのほかのページ設定の方法

ページ設定は、左の手順のほか、＜ページレイアウト＞タブの＜ページ設定＞グループのコマンドや、＜印刷＞画面の下側にある＜ページ設定＞をクリックすると表示される＜ページ設定＞ダイアログボックス（P.199の「メモ」参照）からも行うことができます。

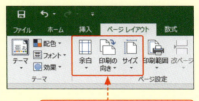

これらのコマンドを利用します。

ヒント 複数のシートをまとめて印刷するには？

ブックに複数のシートがあるとき、シートをまとめて印刷したい場合は、手順 で＜ブック全体を印刷＞を指定します。

ヒント　データを拡大・縮小して印刷するには?

ワークシート上のデータを拡大あるいは縮小して印刷するには、＜印刷＞画面の下側にある＜拡大縮小なし＞をクリックして縮小方法を設定します（Sec.61参照）。また、＜ページ設定＞ダイアログボックスの＜ページ＞で拡大／縮小率を指定することもできます（次ページの「メモ」参照）。

8 ここをクリックして、

9 余白（ここでは＜広い＞）を指定します。

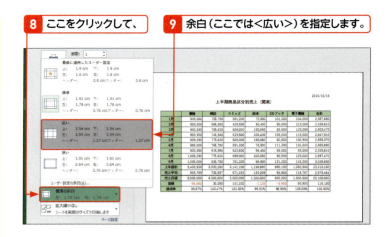

10 設定した内容が印刷プレビューに反映されます。

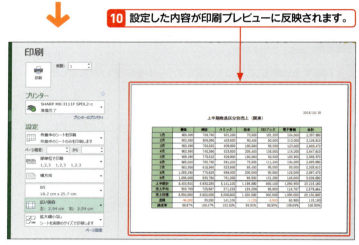

3 印刷を実行する

メモ　印刷を実行する

各種設定が完了したら、＜印刷＞をクリックして印刷を実行します。

ステップアップ　プリンターの設定を変更する

プリンターの設定を変更する場合は、＜プリンターのプロパティ＞をクリックして、プリンターのプロパティ画面を表示します。

1 プリンターを確認して、

2 印刷部数を指定し、

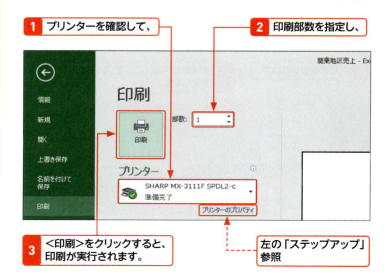

3 ＜印刷＞をクリックすると、印刷が実行されます。

左の「ステップアップ」参照

メモ <ページ設定>ダイアログボックスの利用

印刷の向きや用紙サイズ、余白などのページ設定は、<ページ設定>ダイアログボックスでも行うことができます。
<ページ設定>ダイアログボックスは、<印刷>画面の下側にある<ページ設定>をクリックするか、<ページレイアウト>タブの<ページ設定>グループにある をクリックすると表示されます。

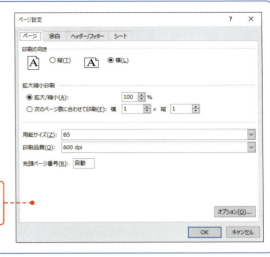

印刷の向きや用紙サイズ、拡大・縮小率、余白などのページ設定を行うことができます。

ヒント 印刷プレビューで余白を設定する

印刷プレビューで<余白の表示>をクリックすると、余白やヘッダー／フッターの位置を示すガイド線が表示されます。右図のようにガイド線をドラッグすると、余白やヘッダー／フッターの位置を変更できます。

1 <余白の表示>をクリックします。

2 ガイド線にマウスポインターを合わせてドラッグすると、余白の位置を変更できます。

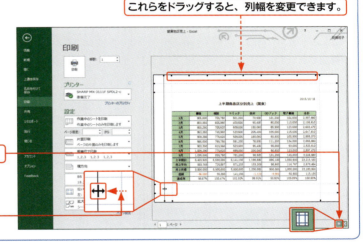

これらをドラッグすると、列幅を変更できます。

ステップアップ ワークシートの枠線を印刷するには？

通常、ユーザーが罫線を設定しなければ、表の枠線は印刷されません。罫線を設定していなくても、ワークシートに枠線を付けて印刷したい場合は、<ページレイアウト>タブの<枠線>の<表示>と<印刷>をクリックしてオンにし、印刷を行います。

<枠線>の<表示>と<印刷>をオンにして印刷を行います。

Section 61 1ページにおさまるように印刷する

覚えておきたいキーワード
- ☑ 拡大縮小
- ☑ 余白
- ☑ ページ設定

表を印刷したとき、列や行が次のページに少しだけはみ出してしまう場合があります。このような場合は、シートを縮小したり、余白を調整したりすることで1ページにおさめることができます。印刷プレビューで設定結果を確認しながら調整すると、印刷の無駄を省くことができます。

1 印刷プレビューで印刷状態を確認する

メモ 印刷状態の確認

表が2ページに分割されているかどうかは、印刷プレビューの左下にあるページ番号で確認できます。＜次のページ＞をクリックすると、分割されているページが確認できます。

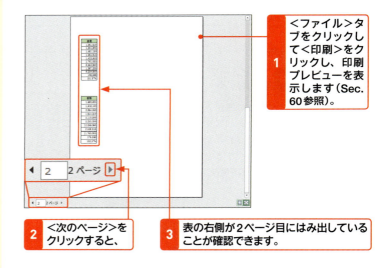

1 ＜ファイル＞タブをクリックして＜印刷＞をクリックし、印刷プレビューを表示します（Sec.60参照）。

2 ＜次のページ＞をクリックすると、

3 表の右側が2ページ目にはみ出していることが確認できます。

2 はみ出した表を1ページにおさめる

メモ 拡大縮小の設定

右の例では、列幅が1ページにおさまるように設定しましたが、行が下にはみ出す場合は、＜すべての行を1ページに印刷＞をクリックします。また、行と列の両方がはみ出す場合は、＜シートを1ページに印刷＞をクリックします。

シートを縮小する

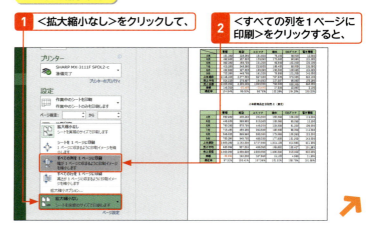

1 ＜拡大縮小なし＞をクリックして、

2 ＜すべての列を1ページに印刷＞をクリックすると、

第6章 表の印刷

200

3 表が1ページにおさまるように縮小されます。

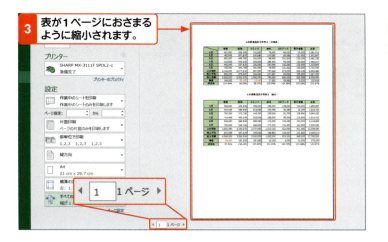

メモ　余白を調整する

<印刷>画面の下側にある<ページ設定>をクリックすると表示される<ページ設定>ダイアログボックスの<余白>を利用すると、余白を細かく設定することができます。

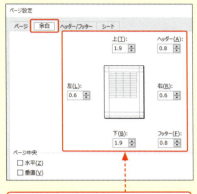

余白を細かく設定することができます。

余白を調整する

1 <標準の余白>をクリックして、　**2** <狭い>をクリックすると、

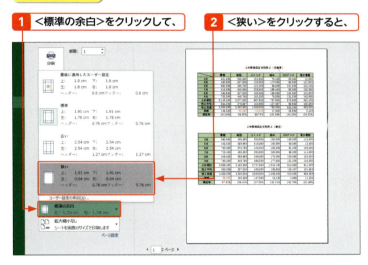

3 印刷領域が広がり、表が1ページにおさまります。

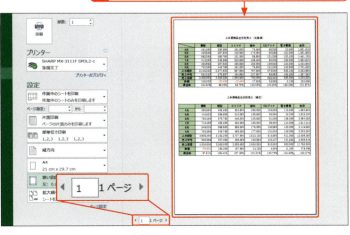

ヒント　表を用紙の中央に印刷するには？

<ページ設定>ダイアログボックスの<余白>にある<水平>をクリックしてオンにすると表を用紙の左右中央に、<垂直>をクリックしてオンにすると表を用紙の上下中央に印刷することができます。

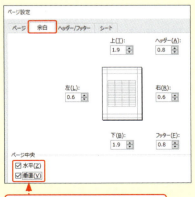

表を用紙の中央に印刷することができます。

Section 61　1ページにおさまるように印刷する

第6章　表の印刷

201

Section 62 改ページの位置を変更する

覚えておきたいキーワード
☑ 改ページプレビュー
☑ 改ページ位置
☑ 標準ビュー

サイズの大きい表を印刷すると、自動的にページが分割されますが、区切りのよい位置で改ページされるとは限りません。このようなときは、改ページプレビューを利用して、目的の位置で改ページされるように設定します。ドラッグ操作でかんたんに改ページ位置を変更することができます。

1 改ページプレビューを表示する

🔍 キーワード 改ページプレビュー

改ページプレビューでは、ページ番号や改ページ位置がワークシート上に表示されるので、どのページに何が印刷されるかを正確に把握することができます。また、印刷するイメージを確認しながらセルのデータを編集することもできます。

1 <表示>タブをクリックして、

2 <改ページプレビュー>をクリックすると、

3 改ページプレビューが表示されます。

4 印刷される領域が青い太枠で囲まれ、改ページ位置に破線が表示されます。

📝 メモ 改ページプレビューの表示

改ページプレビューは、右の手順のほかに、画面の右下にある<改ページプレビュー>をクリックしても表示できます。

改ページプレビュー

標準

ワークシート上にページ番号が表示されます。

2 改ページ位置を移動する

1 改ページ位置を示す青い破線にマウスポインターを合わせて、

2 改ページする位置までドラッグすると、

3 変更した改ページ位置が青い太線で表示されます。

メモ 改ページ位置を示す線

ユーザーが改ページ位置を指定していない場合、改ページプレビューには、自動的に設定された改ページ位置が青い破線で表示されます（手順**1**の図参照）。ユーザーが改ページ位置を指定すると、改ページ位置が青い太線で表示されます（手順**3**の図参照）。

ヒント 画面表示を標準ビューに戻すには？

改ページプレビューから標準の画面表示（標準ビュー）に戻すには、＜表示＞タブの＜標準＞をクリックするか（下図参照）、画面右下にある＜標準＞ をクリックします。

Section 63 印刷イメージを見ながらページを調整する

覚えておきたいキーワード
- ページレイアウト
- ページレイアウトビュー
- 拡大縮小印刷

ページレイアウトビューを利用すると、レイアウトを確認しながら、セル幅や余白などを調整することができます。また、はみ出している部分をページにおさめたり、拡大・縮小印刷の設定を行うことができます。データの編集もできるので、編集するために標準ビューに切り替える必要がありません。

1 ページレイアウトビューを表示する

キーワード ページレイアウトビュー

ページレイアウトビューは、表などを用紙の上にバランスよく配置するために用いるレイアウトです。ページレイアウトビューを利用すると、印刷イメージを確認しながらデータの編集やセル幅の調整、余白の調整などが行えます。

ヒント ページ中央への配置

ページレイアウトビューで作業をするときは、<ページ設定>ダイアログボックスの<余白>でページを左右中央に設定しておくと、ページをバランスよく調整することができます(P.201の「ヒント」参照)。

メモ ページレイアウトビューの表示

ページレイアウトビューは、右の手順のほかに、画面の右下にある<ページレイアウト>をクリックしても表示できます。

ページレイアウト

1 <表示>タブをクリックして、

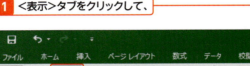

2 <ページレイアウト>をクリックすると、

3 ページレイアウトビューが表示されます。

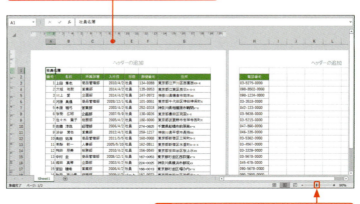

4 全体が見づらい場合は、<ズーム>をドラッグして表示倍率を変更します。

第6章 表の印刷

204

2 ページの横幅を調整する

列がはみ出しているのを1ページにおさめる

1 <ページレイアウト>タブをクリックします。
2 <横>のここをクリックして、
3 <1ページ>をクリックすると、

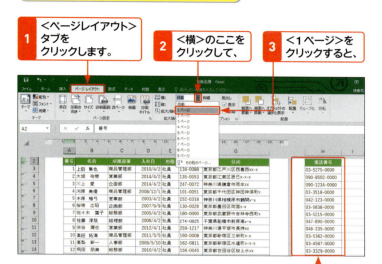

この部分があふれています。

4 表の横幅が1ページにおさまります。

ヒント 行がはみ出している場合は？

行がはみ出している場合は、<縦>の▼をクリックして、<1ページ>をクリックします。

行がはみ出している場合は、ここで設定します。

ヒント 拡大・縮小率の指定

拡大・縮小の設定を元に戻すには、<縦>や<横>を<自動>に設定し、<拡大/縮小>を「100%」に戻します。<拡大/縮小>では、拡大率や縮小率を設定することもできます。

ステップアップ 列幅をドラッグして調整する

表の横や縦があふれている場合、ドラッグして列幅や行の高さを調整し、ページにおさめることもできます。縮めたい列や行の境界をドラッグします。

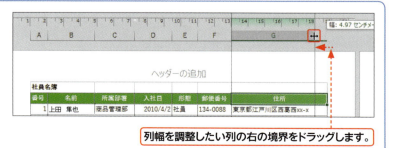

列幅を調整したい列の右の境界をドラッグします。

205

Section 64 ヘッダーとフッターを挿入する

覚えておきたいキーワード
- ☑ ヘッダー
- ☑ フッター
- ☑ ページレイアウトビュー

シートの上部や下部にファイル名やページ番号などの情報を印刷したいときは、ヘッダーやフッターを挿入します。シートの上部余白に印刷される情報をヘッダー、下部余白に印刷される情報をフッターといいます。ファイル名やページ番号のほかに、現在の日時やシート名、画像なども挿入できます。

1 ヘッダーを設定する

🔍 キーワード ヘッダー／フッター

「ヘッダー」とは、シートの上部余白に印刷されるファイル名やページ番号などの情報をいいます。「フッター」とは、下部余白に印刷される情報をいいます。

📝 メモ ヘッダー／フッターの設定

ヘッダーやフッターを挿入するには、右の手順で操作します。画面のサイズが大きい場合は、<挿入>タブの<テキスト>グループの<ヘッダーとフッター>を直接クリックします。また、<表示>タブの<ページレイアウト>をクリックしてページレイアウトビューに切り替え(Sec.63参照)、画面上のヘッダーかフッターをクリックしても同様に設定できます。

💡 ヒント ヘッダーの挿入場所を変更するには?

手順 5 では、ヘッダーの中央のテキストボックスにカーソルが表示されますが、ヘッダーの位置を変えたいときは、左側あるいは右側のテキストボックスをクリックして、カーソルを移動します。

ヘッダーにファイル名を挿入する

1 <挿入>タブをクリックして、

2 <テキスト>をクリックし、

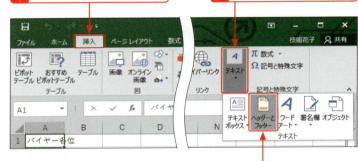

3 <ヘッダーとフッター>をクリックします。

4 ページレイアウトビューに切り替わり、

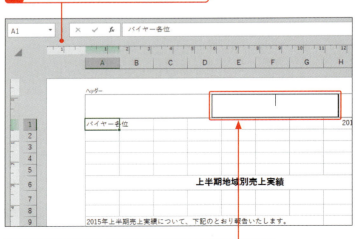

5 ヘッダー領域の中央のテキストボックスにカーソルが表示されます。

第6章 表の印刷

6 <デザイン>タブをクリックして、

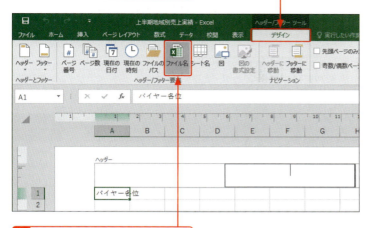

7 <ファイル名>をクリックすると、

8 「&[ファイル名]」と挿入されます。

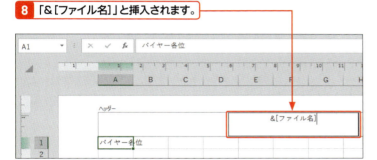

9 ヘッダー領域以外の部分をクリックすると、

10 実際のファイル名が表示されます。

11 <表示>タブをクリックして、

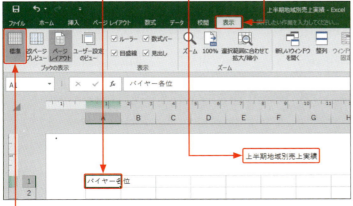

12 <標準>をクリックし、標準ビューに戻ります。

ステップアップ 定義済みのヘッダー／フッターの設定

あらかじめ定義済みのヘッダーやフッターを設定することもできます。ヘッダーは、<デザイン>タブの<ヘッダー>をクリックして表示される一覧から設定します。フッターの場合は、<フッター>をクリックして設定します。

1 <ヘッダー>をクリックして、

2 ヘッダーに表示する要素を指定します。

ヒント 画面表示を標準ビューに戻すには？

画面を標準ビューに戻すには、左の手順 **11**、**12** のように操作するか、画面の右下にある<標準> をクリックします。なお、カーソルがヘッダーあるいはフッター領域にある場合は、<表示>タブの<標準>コマンドは選択できません。

207

2 フッターを設定する

メモ ヘッダーとフッターを切り替える

ヘッダーとフッターの位置を切り替えるには、<デザイン>タブの<フッターに移動><ヘッダーに移動>をクリックします。

ヒント フッターの挿入場所を変更するには?

手順4では、フッターの中央のテキストボックスにカーソルが表示されますが、フッターの位置を変えたいときは、左側あるいは右側のテキストボックスをクリックして、カーソルを移動します。

ステップアップ 先頭ページに番号を付けたくない場合は?

先頭ページに番号を付けたくない場合は、<デザイン>タブの<オプション>グループの<先頭ページのみ別指定>をクリックしてオンにします。

フッターにページ番号を挿入する

1 <挿入>タブをクリックして、<テキスト>から<ヘッダーとフッター>をクリックします(P.206参照)。

2 <デザイン>タブをクリックして、

3 <フッターに移動>をクリックすると、

4 フッター領域の中央のテキストボックスにカーソルが表示されます。

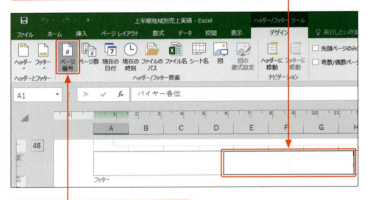

5 <ページ番号>をクリックすると、

6 「&[ページ番号]」と挿入されます。

7 フッター領域以外の部分をクリックすると、

8 実際のページ番号が表示されます。

ヒント ヘッダーやフッターに設定できる項目

ヘッダーやフッターは、＜デザイン＞タブにある9種類のコマンドを使って設定することができます。それぞれのコマンドの機能は右図のとおりです。これ以外に、任意の文字や数値を直接入力することもできます。

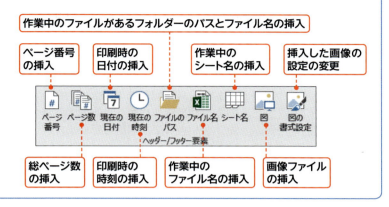

ステップアップ ＜ページ設定＞ダイアログボックスを利用する

ヘッダー/フッターは、＜ページ設定＞ダイアログボックスの＜ヘッダー/フッター＞を利用しても設定することができます。＜余白＞を利用すると、通常の余白だけでなく、ヘッダーやフッターの印刷位置を指定することもできます。
＜ページ設定＞ダイアログボックスは、＜ページレイアウト＞タブの＜ページ設定＞グループにある🔲をクリックすると表示されます。

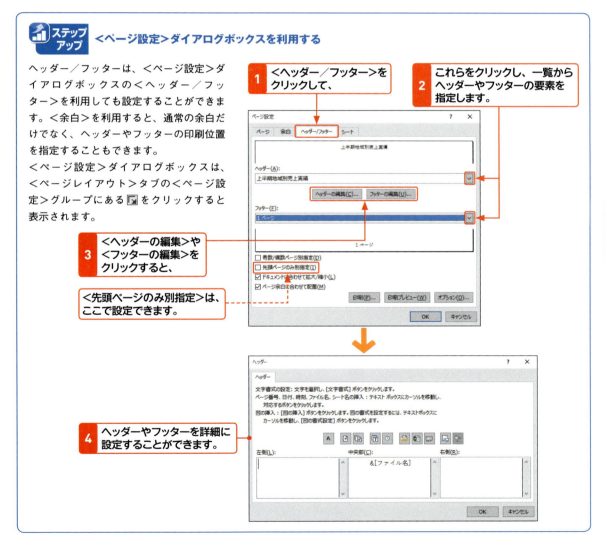

1. ＜ヘッダー/フッター＞をクリックして、
2. これらをクリックし、一覧からヘッダーやフッターの要素を指定します。
3. ＜ヘッダーの編集＞や＜フッターの編集＞をクリックすると、
   ＜先頭ページのみ別指定＞は、ここで設定できます。
4. ヘッダーやフッターを詳細に設定することができます。

Section 65 指定した範囲だけを印刷する

覚えておきたいキーワード
- ☑ 印刷範囲
- ☑ 印刷範囲のクリア
- ☑ 選択した部分を印刷

大きな表の中の一部だけを印刷したい場合、方法は2とおりあります。いつも同じ部分を印刷したい場合は、あらかじめ印刷範囲を設定しておきます。指定したセル範囲を一度だけ印刷する場合は、＜印刷＞画面で＜選択した部分を印刷＞を指定して、印刷を行います。

1 印刷範囲を設定する

ヒント 印刷範囲を解除するには？

設定した印刷範囲を解除するには、＜印刷範囲＞をクリックして、＜印刷範囲のクリア＞をクリックします（手順3の図参照）。印刷範囲を解除すると、＜名前ボックス＞に表示されていた「Print_Area」も削除されます。

1 印刷範囲に設定するセル範囲を選択して、

2 ＜ページレイアウト＞タブをクリックします。

3 ＜印刷範囲＞をクリックして、

4 ＜印刷範囲の設定＞をクリックすると、

＜名前ボックス＞に「Print_Area」と表示されます。

5 印刷範囲が設定されます。

ステップアップ 印刷範囲の設定を追加する

印刷範囲を設定したあとに、別のセル範囲を印刷範囲に追加するには、追加するセル範囲を選択して＜印刷範囲＞をクリックし、＜印刷範囲に追加＞をクリックします。

2 特定のセル範囲を一度だけ印刷する

1 印刷したいセル範囲を選択して、

2 <ファイル>タブをクリックします。

3 <印刷>をクリックして、

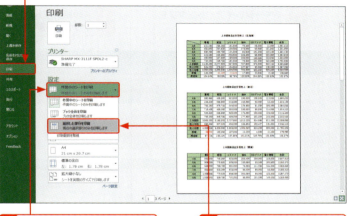

4 <作業中のシートを印刷>をクリックし、

5 <選択した部分を印刷>をクリックすると、

6 手順1で選択した範囲だけが印刷されます。

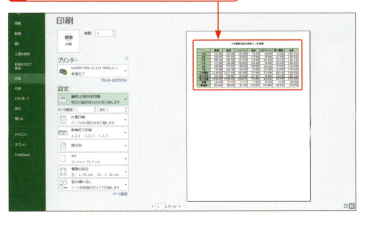

ステップアップ 離れたセル範囲を印刷範囲として設定する

離れた場所にある複数のセル範囲を印刷範囲として設定する場合は、Ctrl を押しながら複数のセル範囲を選択します。そのあとで、印刷範囲を設定するか、選択した部分を印刷します。この場合は、セル範囲ごとに別のページに印刷されます。

Section 65 指定した範囲だけを印刷する

第6章 表の印刷

211

Section 66 2ページ目以降に見出しを付けて印刷する

覚えておきたいキーワード
- ☑ 印刷タイトル
- ☑ タイトル行
- ☑ タイトル列

複数のページにまたがる縦長または横長の表を作成した場合、そのまま印刷すると2ページ目以降には行や列の見出しが表示されないため、見づらくなってしまいます。このような場合は、すべてのページに表題や行／列の見出しが印刷されるように設定します。

1 列見出しをタイトル行に設定する

メモ 印刷タイトルの設定

行見出しや列見出しを印刷タイトルとして利用するには、右の手順で＜ページ設定＞ダイアログボックスの＜シート＞を表示して、＜タイトル行＞や＜タイトル列＞に目的の行や列を指定します。

この2行をタイトル行に設定します。

1 ＜ページレイアウト＞タブをクリックして、

2 ＜印刷タイトル＞をクリックします。

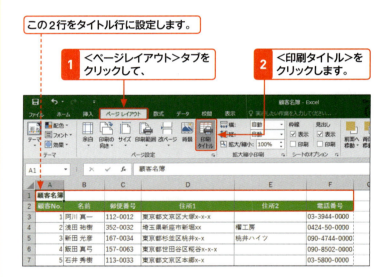

メモ タイトル列を設定する

右の手順では、タイトル行を設定していますが、タイトル列を設定する場合は、手順 3 で＜タイトル列＞のボックスをクリックして、見出しに設定したい列をドラッグして指定します。

3 ＜タイトル行＞のボックスをクリックして、

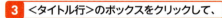

見出しにしたい列を指定します。

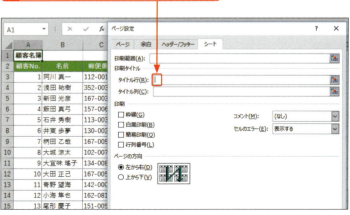

第6章 表の印刷

212

Section 66　2ページ目以降に見出しを付けて印刷する

4 見出しにしたい行をドラッグすると、

ドラッグ中は、ダイアログボックスが折りたたまれます。

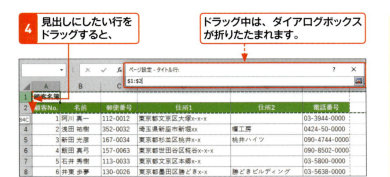

ヒント ＜ページ設定＞ダイアログボックスが邪魔な場合は？

＜ページ設定＞ダイアログボックスが邪魔で見出しにしたい行を指定しづらい場合は、ダイアログボックスのタイトルバーをドラッグすると、移動できます。

5 タイトル行が指定されます。

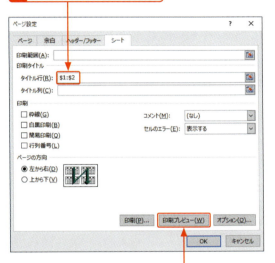

6 ＜印刷プレビュー＞をクリックして、

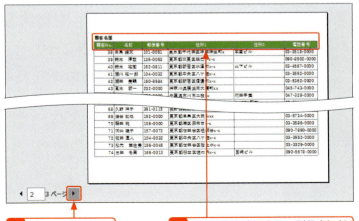

7 ＜次のページ＞をクリックすると、

8 次ページが表示され、列見出しが付いていることを確認できます。

ステップアップ 行番号や列番号を印刷する

Excelの標準設定では、画面に表示されている行番号や列番号は印刷されません。行番号や列番号を印刷したい場合は、＜ページレイアウト＞タブの＜見出し＞の＜印刷＞をクリックしてオンにします。

＜見出し＞の＜印刷＞をオンにすると、行番号や列番号が印刷できます。

第6章　表の印刷

213

Section 67 ワークシートをPDFに変換する

覚えておきたいキーワード
- ☑ PDF形式
- ☑ エクスポート
- ☑ PDF／XPSの作成

Excelでは、作成した文書をPDF形式で保存することができます。PDF形式で保存すると、レイアウトや書式、画像などがそのまま維持されるので、パソコン環境に依存せずに、同じ見た目で文書を表示することができます。Excelを持っていない人とのやりとりに利用するとよいでしょう。

1 ワークシートをPDF形式で保存する

キーワード　PDFファイル

「PDFファイル」は、アドビシステムズ社によって開発された電子文書の規格の1つです。レイアウトや書式、画像などがそのまま維持されるので、パソコン環境に依存せずに、同じ見た目で文書を表示することができます。

メモ　PDF形式で保存するそのほかの方法

ワークシートをPDF形式で保存するには、ここで解説したほかにも以下の2つの方法があります。

① 通常の保存時のように＜名前を付けて保存＞ダイアログボックスを表示して（P.44参照）、＜ファイルの種類＞を＜PDF＞にして保存します。

② ＜印刷＞画面を表示して（P.196参照）、＜プリンター＞を＜Microsoft Print to PDF＞に設定し、＜印刷＞をクリックして保存します。

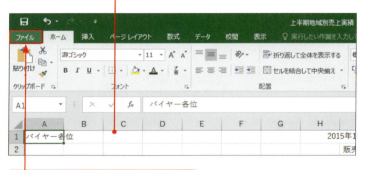

1 PDF形式で保存したいシートを表示して、

2 ＜ファイル＞タブをクリックします。

3 ＜エクスポート＞をクリックして、

4 ＜PDF／XPSドキュメントの作成＞をクリックし、

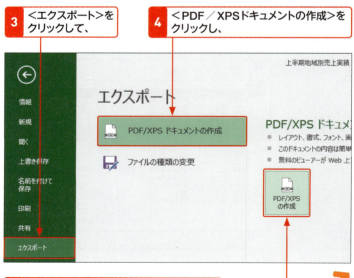

5 ＜PDF／XPSの作成＞をクリックします。

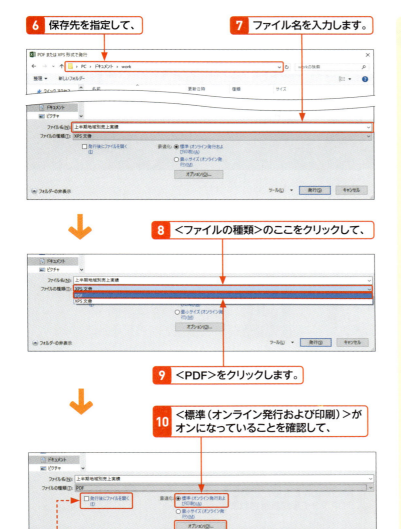

ヒント 発行後にファイルを開く

＜発行後にファイルを開く＞をクリックしてオンにすると、手順11で＜発行＞をクリックしたあとにPDFファイルが開きます。その際、＜このファイルを開く方法を選んでください＞という画面が表示された場合は、＜Microsoft Edge＞をクリックして＜OK＞をクリックします。

メモ 最適化とは？

＜最適化＞では、発行するPDFファイルの印刷品質を指定します。印刷品質を高くしたい場合は、＜標準（オンライン発行および印刷）＞をオンにします。印刷品質よりもファイルサイズを小さくしたい場合は、＜最小サイズ（オンライン発行）＞をオンにします。

ステップアップ 発行対象を指定する

標準では、選択しているワークシートのみがPDFファイルとして保存されますが、ブック全体や選択した部分のみをPDFファイルにすることもできます。＜PDFまたはXPS形式で発行＞ダイアログボックスで＜オプション＞をクリックして、発行対象を指定します。

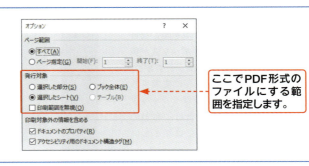

ここでPDF形式のファイルにする範囲を指定します。

2 PDFファイルを開く

メモ　PDFファイルを開く

PDFファイルをダブルクリックすると、PDFファイルに関連付けられたアプリが起動して、ファイルが表示されます。右の手順ではMicrosoft Edgeが起動していますが、パソコン環境によっては、リーダーやAdobe Acrobat Readerなど、別のアプリが起動することもあります。

1 タスクバーにある＜エクスプローラー＞をクリックします。

2 PDFファイルの保存先を表示すると、

3 PDFファイルが保存されているのが確認できます。ダブルクリックすると、

4 Microsoft Edgeが起動して、PDFファイルが表示されます。

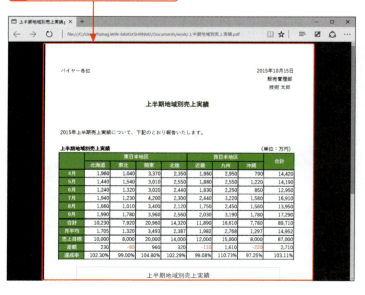

ヒント　PDFファイルをWordで開く

PDFファイルをWordで開くこともできます。WordでPDFファイルを開く場合は、注意を促すダイアログボックスが表示されます。＜OK＞をクリックすると、Wordで編集可能なファイルに変換されて表示されます。ただし、グラフィックなどを多く使っている場合は、もとのPDFとまったく同じ表示にはならない場合があります。

Chapter 07

第7章

グラフの利用

Section	68	グラフの種類と用途
	69	グラフを作成する
	70	グラフの位置やサイズを変更する
	71	グラフ要素を追加する
	72	グラフのレイアウトやデザインを変更する
	73	目盛の範囲と表示単位を変更する
	74	グラフの書式を設定する
	75	セルの中にグラフを作成する
	76	グラフの種類を変更する

Section 68 グラフの種類と用途

覚えておきたいキーワード
☑ グラフ
☑ グラフの種類
☑ グラフの用途

Excelには大きく分けて15種類のグラフがあり、それぞれに、機能や見た目の異なる複数のグラフが用意されています。目的にあったグラフを作成するには、それぞれのグラフの特徴を理解しておくことが重要です。ここでは、Excelで作成できる主なグラフとその用途を確認しておきましょう。

1 データを比較する

集合縦棒グラフ

棒の長さで値を示します。項目間の比較や一定期間のデータの変化を示すときに適しています。棒を伸ばす方向によって「縦棒グラフ」と「横棒グラフ」があります。「集合棒グラフ」は、各項目を構成する要素を横に並べた棒グラフで、単純に値を比較したいとき利用します。

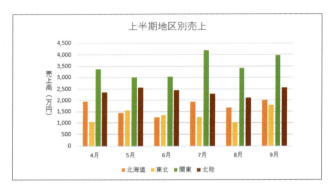

積み上げ縦棒グラフ

各項目を構成する要素を縦に積み重ねた棒グラフです。各項目の総量を比較しながら、同時にその構成比も比較できます。

100%積み上げ横棒グラフ

各項目の総量を100%として、個々の要素の構成比を表します。それぞれの要素の、項目全体に占める割合を把握・比較するのに適しています。

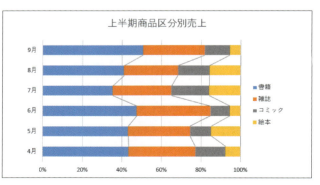

2 データの推移を見る

折れ線グラフ

時間の経過に伴うデータの推移を、折れ曲がった線で表します。一般に時間の経過を横軸に、データの推移を縦軸に表します。

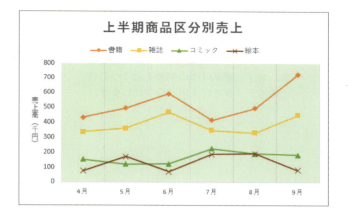

面グラフ

折れ線グラフの下部を塗りつぶしたグラフです。標準の面グラフには、奥のデータが手前のデータで隠れてしまうという欠点があるため、一般的には要素を積み上げた「積み上げ面グラフ」が使われます。積み上げ面グラフでは、時間の経過に伴う総量と構成比の推移を表します。

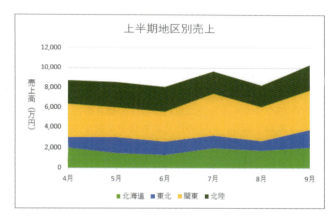

3 異なるデータの関連性を見る

複合グラフ

異なる種類のグラフを組み合わせたグラフで、折れ線と棒、棒と面などの組み合わせがよく使われます。量と比率のような単位が違うデータや、比較と推移のような意味合いが違う情報をまとめて表現したいときに利用します。

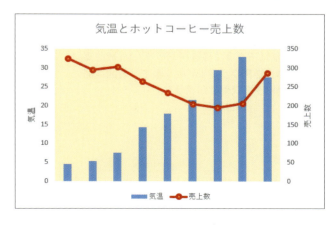

Section 68 グラフの種類と用途

4 全体に占める割合を見る

円グラフ

円全体を100%として、円を構成する扇形の大きさでそれぞれのデータの割合を表します。表の1つの列または1つの行にあるデータだけを円グラフにします。

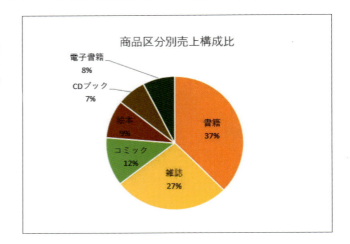

ドーナツグラフ

中央に穴が開いた円グラフです。Excelで作成されるドーナツグラフは、2つの円グラフを重ねた二重円グラフの働きも兼ねており、内側の円でおおまかな割合を、外側の円で詳細な割合を表す場合などに利用します。

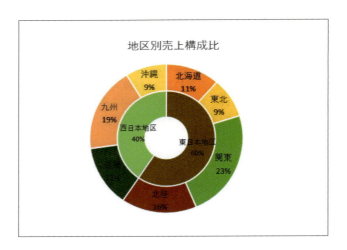

補助円グラフ付き円グラフ

割合の小さい値をわかりやすく表現したり、ある値を強調するときに利用します。「補助円グラフ付き円グラフ」と「補助縦棒付き円グラフ」があります。右図は補助円グラフ付き円グラフです。

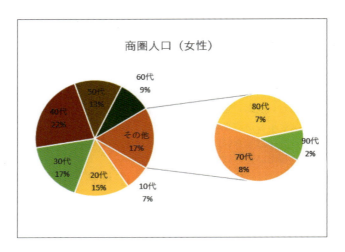

第7章 グラフの利用

220

5 そのほかの主なグラフ

散布図

2つの項目の関連性を点で表すグラフです。ばらつきのあるデータに対して、データの相関関係を確認するときに利用します。近似曲線といわれる線を引くことで、データの傾向を視覚的に把握することもできます。

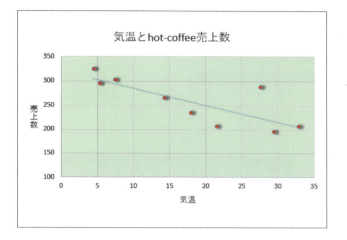

レーダーチャート

中心から放射状に伸ばした線の上にデータ系列を描くグラフです。中心点を基準にして相対的なバランスを見たり、ほかの系列と比較したりするときに利用します。

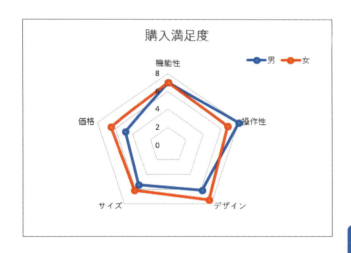

ツリーマップ

データを階層で整理して示すグラフです。階層間の値を比較したり、階層内の割合を把握・比較するときに利用します。ツリーマップは Excel 2016 で新しく追加されたグラフです。ほかに、サンバーストも、データを階層で整理して示すためのグラフです。

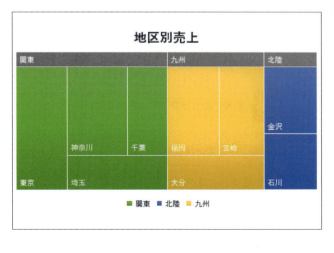

Section 69 グラフを作成する

覚えておきたいキーワード
- ☑ おすすめグラフ
- ☑ すべてのグラフ
- ☑ クイック分析

＜挿入＞タブの＜おすすめグラフ＞を利用すると、表の内容に適したグラフをかんたんに作成することができます。また、＜グラフ＞グループに用意されているコマンドや、グラフにするセル範囲を選択すると表示される＜クイック分析＞を利用してグラフを作成することもできます。

1 ＜おすすめグラフ＞を利用してグラフを作成する

メモ おすすめグラフ

「おすすめグラフ」を利用すると、利用しているデータに適したグラフをすばやく作成することができます。グラフにする範囲を選択して、＜挿入＞タブの＜おすすめグラフ＞をクリックすると、ダイアログボックスの左側に＜おすすめグラフ＞が表示されます。グラフをクリックすると、右側にグラフがプレビューされるので、利用したいグラフを選択します。

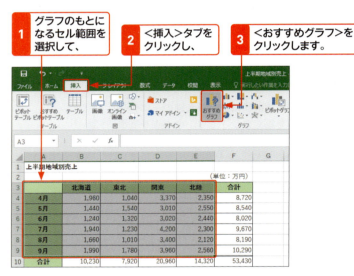

1 グラフのもとになるセル範囲を選択して、
2 ＜挿入＞タブをクリックし、
3 ＜おすすめグラフ＞をクリックします。

4 作成したいグラフ（ここでは＜集合縦棒＞）をクリックして、

左の「ヒント」参照

ヒント すべてのグラフ

＜グラフの挿入＞ダイアログボックスで＜すべてのグラフ＞をクリックすると、Excelで利用できるすべてのグラフの種類が表示されます。＜おすすめグラフ＞に目的のグラフがない場合は、＜すべてのグラフ＞から選択することができます。

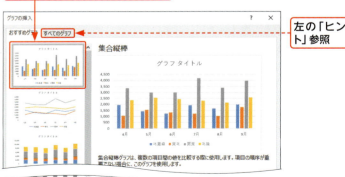

5 ＜OK＞をクリックすると、

第7章 グラフの利用

222

<グラフツール>の<デザイン>タブと<書式>タブが表示されます。

右の「ヒント」参照

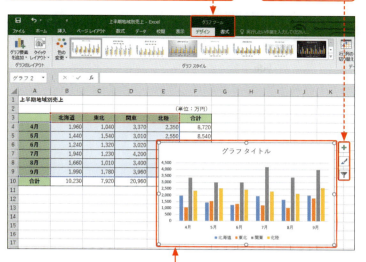

6 グラフが作成されます。

7 「グラフタイトル」と表示されている部分をクリックしてタイトルを入力し、

8 タイトル以外をクリックすると、タイトルが表示されます。

ヒント グラフの右上に表示されるコマンド

作成したグラフをクリックすると、グラフの右上に<グラフ要素><グラフスタイル><グラフフィルター>の3つのコマンドが表示されます。これらのコマンドを利用して、グラフ要素を追加したり（Sec.71参照）、グラフのスタイルを変更したり（Sec.72参照）することができます。

メモ <グラフ>グループにあるコマンドを使う

グラフは、<グラフ>グループに用意されているコマンドを使っても作成することができます。<挿入>タブをクリックして、グラフの種類に対応したコマンドをクリックし、目的のグラフを選択します。

メモ <クイック分析>を使う

グラフにするセル範囲を選択すると右下に表示される<クイック分析>を利用しても、グラフを作成することができます。

1 <クイック分析>をクリックして、

2 <グラフ>をクリックし、

3 グラフの種類を指定します。

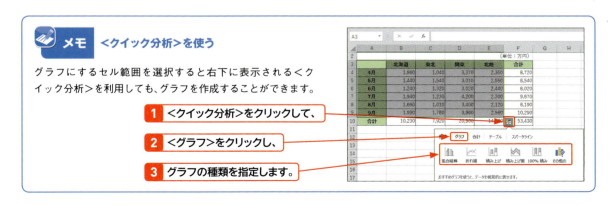

Section 69 グラフを作成する

第7章 グラフの利用

223

Section 70 グラフの位置やサイズを変更する

覚えておきたいキーワード
☑ グラフの移動
☑ グラフシート
☑ グラフのサイズ変更

グラフは、グラフのもととなるデータが入力されたワークシートの中央に作成されますが、任意の位置に移動したり、ほかのシートやグラフだけのシートに移動したりすることができます。また、グラフ全体のサイズを変更したり、それぞれの要素のサイズを個別に変更したりすることもできます。

1 グラフを移動する

メモ グラフの選択

グラフの移動や拡大／縮小など、グラフ全体の変更を行うには、グラフを選択します。グラフエリア（Sec.71 参照）の何もないところをクリックすると、グラフが選択されます。

1 グラフエリアの何もないところをクリックしてグラフを選択し、

2 移動する場所までドラッグすると、

3 グラフが移動されます。

ステップアップ グラフをコピーする

グラフをほかのシートにコピーするには、グラフをクリックして選択し、＜ホーム＞タブの＜コピー＞をクリックします。続いて、貼り付け先のシートを表示して貼り付けるセルをクリックし、＜ホーム＞タブの＜貼り付け＞をクリックします。

2 グラフをほかのシートに移動する

1 <新しいシート>をクリックして、

2 新しいシートを作成しておきます。

3 移動したいグラフをクリックして、

4 <デザイン>タブをクリックし、

5 <グラフの移動>をクリックします。

ヒント グラフの移動先

グラフは、ほかのシートに移動したり、グラフだけが表示されるグラフシートに移動したりすることができます。どちらも<グラフの移動>ダイアログボックス（次ページ参照）から移動先を指定します。ほかのシートに移動する場合は、移動先のシートをあらかじめ作成しておく必要があります。

ステップアップ グラフ要素を移動する

グラフエリアにあるすべてのグラフ要素（Sec.71参照）は、移動することができます。グラフ要素を移動するには、グラフ要素をクリックして、周囲に表示される枠線上にマウスポインターを合わせ、ポインターの形が✥に変わった状態でドラッグします。

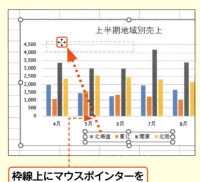

枠線上にマウスポインターを合わせてドラッグします。

Section 70 グラフの位置やサイズを変更する

第7章 グラフの利用

225

キーワード　グラフシート

「グラフシート」とは、グラフのみが表示されるワークシートのことです。グラフだけを印刷する場合などに使用します。

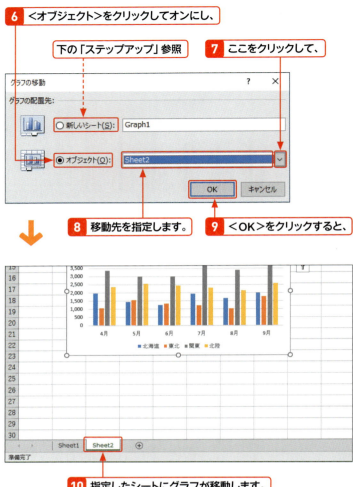

6 ＜オブジェクト＞をクリックしてオンにし、

下の「ステップアップ」参照

7 ここをクリックして、

8 移動先を指定します。

9 ＜OK＞をクリックすると、

10 指定したシートにグラフが移動します。

ステップアップ　グラフシートの作成

＜グラフの移動＞ダイアログボックスでグラフの移動先を＜新しいシート＞にすると、指定したシート名で新しいグラフシートが作成され、グラフが移動されます。

新しく作成されたグラフシートに移動したグラフ

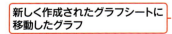
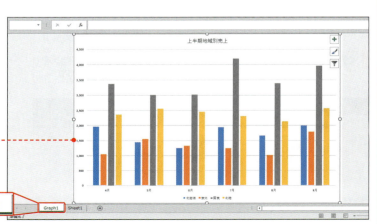

3 グラフのサイズを変更する

1 サイズを変更したいグラフをクリックします。

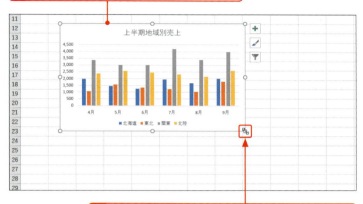

2 サイズ変更ハンドルにマウスポインターを合わせて、

3 変更したい大きさになるまでドラッグすると、

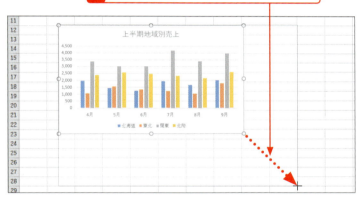

4 グラフのサイズが変更されます。

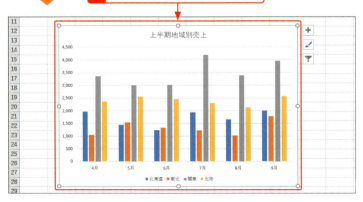

グラフのサイズを変更しても、文字サイズや凡例などの表示はもとのサイズのままです。

メモ サイズ変更ハンドル

「サイズ変更ハンドル」とは、グラフエリアを選択すると周りに表示される丸いマークのことです（手順1の図参照）。マウスポインターをサイズ変更ハンドルに合わせると、ポインターが両方に矢印の付いた形に変わります。その状態でドラッグすると、グラフのサイズを変更することができます。

ヒント 縦横比を変えずに拡大／縮小するには？

グラフの縦横比を変えずに拡大／縮小するには、Shiftを押しながら、グラフの四隅のサイズ変更ハンドルをドラッグします。また、Altを押しながらグラフの移動やサイズ変更を行うと、グラフをセルの境界線に揃えることができます。

メモ グラフ要素のサイズを変更する

グラフ要素のサイズも、グラフと同様に変更することができます。サイズを変更したいグラフ上の要素（P.229の「ヒント」参照）をクリックし、サイズ変更ハンドルにマウスポインターを合わせて、ドラッグします。

Section 71 グラフ要素を追加する

覚えておきたいキーワード
☑ グラフ要素
☑ 軸ラベル
☑ 目盛線

作成した直後のグラフには、グラフタイトルと凡例だけが表示されていますが、必要に応じて軸ラベルやデータラベル、目盛線などを追加することができます。これらのグラフ要素を追加するには、グラフをクリックすると表示される<グラフ要素>を利用すると便利です。

1 軸ラベルを表示する

メモ グラフ要素

グラフをクリックすると、グラフの右上に3つのコマンドが表示されます。一番上の<グラフ要素>を利用すると、タイトルや凡例、軸ラベルや目盛線、データラベルなどの追加や削除が行えます。

キーワード 軸ラベル

「軸ラベル」とは、グラフの横方向と縦方向の軸に付ける名前のことです。縦棒グラフの場合は、横方向(X軸)を「横(項目)軸」、縦方向(Y軸)を「縦(値)軸」と呼びます。

ヒント 横軸ラベルを表示するには

横軸ラベルを表示するには、手順5で<第1横軸>をクリックします。

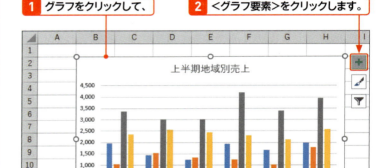

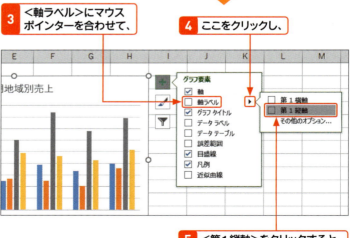

第7章 グラフの利用

228

6 グラフエリアの左側に「軸ラベル」と表示されます。

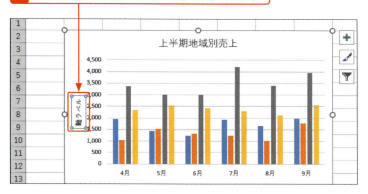

グラフの外のセルをクリックすると、グラフ要素の メニューが閉じます。

7 クリックして軸ラベルを入力し、

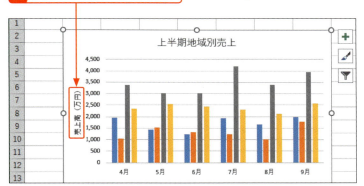

8 軸ラベル以外をクリックすると、軸ラベルが表示されます。

Section 71 グラフ要素を追加する

メモ 軸ラベルを表示するそのほかの方法

軸ラベルは、＜デザイン＞タブの＜グラフ要素を追加＞から表示することもできます。＜グラフ要素を追加＞をクリックして、＜軸ラベル＞にマウスポインターを合わせ、＜第1縦軸＞をクリックします。

1 ＜グラフ要素を追加＞をクリックして、

2 ＜軸ラベル＞にマウスポインターを合わせ、

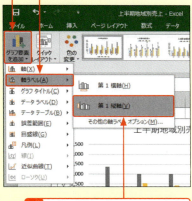

3 ＜第1縦軸＞をクリックします。

ヒント グラフの構成要素

グラフを構成する部品のことを「グラフ要素」といいます。それぞれのグラフ要素は、グラフのもとになったデータと関連しています。ここで、各グラフ要素の名称を確認しておきましょう。

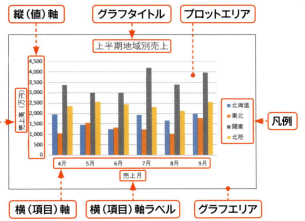

第7章 グラフの利用

229

2 軸ラベルの文字方向を変更する

メモ　軸ラベルの書式設定

右の手順では＜軸ラベルの書式設定＞作業ウィンドウが表示されますが、作業ウィンドウの名称と内容は、選択したグラフ要素によって変わります。作業ウィンドウを閉じるときは、右上の＜閉じる＞❌をクリックします。

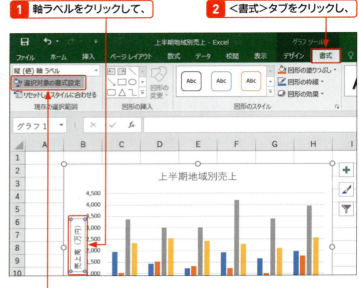

1 軸ラベルをクリックして、
2 ＜書式＞タブをクリックし、
3 ＜選択対象の書式設定＞をクリックします。

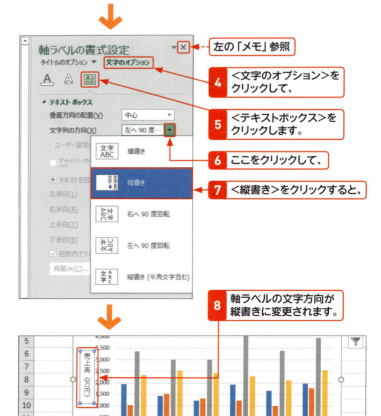

左の「メモ」参照
4 ＜文字のオプション＞をクリックして、
5 ＜テキストボックス＞をクリックします。
6 ここをクリックして、
7 ＜縦書き＞をクリックすると、
8 軸ラベルの文字方向が縦書きに変更されます。

ステップアップ　データラベルを表示する

グラフにデータラベル（もとデータの値）を表示することもできます。＜グラフ要素＞をクリックして、＜データラベル＞にマウスポインターを合わせて▶をクリックし、表示する位置を指定します（P.231 手順 3 の図参照）。特定の系列だけにラベルを表示したい場合は、表示したいデータ系列をクリックしてからデータラベルを設定します。吹き出しや引き出し線を使ってデータラベルをグラフに接続することも可能です。

データラベルを吹き出しで表示することもできます。

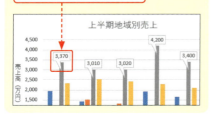

3 目盛線を表示する

主縦軸目盛線を表示する

1 グラフをクリックして、
2 <グラフ要素>をクリックします。

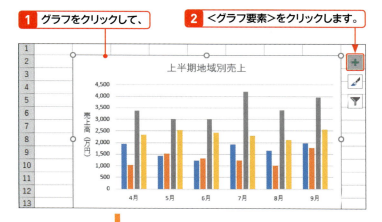

3 <目盛線>にマウスポインターを合わせて、
4 ここをクリックし、

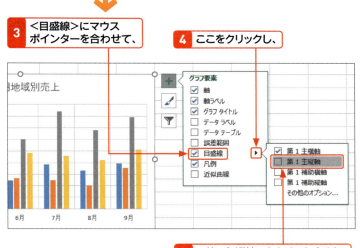

5 <第1主縦軸>をクリックすると、

6 主縦軸目盛線が表示されます。

キーワード 目盛線

「目盛線」とは、データを読み取りやすいように表示される線のことです。グラフを作成すると、自動的に主横軸目盛線が表示されますが、グラフを見やすくするために、主縦軸に目盛線を表示させることができます。また、下図のように補助目盛線を表示することもできます。

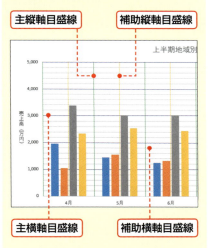

主縦軸目盛線　　補助縦軸目盛線
主横軸目盛線　　補助横軸目盛線

ヒント グラフ要素のメニューを閉じるには？

<グラフ要素>をクリックすると表示されるメニューを閉じるには、グラフの外のセルをクリックします。

Section 72 グラフのレイアウトやデザインを変更する

覚えておきたいキーワード
- ☑ クイックレイアウト
- ☑ グラフスタイル
- ☑ 色の変更

作成したグラフのレイアウトやデザインは、あらかじめ用意されている＜クイックレイアウト＞や＜グラフスタイル＞から好みの設定を選ぶだけで、かんたんに変えることができます。また、＜色の変更＞でグラフの色とスタイルをカスタマイズすることもできます。

1 グラフ全体のレイアウトを変更する

ヒント　グラフの文字サイズを変更する

グラフ内の文字サイズを変更する場合は、＜ホーム＞タブの＜フォントサイズ＞を利用します。グラフ全体の文字サイズを一括で変更したり、特定の要素の文字サイズを変更したりすることができます。

1 グラフをクリックして、＜デザイン＞タブをクリックします。

2 ＜クイックレイアウト＞をクリックして、

3 使用したいレイアウト（ここでは＜レイアウト9＞）をクリックすると、

ステップアップ　行と列を切り替える

＜デザイン＞タブの＜行／列の切り替え＞をクリックすると、グラフの行と列を入れ替えることができます。

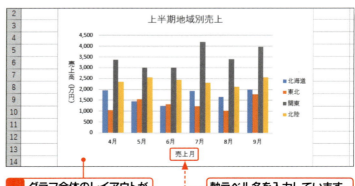

4 グラフ全体のレイアウトが変更されます。

軸ラベル名を入力しています。

2 グラフのスタイルを変更する

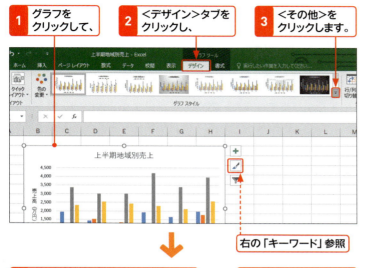

1. グラフをクリックして、
2. <デザイン>タブをクリックし、
3. <その他>をクリックします。

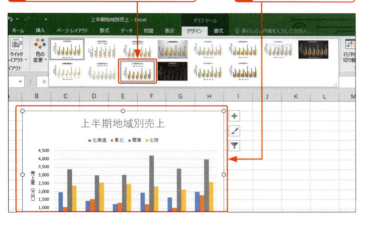

4. 使用したいスタイル（ここでは<スタイル11>）をクリックすると、
5. グラフのスタイルが変更されます。

右の「キーワード」参照

🔍 キーワード　グラフスタイル

「グラフスタイル」は、グラフの色やスタイル、背景色などの書式があらかじめ設定されているものです。グラフのスタイルは、グラフをクリックすると表示される<グラフスタイル>　から変更することもできます。

📝 メモ　スタイルを設定する際の注意

Excelに用意されている「グラフスタイル」を適用すると、それまでに設定していたグラフ全体の文字サイズやフォント、タイトルやグラフエリアなどの書式が変更されてしまうことがあります。グラフのスタイルを適用する場合は、これらを設定する前に適用するとよいでしょう。

📈 ステップアップ　グラフの色を変更する

グラフの色とスタイルをカスタマイズすることもできます。グラフをクリックして、<デザイン>タブの<色の変更>をクリックすると、色の一覧が表示されます。一覧から使用したい色をクリックすると、グラフ全体の色味が変更されます。

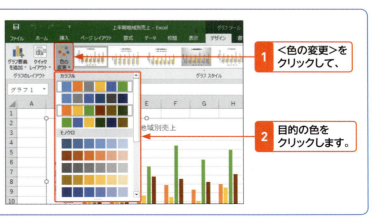

1. <色の変更>をクリックして、
2. 目的の色をクリックします。

Section 73 目盛の範囲と表示単位を変更する

覚えておきたいキーワード
- ☑ ＜書式＞タブ
- ☑ 軸の書式設定
- ☑ 表示単位の設定

グラフの縦軸に表示される数値の桁数が多いと、プロットエリアが狭くなり、グラフが見にくくなります。このような場合は、縦（値）軸ラベルの表示単位を変更すると見やすくなります。また、数値の差が少なくて大小の比較がしにくい場合は、目盛の範囲や間隔などを変更すると比較がしやすくなります。

1 縦（値）軸の範囲と表示単位を変更する

> **ヒント　縦（値）軸の範囲と間隔**
>
> 縦（値）軸の範囲と間隔は、＜軸の書式設定＞作業ウィンドウで変更できます。＜最小値＞や＜最大値＞に数値を指定すると、範囲を設定できます。＜目盛＞に数値を入力すると、グラフの縦（値）軸の数値を設定した間隔で表示できます。

> **ヒント　指定した範囲や間隔をもとに戻すには？**
>
> 右の手順で変更した軸の＜最小値＞や＜最大値＞、＜目盛＞をもとの＜自動＞に戻すには、再度＜軸の書式設定＞作業ウィンドウを表示して、数値ボックスの右に表示されている＜リセット＞をクリックします。

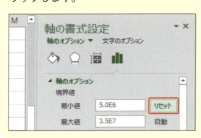

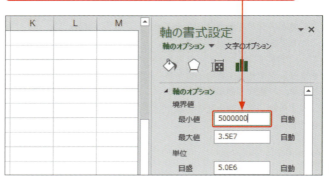

1 縦（値）軸をクリックして、
2 ＜書式＞タブをクリックし、
3 ＜選択対象の書式設定＞をクリックします。

4 ここでは、＜最小値＞の数値を「5000000」に変更します。

Section 73 目盛の範囲と表示単位を変更する

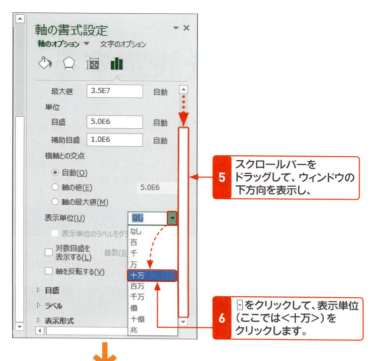

メモ 表示単位の設定

縦（値）軸に表示される数値の桁数が多くてグラフが見にくい場合は、表示単位を変更すると、数値の桁数が減りグラフを見やすくすることができます。左の例では、データの表示単位を「十万」にすることで、「5,000,000」を「50」と表示します。
なお、手順7で＜表示単位のラベルをグラフに表示する＞をオンにすると、＜表示単位＞で選択した単位がグラフ上に表示されます。

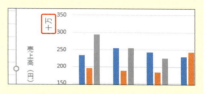

ステップアップ ＜グラフフィルター＞の利用

グラフをクリックすると右上に表示される＜グラフフィルター＞をクリックすると、グラフに表示する系列やカテゴリを選択することができます。

1 ＜グラフフィルター＞をクリックすると、

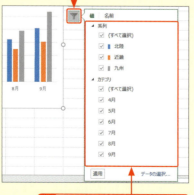

2 表示する系列やカテゴリを選択できます。

第7章 グラフの利用

Section 74 グラフの書式を設定する

覚えておきたいキーワード
- ☑ グラフエリアの書式設定
- ☑ 塗りつぶし
- ☑ 効果

グラフの基本的な要素の設定がすんだら、グラフに書式を設定して、見栄えを変えてみましょう。グラフ要素には個別に書式を設定することができますが、あまり飾りすぎると見づらくなるので、全体的なバランスを考えて必要な部分にのみ書式を設定します。ここでは、グラフエリアに書式を設定します。

1 グラフエリアに書式を設定する

ヒント グラフ要素の選択

グラフ要素を選択するには、グラフ上で選択するほかに、＜書式＞タブの＜グラフ要素＞の▼をクリックすると表示される一覧で選択する方法もあります。要素の選択に迷った場合は、この方法で選択するとよいでしょう。

1 ここをクリックすると、

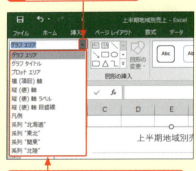

2 グラフ要素が一覧表示されます。

メモ 枠線の設定

右の例では、塗りつぶしを設定しましたが、手順 **4** で＜枠線＞をクリックすると、グラフ要素の枠線に色を付けたり、枠線の種類を変更したり、角を丸くしたりすることができます。

1 グラフをクリックして、　**2** ＜書式＞タブをクリックし、

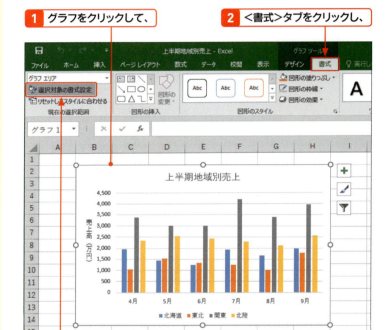

3 ＜選択対象の書式設定＞をクリックします。

4 ＜塗りつぶし＞をクリックして、

第7章 グラフの利用

236

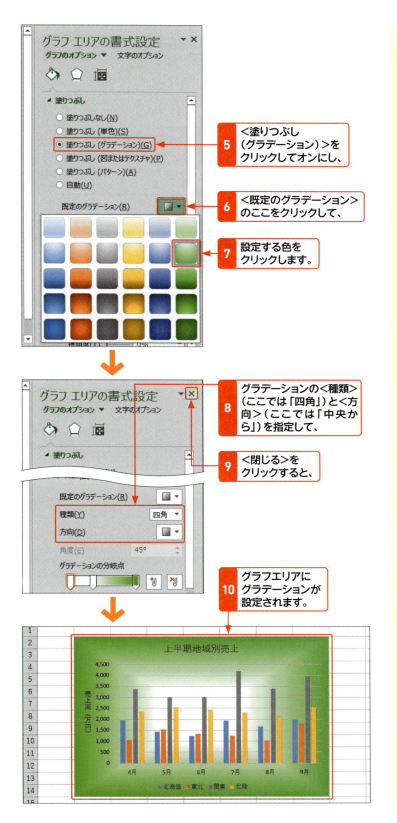

Section 74 グラフの書式を設定する

メモ さまざまなグラフ要素に設定が可能

ここではグラフエリアに書式を設定していますが、グラフタイトル、プロットエリア、凡例などの要素にも同様の方法で書式を設定することができます。書式を設定したいグラフ要素をクリックして＜書式＞タブをクリックし、＜選択対象の書式設定＞をクリックして、目的の書式を設定します。

ステップアップ グラフ要素に効果を付ける

選択した要素の作業ウィンドウで＜効果＞をクリックすると、グラフ要素に影や光彩、ぼかしを付けたり、3-D書式にするなど、さまざまな書式を設定することができます。

第7章 グラフの利用

237

Section 75 セルの中にグラフを作成する

覚えておきたいキーワード
- ☑ スパークライン
- ☑ スタイル
- ☑ 頂点（山）の表示／非表示

Excelでは、1つのセルの中に小さくおさまるグラフを作成することもできます。このグラフをスパークラインといいます。スパークラインを利用すると、データの推移や傾向が視覚的に表現でき、データが変更された場合でも、スパークラインに瞬時に反映されるので便利です。

1 スパークラインを作成する

キーワード スパークライン

「スパークライン」とは、1つのセル内におさまる小さなグラフのことで、折れ線、縦棒、勝敗の3種類が用意されています。それぞれのスパークラインは、選択範囲の中の1行分のデータに相当します。スパークラインを使用すると、データ系列の傾向を視覚的に表現することができます。

メモ スパークラインの作成

スパークラインを作成するには、右の手順のように、グラフの種類、もとになるデータのセル範囲、グラフを描く場所を指定します。

1. スパークラインを配置する場所を作成して、クリックします。
2. <挿入>タブをクリックして、
3. <スパークライン>グループにあるグラフの種類をクリックします。
4. スパークラインを作成するデータ範囲を指定し、
5. 作成する場所を確認して、
6. <OK>をクリックすると、
7. セルの中にグラフが作成されます。

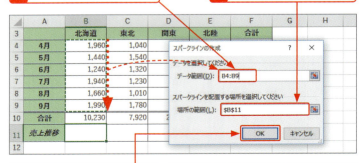

2 スパークラインのスタイルを変更する

1 作成したスパークラインをクリックして、

2 <デザイン>タブをクリックし、

3 <その他>をクリックします。

4 使用したいスタイルをクリックすると、

5 スパークラインのスタイルが変更されます。

6 フィルハンドルをドラッグして、スパークラインをほかのセルにも作成します。

ヒント スパークラインの色を変更する

スパークラインは、左の手順のようにあらかじめ用意されているスタイルを適用するほかに、<デザイン>タブの<スパークラインの色>や<マーカーの色>で色や太さ、マーカーの色などを個別に変更することもできます。

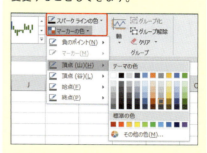

ステップアップ スパークラインの表示を変更する

<デザイン>タブの<表示>グループのコマンドを利用すると、スパークライングループのデータの頂点（山）や頂点（谷）、始点や終点の色を変えたり、折れ線の場合はマーカーを付けたりして強調表示することができます。

1 <頂点（山）>をクリックしてオンにすると、

2 最高値のグラフの色が変わります。

Section 76 グラフの種類を変更する

覚えておきたいキーワード
☑ グラフの種類の変更
☑ 折れ線グラフ
☑ 複合グラフ

グラフの種類は、グラフを作成したあとでも、＜グラフの種類の変更＞を利用して変更することができます。また、棒グラフを折れ線グラフなどと組み合わせた複合グラフに変更する際も、組み合わせるグラフの種類や軸などをかんたんに選択することができます。

1 グラフの種類を変更する

ヒント　グラフのスタイル

グラフの種類を変更すると、＜グラフスタイル＞に表示されるスタイル一覧も、グラフの種類に合わせたものに変更されます。グラフの種類を変更したあとで、好みに応じてスタイルを変更するとよいでしょう。

スタイル一覧もグラフの種類に合わせたものに変更されます。

棒グラフを折れ線グラフに変更する

1 グラフをクリックして、

2 ＜デザイン＞タブをクリックし、

3 ＜グラフの種類の変更＞をクリックします。

4 グラフの種類をクリックして、

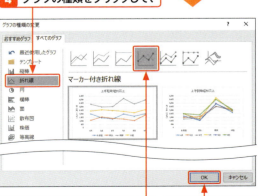

5 目的のグラフをクリックし、

6 ＜OK＞をクリックすると、

第7章 グラフの利用

7 グラフの種類が変更されます。

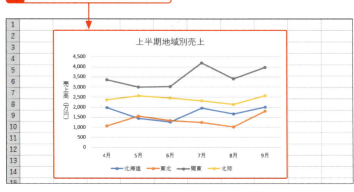

新機能　グラフの種類

Excel 2016では、大きく分けて15種類のグラフを作成することができます。新たに以下の5種類のグラフが追加されました。

① ツリーマップ
② サンバースト
③ ヒストグラム
④ 箱ひげ図
⑤ ウォーターフォール

2 複合グラフを作成する

1 この範囲を選択して集合縦棒グラフを作成します。

	A	B	C	D	E	F	G	H	I	J
1	気温とhot-coffee売上数									
2										
3			1月	2月	3月	4月	5月	6月	7月	8月	9月
4		気温	4.5	5.4	7.5	14.3	18	21.6	29.5	32.9	27.6
5		売上数	325	295	302	265	234	205	195	206	287

キーワード　複合グラフ

「複合グラフ」とは、縦棒と折れ線など、異なる種類のグラフを組み合わせたグラフのことです。複合グラフは、グラフの値の範囲が大きく異なる場合や、複数の種類のデータがある場合に使用します。ここでは、気温と売上数の推移をグラフにし、売上数のデータ系列だけを折れ線グラフにした複合グラフを作成します。

2 変更したいデータ系列をクリックして、

3 <デザイン>タブをクリックし、

4 <グラフの種類の変更>をクリックします。

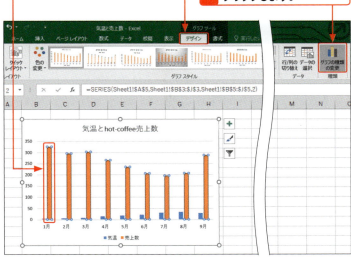

ヒント ＜グラフの挿入＞から作成することもできる

ここで作成した複合グラフは、＜グラフの挿入＞ダイアログボックスを利用して作成することもできます。＜挿入＞タブの＜おすすめグラフ＞をクリックし、＜すべてのグラフ＞で＜組み合わせ＞をクリックします。

ヒント 折れ線の色を変更する

折れ線の色を変更するには、折れ線をクリックして＜書式＞タブをクリックし、＜図形の枠線＞の右側をクリックして、使用したい色を指定します。

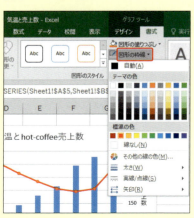

5 ＜組み合わせ＞をクリックして、

6 目的のグラフ（ここでは＜集合縦棒 - 第2軸の折れ線＞）をクリックします。

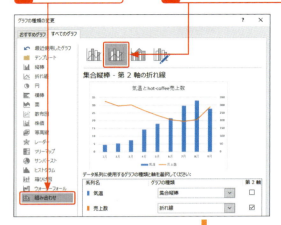

7 ＜売上数＞のここをクリックして、

8 ＜マーカー付き折れ線＞をクリックし、

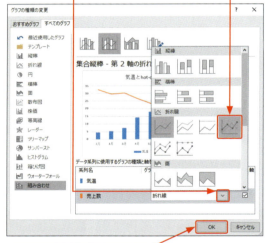

9 ＜OK＞をクリックすると、

10 選択したデータ系列が折れ線に変更され、複合グラフが作成できます。

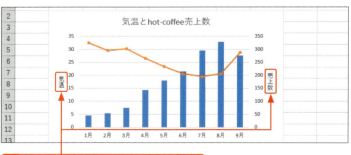

11 軸ラベルを追加します（Sec.71参照）。

Chapter 08

第8章

データベースとしての利用

Section	77	データベースとは？
	78	データを並べ替える
	79	条件に合ったデータを抽出する
	80	データを自動的に加工する
	81	テーブルを作成する
	82	テーブル機能を利用する
	83	アウトライン機能を利用する
	84	ピボットテーブルを作成する
	85	ピボットテーブルを操作する

Section 77 データベースとは？

覚えておきたいキーワード
- ☑ 列ラベル
- ☑ レコード
- ☑ フィールド

第8章 データベースとしての利用

データベースとは、さまざまな情報を一定のルールに従って集積したデータの集まりのことです。Excelはデータベース専用のアプリではありませんが、表を規則に従った形式で作成すると、特定の条件に合ったデータを抽出したり、並べ替えたりするデータベース機能を利用することができます。

1 データベース形式の表とは？

データベース機能を利用するには、表を作るときにあらかじめデータをデータベース形式で入力しておく必要があります。データベース形式の表とは、列ごとに同じ種類のデータが入力され、先頭行に列の見出しとなる列ラベル（列見出し）が入力されている一覧表のことです。

データベース形式の表

列ラベル（列見出し）
レコード（1件分のデータ）
フィールド（1列分のデータ）

データベース形式の表を作成する際の注意点

項　目	注意事項
表形式	データベース機能は、1つの表に対してのみ利用することができます。ただし、データベース形式の表から作成したテーブルの場合は、複数のテーブルに対してデータベース機能を利用することができます。
	データベース形式の表とそれ以外のデータを区別するためには、最低1つの空白列か空白行が必要です。ただし、テーブルでは、空白列や空白行で表を区別する必要はありません。
	データベース形式の表には、空白列や空白行は入れないようにします。ただし、テーブルでは、空白列や空白行がある場合でも、並べ替えや集計を行うことができます。
列ラベル	列ラベルは、表の先頭行に作成します。
	列ラベルには、各フィールドのフィールド名を入力します。
フィールド	それぞれの列を指します。同じフィールドには、同じ種類のデータを入力します。
	各フィールドの先頭には、並べ替えや検索に影響がないように、余分なスペースを挿入しないようにします。
レコード	1行のデータを1件として扱います。

2 データベース機能とは？

Excelのデータベース機能では、データの並べ替え、抽出、加工など、さまざまなデータ処理を行うことができます。また、ピボットテーブルやピボットグラフを作成すると、データをいろいろな角度から分析して必要な情報を得ることができます。

データを並べ替える

特定のフィールドを基準にデータを並べ替えることができます。

レコードを抽出する

オートフィルターを利用して、条件に合ったレコードを抽出することができます。

3 テーブルとは？

データベース形式の表をテーブルに変換すると、データの並べ替えや抽出、集計列の追加や列ごとの集計などをすばやく行うことができます。「テーブル」は、データを効率的に管理するための機能です。

データベース形式の表から作成したテーブル

オートフィルターを利用するためのボタンが追加され、いろいろな条件でデータを絞り込むことができます。

集計行を追加すると、平均や合計、個数などを瞬時に求めることができます。

フィールド（列）を追加して、集計結果をかんたんに求めることができます。

Section 78 データを並べ替える

覚えておきたいキーワード
- ☑ データの並べ替え
- ☑ 昇順
- ☑ 降順

データベース形式の表では、データを昇順や降順で並べ替えたり、五十音順で並べ替えたりすることができます。並べ替えを行う際は、基準となるフィールド（列）を指定しますが、フィールドは1つだけでなく、複数指定することができます。また、独自の順序でデータを並べ替えることも可能です。

1 データを昇順や降順に並べ替える

メモ　データの並べ替え

データベース形式の表を並べ替えるには、基準となるフィールドのセルをあらかじめ指定しておく必要があります。なお、右の手順では昇順で並べ替えましたが、降順で並べ替える場合は、手順 3 で<降順> をクリックします。

ヒント　データが正しく並べ替えられない！

表内のセルが結合されていたり、空白の行や列があったりする場合は、表全体のデータを並べ替えることはできません。並べ替えを行う際は、表内にこのような行や列、セルがないかどうかを確認しておきます。また、ほかのアプリケーションで作成したデータをコピーした場合は、ふりがな情報が保存されていないため、日本語を正しく並べ替えられないことがあります。

データを昇順に並べ替える

1 並べ替えの基準となるフィールドの任意のセルをクリックします。

2 <データ>タブをクリックして、

3 <昇順>をクリックすると、

4 指定したフィールドを基準にして、表全体が昇順に並べ替えられます。

2 2つの条件で並べ替える

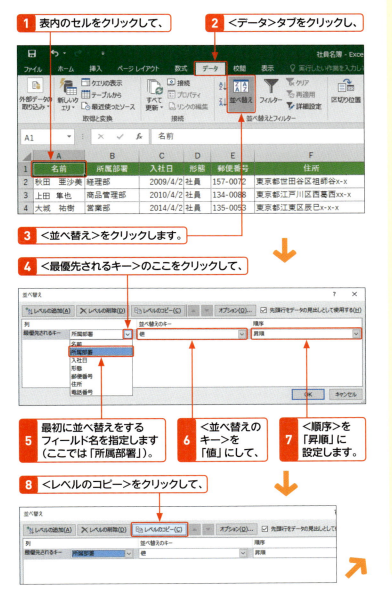

ヒント 昇順と降順の並べ替えのルール

昇順では、0～9、A～Z、日本語の順で並べ替えられ、降順では逆の順番で並べ替えられます。また、初期設定では、日本語は漢字・ひらがな・カタカナの種類に関係なく、ふりがなの五十音順で並べ替えられます。アルファベットの大文字と小文字は区別されません。

メモ 並べ替えの基準となるキー

手順 5 で設定する<最優先されるキー>とは、並べ替えの基準となるフィールドのことです。列ラベルに書かれたフィールド名を指定します。

Section 78 データを並べ替える

ヒント 2つ以上の基準で並べ替えたい場合は？

2つ以上のフィールドを基準に並べ替えたい場合は、＜並べ替え＞ダイアログボックスの＜レベルのコピー＞をクリックして、並べ替えの条件を設定する行を追加します。最大で64の条件を設定できます。並べ替えの優先順位を変更する場合は、＜レベルのコピー＞の右横にある＜上へ移動＞ や＜下へ移動＞ で調整することができます。

優先順位を変更する場合は、これらをクリックします。

9 2番目に並べ替えをするフィールド名を指定します（ここでは「入社日」）。

10 ＜並べ替えのキー＞を「値」にして、

11 ＜順序＞を「降順」に設定し、

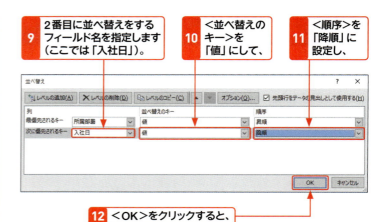

12 ＜OK＞をクリックすると、

13 指定した2つのフィールド（「所属部署」と「入社日」）を基準に、表全体が並べ替えられます。

ステップアップ セルに設定された色で並べ替えることもできる

上の手順では、＜並べ替えのキー＞に「値」を指定しましたが、セルに入力された値だけでなく、塗りつぶしの色やフォントの色、条件付き書式などの機能で設定したセルの色やフォントの色、セルのアイコンなどを条件にすることもできます。

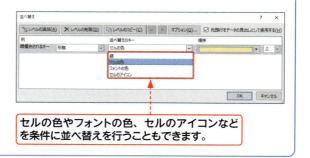

セルの色やフォントの色、セルのアイコンなどを条件に並べ替えを行うこともできます。

248

3 独自の順序で並べ替える

1 表内のセルをクリックして、＜データ＞タブの＜並べ替え＞をクリックします。

2 並べ替えをするフィールド名を指定し（ここでは「形態」）、

3 ここをクリックして、

4 ＜ユーザー設定リスト＞をクリックします。

5 並べ替えを行いたい順番にデータを入力して、

6 ＜OK＞をクリックします。

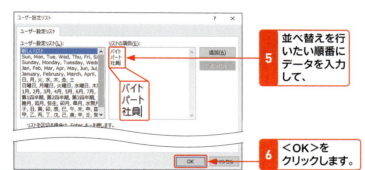

7 ＜並べ替え＞ダイアログボックスで＜OK＞をクリックすると、

8 手順5で入力した項目の順に表全体が並べ替えられます。

メモ リストの項目の入力

手順5では、Enterを押して改行をしながら、並べ替えを行いたい順に1行ずつデータを入力します。

ヒント 設定したリストを削除するには？

設定したリストを削除するには、左の手順で＜ユーザー設定リスト＞ダイアログボックスを表示します。削除するリストをクリックして＜削除＞をクリックし、確認のダイアログボックスで＜OK＞をクリックします。

1 削除するリストをクリックして、

2 ＜削除＞をクリックし、

3 ＜OK＞をクリックします。

Section 79 条件に合ったデータを抽出する

覚えておきたいキーワード
- ☑ フィルター
- ☑ オートフィルター
- ☑ トップテンオートフィルター

データベース形式の表にフィルターを設定すると、オートフィルターが利用できるようになります。オートフィルターは、任意のフィールド（列）に含まれるデータのうち、指定した条件に合ったものだけを表示する機能です。日付やテキスト、数値など、さまざまなフィルターを利用できます。

1 オートフィルターを利用してデータを抽出する

🔍 キーワード　オートフィルター

「オートフィルター」は、任意のフィールドに含まれるデータのうち、指定した条件に合ったものだけを表示する機能です。1つのフィールドに対して、細かく条件を設定することもできます。たとえば、日付を指定して抽出したり、指定した値や平均より上、または下の値だけといった抽出をすばやく行うことができます。

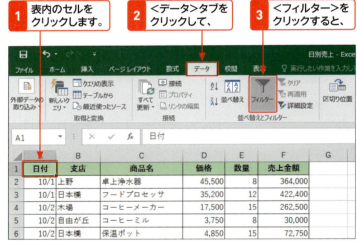

1. 表内のセルをクリックします。
2. ＜データ＞タブをクリックして、
3. ＜フィルター＞をクリックすると、
4. すべての列ラベルに が表示され、オートフィルターが利用できるようになります。

📝 メモ　オートフィルターの設定と解除

＜データ＞タブの＜フィルター＞をクリックすると、オートフィルターが設定されます。オートフィルターを解除する場合は、再度＜フィルター＞をクリックします。

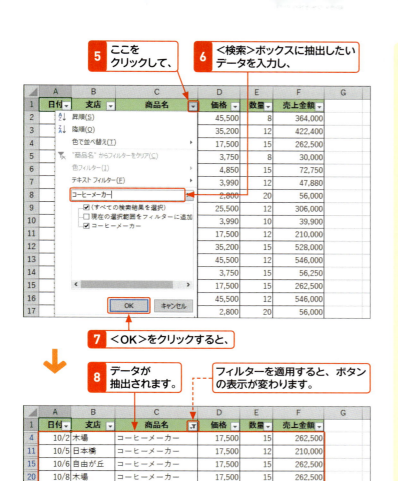

メモ: データを抽出するそのほかの方法

左の手順では、<検索>ボックスを使いましたが、その下にあるデータの一覧で抽出条件を指定することもできます。抽出したいデータのみをオンにし、そのほかのデータをオフにして<OK>をクリックします。

1 抽出したいデータのみをクリックしてオンにし、

2 <OK>をクリックします。

ヒント: フィルターの条件をクリアするには?

フィルターの条件をクリアしてすべてのデータを表示するには、オートフィルターのメニューを表示して、<"○○"からフィルターをクリア>をクリックします(手順10参照)。

2 トップテンオートフィルターを利用する

メモ トップテンオートフィルターの利用

フィールドの内容が数値の場合は、トップテンオートフィルターを利用することができます。トップテンオートフィルターを利用すると、フィールド中の数値データを比較して、「上位5位」「下位5位」などのように、表示するデータを絞り込むことができます。

ヒント 上位と下位

手順4では＜上位＞と＜下位＞を指定できます。＜上位＞は数値の大きいものを、＜下位＞は数値の小さいものを表示します。

ヒント 項目とパーセント

手順6では＜項目＞と＜パーセント＞を指定できます。＜項目＞を指定すると上または下から、いくつのデータを表示するかを設定できます。＜パーセント＞を指定すると、上位または下位何パーセントのデータを表示するかを設定できます。たとえば、データが30個あるフィールドで、「上位10項目」を設定すると上から10個のデータが表示され、「上位10パーセント」を設定すると30個あるデータ内の上位10パーセント、つまり3個が表示されます。

「売上金額」の上位5位までを抽出する

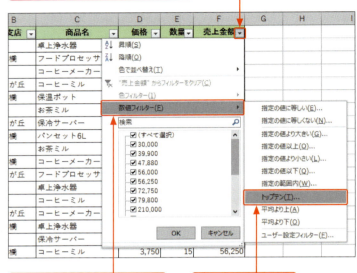

1 「売上金額」のここをクリックして、
2 ＜数値フィルター＞にマウスポインターを合わせ、
3 ＜トップテン＞をクリックします。

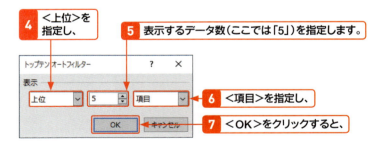

4 ＜上位＞を指定し、
5 表示するデータ数（ここでは「5」）を指定します。
6 ＜項目＞を指定し、
7 ＜OK＞をクリックすると、

8 「売上金額」の上位5位までのデータが抽出されます。

3 複数の条件を指定してデータを抽出する

「価格」が10,000円以上30,000円以下のデータを抽出する

1 「価格」のここをクリックして、

2 <数値フィルター>にマウスポインターを合わせ、

3 <指定の範囲内>をクリックします。

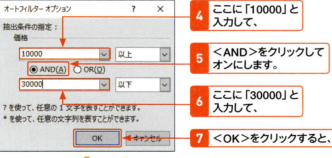

4 ここに「10000」と入力して、

5 <AND>をクリックしてオンにします。

6 ここに「30000」と入力して、

7 <OK>をクリックすると、

8 「価格」が「10,000以上かつ30,000以下」のデータが抽出されます。

メモ 2つの条件を指定してデータを抽出する

<オートフィルターオプション>ダイアログボックスでは、1つの列に2つの条件を設定することができます。左の例では、手順**5**で<AND>をオンにしましたが、<OR>をオンにすると、「30,000以上または10,000以下」などの2つの条件を組み合わせたデータを抽出することができます。ANDは「かつ」、ORは「または」と読み替えるとわかりやすいでしょう。

ステップアップ ワイルドカード文字の利用

オートフィルターメニューの検索ボックスや、<オートフィルターオプション>ダイアログボックスで条件を入力する場合は、「?」や「*」などのワイルドカード文字が使用できます。「?」は任意の1文字を、「*」は任意の長さの任意の文字を表します。

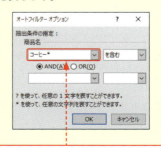

データの抽出にはワイルドカード文字が使用できます。

253

Section 80 データを自動的に加工する

覚えておきたいキーワード
- ☑ フラッシュフィル
- ☑ フラッシュフィルオプション
- ☑ 区切り位置

Excelには、入力済みのデータに基づいて、残りのデータが自動的に入力される**フラッシュフィル**機能が搭載されています。たとえば、住所録の姓と名を別々のセルに分割したり、電話番号の形式を変換したりと、**ある一定のルールに従って文字列を加工**する場合に利用できます。

1 データを分割する

🔍キーワード　フラッシュフィル

「フラッシュフィル」は、データをいくつか入力すると、入力したデータのパターンに従って残りのデータが自動的に入力される機能です。

名前を「姉」と「名」に分割する

1. 分割するデータ（ここでは「名前」から姓を取り出したもの）を入力して、Enterを押します。

2. <データ>タブをクリックして、

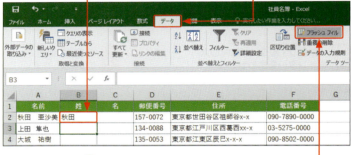

3. <フラッシュフィル>をクリックすると、

4. 残りの「姓」が自動的に入力されます。

💡ヒント　フラッシュフィルが使えない場合は？

フラッシュフィルが利用できるのは、ここで紹介した例のように、データになんらかの一貫性がある場合です。データに一貫性がない場合は、関数を利用したり、<データ>タブの<区切り位置>を利用して分割しましょう。

5. 「名」のフィールド（列）も同様の方法で入力します。

2 データを一括で変換する

電話番号の形式を変換する

1 変換後のデータ（ここでは「電話番号」のハイフンをカッコに置き換えたもの）を入力し、Enterを押します。

	D	E	F	G	H	I	J
1	郵便番号	住所	電話番号	電話番号（変換）			
2	157-0072	東京都世田谷区祖師谷x-x	090-7890-0000	090(7890)0000			
3	134-0088	東京都江戸川区西葛西xx-x	03-5275-0000				
4	135-0053	東京都江東区辰巳x-x-x	090-8502-0000				
5	247-0072	神奈川県鎌倉市岡本xx	090-1234-0000				
6	101-0051	東京都千代田区神田神保町x	03-3518-0000				
7	352-0032	埼玉県新座市新堀xx	0424-50-0000				
8	252-0318	神奈川県相模原市鶴間x-x	042-123-0000				
9	130-0026	東京都墨田区両国x-x	03-5638-0000				
10	180-0000	東京都武蔵野市吉祥寺西町x	03-5215-0000				
11	274-0825	千葉県船橋市前原南x-x	047-890-0000				
12	259-1217	神奈川県平塚市長持xx	046-335-0000				
13	145-8502	東京都品川区西五反田x-x	03-3779-0000				
14	160-0008	東京都新宿区三栄町x-x	03-5362-0000				

2 ＜データ＞タブをクリックして、

3 ＜フラッシュフィル＞をクリックすると、

4 残りの電話番号が同じ形式に変換されて、自動的に入力されます。

	D	E	F	G	H	I	J
1	郵便番号	住所	電話番号	電話番号（変換）			
2	157-0072	東京都世田谷区祖師谷x-x	090-7890-0000	090(7890)0000			
3	134-0088	東京都江戸川区西葛西xx-x	03-5275-0000	03(5275)0000			
4	135-0053	東京都江東区辰巳x-x-x	090-8502-0000	090(8502)0000			
5	247-0072	神奈川県鎌倉市岡本xx	090-1234-0000	090(1234)0000			
6	101-0051	東京都千代田区神田神保町x	03-3518-0000	03(3518)0000			
7	352-0032	埼玉県新座市新堀xx	0424-50-0000	0424(50)0000			
8	252-0318	神奈川県相模原市鶴間x-x	042-123-0000	042(123)0000			
9	130-0026	東京都墨田区両国x-x	03-5638-0000	03(5638)0000			
10	180-0000	東京都武蔵野市吉祥寺西町x	03-5215-0000	03(5215)0000			
11	274-0825	千葉県船橋市前原南x-x	047-890-0000	047(890)0000			
12	259-1217	神奈川県平塚市長持xx	046-335-0000	046(335)0000			
13	145-8502	東京都品川区西五反田x-x	03-3779-0000	03(3779)0000			
14	160-0008	東京都新宿区三栄町x-x	03-5362-0000	03(5362)0000			
15	162-0811	東京都新宿区水道町x-x-x	03-4567-0000	03(4567)0000			

ヒント：ショートカットキーを使う

手順 **2**、**3** で＜データ＞タブの＜フラッシュフィル＞をクリックするかわりに、Ctrlを押しながらEを押しても、フラッシュフィルが実行できます。

メモ：フラッシュフィルオプション

フラッシュフィルでデータを入力すると、右下に＜フラッシュフィルオプション＞が表示されます。このコマンドを利用すると、入力したデータをもとに戻したり、変更されたセルを選択したりすることができます。

Section 81 テーブルを作成する

覚えておきたいキーワード
- ☑ テーブル
- ☑ オートフィルター
- ☑ テーブルスタイル

データベース形式の表をテーブルに変換すると、データの並べ替えや抽出、レコード（行）の追加やフィールド（列）ごとの集計などをすばやく行うことができます。また、書式が設定済みのテーブルスタイルもたくさん用意されているので、見栄えのする表をかんたんに作成することができます。

1 表をテーブルに変換する

🔍 **キーワード　テーブル**

「テーブル」は、表をより効率的に管理するための機能です。表をテーブルに変換すると、レコードの追加やデータの集計、重複レコードの削除、抽出などがすばやく行えます。

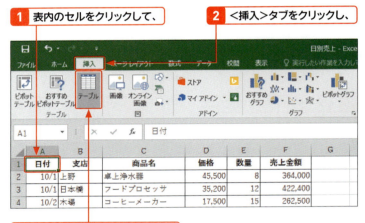

① 表内のセルをクリックして、
② <挿入>タブをクリックし、
③ <テーブル>をクリックします。
④ テーブルに変換するデータ範囲を確認して、
⑤ ここをクリックしてオンにし、
⑥ <OK>をクリックすると、

 メモ　列見出しをテーブルの列ラベルとして利用する

データベース形式の表の列見出しを、テーブルの列ラベルとして利用する場合は、手順⑤ をオンにします。表に列見出しがない場合は、<先頭行をテーブルの見出しとして使用する>をオフにすると、先頭レコードの上に自動的に列ラベルが作成されます。

7 テーブルが作成されます。

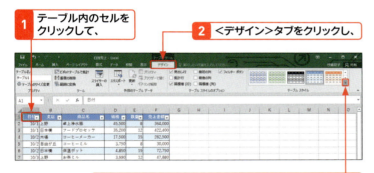

列見出しにフィルターが設定され、オートフィルターを利用できるようになります（Sec.79参照）。

2 テーブルのスタイルを変更する

1 テーブル内のセルをクリックして、

2 ＜デザイン＞タブをクリックし、

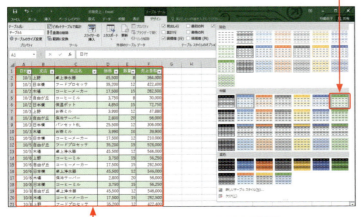

3 ＜テーブルスタイル＞の＜その他＞をクリックします。

4 使用したいスタイルをクリックすると、

5 テーブルのスタイルが変更されます。

メモ ＜クイック分析＞コマンドの利用

＜クイック分析＞コマンドを利用してテーブルを作成することもできます。テーブルに変換する範囲を選択すると、右下に＜クイック分析＞ が表示されるので、クリックすると表示されるメニューの＜テーブル＞から＜テーブル＞をクリックします。

メモ テーブルスタイル

テーブルには、色や罫線などの書式があらかじめ設定されたテーブルスタイルがたくさん用意されています。スタイルはかんたんに設定できるので、自分好みのスタイルを選ぶとよいでしょう。

ヒント テーブルを通常のセル範囲に戻すには？

作成したテーブルを通常のセル範囲に戻すには、＜デザイン＞タブの＜範囲に変換＞をクリックし、確認のダイアログボックスで＜はい＞をクリックします。ただし、セルの背景色は保持されます。

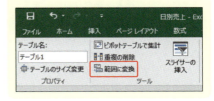

Section 82 テーブル機能を利用する

覚えておきたいキーワード
- ☑ レコードの追加
- ☑ フィールドの追加
- ☑ 集計行の追加

テーブル機能を利用すると、フィールド（列）やレコード（行）をかんたんに追加することができます。追加時には、設定されている書式も自動的に適用されます。また、データの集計、重複行の削除、データの絞り込みなどもすばやく行うことができます。

1 テーブルにレコードを追加する

メモ 新しいレコードの追加

テーブルの最終行に新しいデータを入力すると、レコードが追加され、自動的にテーブルの範囲が拡張されます。追加した行には、背景色が自動的に設定されます。

1 テーブルの最終行の下のセルにデータを入力して、

	A	B	C	D	E
14	10/6	上野	コーヒーミル	3,750	15
15	10/6	自由が丘	コーヒーメーカー	17,500	15
16	10/6	日本橋	卓上浄水器	45,500	12
17	10/6	木場	保冷サーバー	2,800	20
18	10/8	日本橋	コーヒーミル	3,750	15
19	10/8	自由が丘	卓上浄水器	45,500	12
20	10/8	木場	コーヒーメーカー	17,500	15
21	10/8	上野	フードプロセッサ	35,200	12
22	10/9	日本橋	お茶ミル	3,990	20
23	10/9	自由が丘	バンセット6L	25,500	20
24	10/9	木場	フードプロセッサ	35,200	15
25	10/10	上野	コーヒーミル	3,750	12
26	10/10				
27					

2 Tabを押すと、

3 新しいレコードが追加され、テーブルの範囲も拡張されます。

	日付	支店	商品名	価格	数量
14	10/6	上野	コーヒーミル	3,750	15
15	10/6	自由が丘	コーヒーメーカー	17,500	15
16	10/6	日本橋	卓上浄水器	45,500	12
17	10/6	木場	保冷サーバー	2,800	20
18	10/8	日本橋	コーヒーミル	3,750	15
19	10/8	自由が丘	卓上浄水器	45,500	12
20	10/8	木場	コーヒーメーカー	17,500	15
21	10/8	上野	フードプロセッサ	35,200	12
22	10/9	日本橋	お茶ミル	3,990	20
23	10/9	自由が丘	バンセット6L	25,500	20
24	10/9	木場	フードプロセッサ	35,200	15
25	10/10	上野	コーヒーミル	3,750	12
26	10/10				
27					
28					

ヒント テーブルの途中に行や列を追加するには？

テーブルの途中にレコードを追加するには、追加したい位置の下の行番号を右クリックして、＜挿入＞をクリックします。また、フィールドを追加するには、追加したい位置の右の列番号を右クリックして、＜挿入＞をクリックします。追加したレコードやフィールドには、テーブルの書式が自動的に設定されます。

2 集計用のフィールドを追加する

「売上金額」のフィールドを追加して、計算結果を表示します。

1 セル[F1]に「売上金額」と入力して、Enter を押すと、

	A	B	C	D	E	F	G
1	日付	支店	商品名	価格	数量	売上金額	
2	10/1	上野	卓上浄水器	45,500	8		
3	10/1	日本橋	フードプロセッサ	35,200	12		
4	10/2	木場	コーヒーメーカー	17,500	15		
5	10/2	自由が丘	コーヒーミル	3,750	8		
6	10/2	日本橋	保温ポット	4,850	15		
7	10/3	上野	お茶ミル	3,990	12		
8	10/3	自由が丘	保冷サーバー	2,800	20		
9	10/3	日本橋	パンセット6L	25,500	12		

2 最終列に自動的に新しいフィールドが追加されます。

3 セル[F2]に半角で「=」と入力して、

	A	B	C	D	E	F	G
1	日付	支店	商品名	価格	数量	売上金額	
2	10/1	上野	卓上浄水器	45,500	8	=[@価格]	
3	10/1	日本橋	フードプロセッサ	35,200	12		

4 参照先をクリックすると、

5 列見出しの名前（[@価格]）が表示されます。

6 続けて「*」と入力して、

	A	B	C	D	E	F	G
1	日付	支店	商品名	価格	数量	売上金額	
2	10/1	上野	卓上浄水器	45,500	8	=[@価格]*[@数量]	
3	10/1	日本橋	フードプロセッサ	35,200	12		

7 次の参照先をクリックすると、

8 列見出しの名前（[@数量]）が表示されます。

9 Enter を押すと、計算結果が求められます。

	A	B	C	D	E	F	G
1	日付	支店	商品名	価格	数量	売上金額	
2	10/1	上野	卓上浄水器	45,500	8	364000	
3	10/1	日本橋	フードプロセッサ	35,200	12	422400	
4	10/2	木場	コーヒーメーカー	17,500	15	262500	
5	10/2	自由が丘	コーヒーミル	3,750	8	30000	
6	10/2	日本橋	保温ポット	4,850	15	72750	
7	10/3	上野	お茶ミル	3,990	12	47880	
8	10/3	自由が丘	保冷サーバー	2,800	20	56000	
9	10/3	日本橋	パンセット6L	25,500	12	306000	

10 ほかのレコードにも自動的に数式がコピーされて、計算結果が表示されます。

メモ 新しいフィールドの追加

左の例のようにテーブルの最終列にデータを入力して確定すると、テーブルの最終列に新しいフィールドが自動的に追加されます。また、数式を入力すると、ほかのレコードにも自動的に数式がコピーされて、計算結果が表示されます。

ヒント テーブルで数式を入力すると…

テーブルで数式を入力する際、引数となるセルを指定すると、セル参照ではなく、[@価格][@数量]などの列の名前が表示されるので、何の計算をしているかがわかりやすくなります。

ステップアップ 列見出しをリストから指定する

手順**3**で「=[」と入力すると、列見出しの一覧が表示されるので、「価格」をダブルクリックして指定することもできます。続いて、「]*[」と入力すると、同様に列見出しの一覧が表示されるので、「数量」をダブルクリックして「]」を入力し、Enter を押します。

3 テーブルに集計行を表示する

メモ 集計行の作成

右の手順で表示される集計行では、フィールドごとにデータの合計や平均、個数、最大値、最小値などを求めることができます。なお、集計行を削除するには、手順 3 でオンにした＜集計行＞をクリックしてオフにします。

ステップアップ スライサーの挿入

テーブルにスライサーを追加することができます。スライサーとは、データを絞り込むための機能です。＜デザイン＞タブの＜スライサーの挿入＞をクリックすると、＜スライサーの挿入＞ダイアログボックスが表示されるので、絞り込みに利用する列見出しを指定します（P.270参照）。

メモ 右端のフィールドの集計結果

右の手順で集計行を表示すると、集計行の右端のセルには、そのフィールドの集計結果が自動的に表示されます。テーブルの右端のフィールドが数値の場合は合計値が、文字の場合はデータの個数が表示されます。

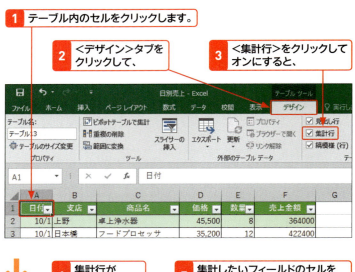

1 テーブル内のセルをクリックします。
2 ＜デザイン＞タブをクリックして、
3 ＜集計行＞をクリックしてオンにすると、

4 集計行が追加されます。
5 集計したいフィールドのセルをクリックして、ここをクリックし、

6 集計方法を指定すると、 左下の「メモ」参照

7 集計結果が表示されます。

4 重複したレコードを削除する

テーブル内に重複レコードがあります。

① <デザイン>タブをクリックして、

② <重複の削除>をクリックします。

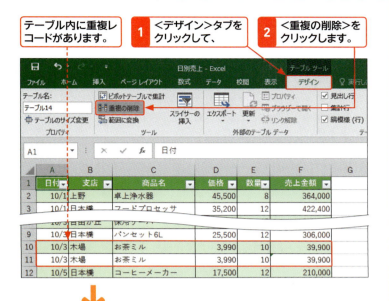

メモ 重複レコードの削除

左の手順で操作すると重複データが自動的に削除されますが、どのデータが重複しているのか、どのデータが削除されたのかは明示されません。完全に同じレコードだけが削除されるように、手順③ではすべての項目を選択するとよいでしょう。

③ <すべて選択>をクリックして、

④ <OK>をクリックします。

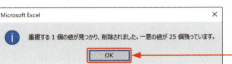

⑤ <OK>をクリックすると、

⑥ 重複していたレコードが削除されます。

ヒント 通常の表で重複行を削除するには？

テーブルに変換していない通常の表でも、重複データを削除することができます。重複データを削除したい表を範囲指定して、<データ>タブの<重複の削除>をクリックします。

Section 82 テーブル機能を利用する

第8章 データベースとしての利用

Section 83 アウトライン機能を利用する

覚えておきたいキーワード
- ☑ アウトライン
- ☑ グループ
- ☑ レベル

アウトライン機能を利用すると、集計行や集計列の表示、それぞれのグループの詳細データの参照などをすばやく行うことができます。アウトラインは、行のアウトライン、列のアウトライン、あるいは行と列の両方のアウトラインを作成することができます。

1 アウトラインとは？

「アウトライン」とは、ワークシート上の行や列をレベルに分けて、下のレベルのデータの表示／非表示をかんたんに切り替えることができるしくみのことです。アウトラインを作成すると、下図のようなアウトライン記号が表示されます。アウトラインは、最大8段階のレベルまで作成可能です。

アウトラインの作成例

アウトラインの記号の意味

アウトライン記号	概　要
1 / 2	レベルごとの集計を表示します。
1 2 3	1 をクリックすると、総計が表示されます。番号のいちばん大きい記号をクリックすると、すべてのデータが表示されます。
−	グループの詳細データを非表示にします。
+	グループの詳細データを表示します。

2 集計行を自動的に作成する

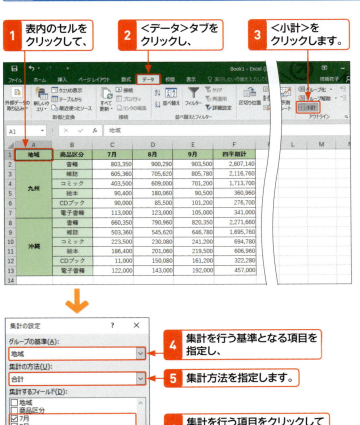

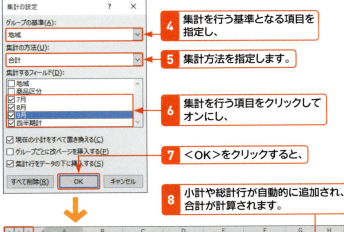

メモ 小計や総計を自動的に求める

左の手順で操作すると、小計や総計行を自動挿入してデータを集計し、アウトラインを作成することができます。ただし、自動挿入されたセルの罫線は設定されません。左の例では、集計後に手動で罫線を引いています。

ヒント 集計をクリアするには

集計をクリアするには、左の手順 1 ～ 3 の操作で＜集計の設定＞ダイアログボックスを表示し、＜すべて削除＞をクリックします。

3 アウトラインを自動作成する

メモ　アウトラインの自動作成

すでに集計行や集計列が用意されている表の場合は、右の手順で操作すると、自動的にアウトラインを作成することができます。

ステップアップ　アウトラインを手動で作成する

目的の部分だけにアウトラインを作成したい場合は、作成したい範囲を選択して、手順4で＜グループ化＞をクリックし、表示されるダイアログボックスで＜行＞あるいは＜列＞を指定し、＜OK＞をクリックします。

4 アウトラインを操作する

ヒント　アウトラインを解除するには

アウトラインを解除するには、＜データ＞タブの＜グループ解除＞の▼をクリックして、＜アウトラインのクリア＞をクリックします。

2 クリックしたグループの詳細データが非表示になります。

3 ここをクリックすると、

4 レベル2の集計行だけが表示されます。

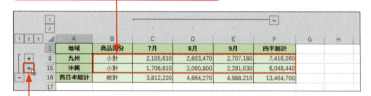

5 ここをクリックすると、

6 クリックしたグループの詳細データが表示されます。

7 ここをクリックすると、

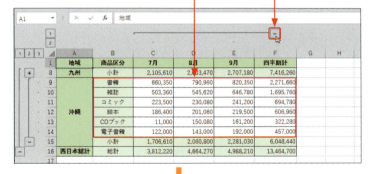

8 クリックしたグループの詳細データが非表示になります。

9 ここをクリックすると、詳細データが表示されます。

キーワード　レベル

「レベル」とは、グループ化の段階のことです。アウトラインには、最大8段階までのレベルを設定することができます。

ヒント　行や列を非表示にして印刷すると…

アウトラインを利用して、詳細データなどを非表示にした表を印刷すると、画面の表示どおりに印刷されます。

Section 84 ピボットテーブルを作成する

覚えておきたいキーワード
- ☑ ピボットテーブル
- ☑ フィールドリスト
- ☑ ピボットテーブルスタイル

データベース形式の表のデータをさまざまな角度から分析して必要な情報を得るには、ピボットテーブルが便利です。ピボットテーブルを利用すると、表の構成を入れ替えたり、集計項目を絞り込むなどして、違った視点からデータを見ることができます。

1 ピボットテーブルとは？

「ピボットテーブル」とは、データベース形式の表から特定のフィールドを取り出して集計した表です。スライサーやタイムラインを追加して、ピボットテーブルのデータを絞り込むこともできます。

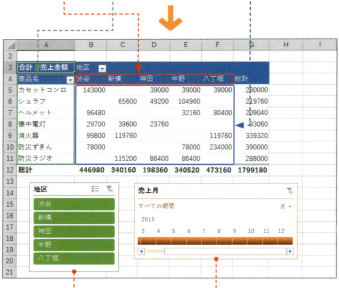

スライサーやタイムラインを追加すると、絞り込みを視覚的に実行できます（Sec.85参照）。

2 ピボットテーブルを作成する

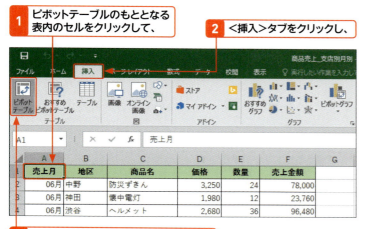

1. ピボットテーブルのもととなる表内のセルをクリックして、
2. <挿入>タブをクリックし、
3. <ピボットテーブル>をクリックします。

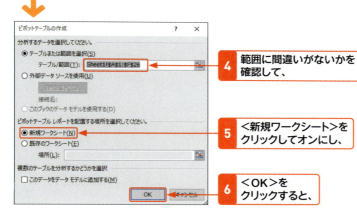

4. 範囲に間違いがないかを確認して、
5. <新規ワークシート>をクリックしてオンにし、
6. <OK>をクリックすると、

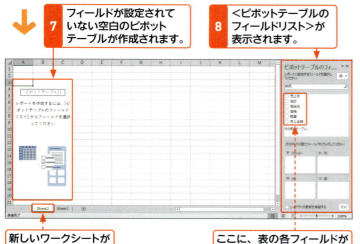

7. フィールドが設定されていない空白のピボットテーブルが作成されます。
8. <ピボットテーブルのフィールドリスト>が表示されます。

新しいワークシートが追加されます。

ここに、表の各フィールドが表示されます。

ヒント　そのほかのピボットテーブルの作成方法

<挿入>タブをクリックして、<おすすめピボットテーブル>をクリックすると表示される<おすすめピボットテーブル>ダイアログボックスを利用しても、ピボットテーブルを作成することができます。

ヒント　使用するデータ範囲を選択する

手順4では、選択していたセルを含むデータベース形式の表全体が、自動的に選択されます。データの範囲を変更したい場合は、ワークシート上のデータ範囲をドラッグして指定し直します。

メモ　ピボットテーブルのフィールドリスト

ピボットテーブルは、空のピボットテーブルのフィールドに、データベースの各フィールドを配置することで作成します。フィールドを配置するには、次の3つの方法があります。

① <ピボットテーブルのフィールドリスト>で、表示するフィールド名をクリックしてオンにし、既定の領域に追加したあとで、適宜移動する（次ページ参照）。
② フィールド名を右クリックして、追加したい領域を指定する。
③ フィールドを目的のフィールド領域にドラッグする。

267

3 空のピボットテーブルにフィールドを配置する

メモ 行ボックス

＜行＞ボックス内のフィールドは、ピボットテーブルの縦方向に「行ラベル」として表示されます。＜行＞ボックスには、縦に行見出し名として並べたいアイテムのフィールドを設定します。Excelでは、最初にテキストデータのすべてのフィールドを＜行＞ボックスに並べて、そのあとで各ボックスに移動する、という方法でピボットテーブルを作成します。

メモ 値ボックス

＜値＞ボックス内のフィールドは、ピボットテーブルのデータ範囲に配置されます。＜値＞ボックスに設定した数値がピボットテーブルの集計の対象となり、集計結果がデータ範囲に表示されます。

メモ 列ボックス

＜列＞ボックス内のフィールドは、ピボットテーブルの横方向に「列ラベル」として表示されます。

メモ フィルターボックス

＜フィルター＞ボックス内のフィールドは、ピボットテーブルの上に表示されます。レポートフィルターのアイテムを切り替えて、アイテムごとの集計結果を表示することができます。省略してもかまいません。

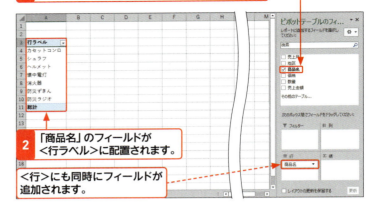

1 「商品名」フィールドをクリックしてオンにすると、

2 「商品名」のフィールドが＜行ラベル＞に配置されます。

＜行＞にも同時にフィールドが追加されます。

3 同様に、テーブルに表示する「地区」と「売上金額」のフィールドをクリックしてオンにします。

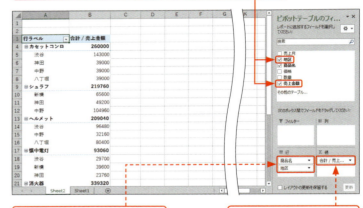

テキストデータのフィールドは＜行＞に追加されます。

数値データのフィールドは＜値＞に追加されます。

4 横に「地区」を並べるために、

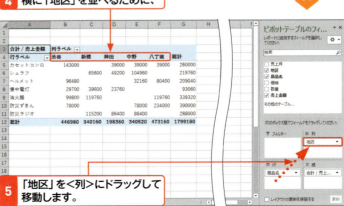

5 「地区」を＜列＞にドラッグして移動します。

4 ピボットテーブルのスタイルを変更する

1 ピボットテーブル内をクリックして、

2 <デザイン>タブをクリックし、

行ラベルと列ラベルの文字を変更しています（右上の「メモ」参照）。

3 <ピボットテーブルスタイル>の<その他>をクリックします。

4 使用したいスタイルをクリックすると、

5 ピボットテーブルのスタイルが変更されます。

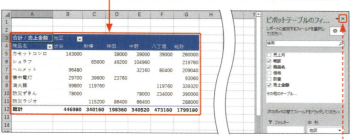

<閉じる>をクリックすると、<ピボットテーブルのフィールドリスト>が閉じます。

メモ 行や列ラベルの文字を変更する

行ラベルや列ラベルの文字を変更するには、<行ラベル>や<列ラベル>をクリックして数式バーに文字列を表示し、そこで変更するとかんたんに行えます。

ヒント フィールドリストの表示／非表示

<ピボットテーブルのフィールドリスト>を再び表示するには、<分析>タブをクリックして、<フィールドリスト>をクリックします。

メモ 作成もとのデータが変更された場合は？

ピボットテーブルの作成もとのデータが変更された場合は、ピボットテーブルに変更を反映させることができます。<分析>タブをクリックして、<更新>をクリックします。

Section 85 ピボットテーブルを操作する

覚えておきたいキーワード
- ☑ スライサー
- ☑ タイムライン
- ☑ ピボットグラフ

ピボットテーブルには、データの絞り込みを実行できるスライサーや、日付や月ごとのデータの絞り込みを実行できるタイムラインを挿入することができます。また、ピボットテーブルの集計結果をグラフにすることもできます。ピボットグラフは、スライサーやタイムラインの動作と連動させることも可能です。

1 スライサーを追加する

キーワード　スライサー

「スライサー」は、ピボットテーブルのデータを絞り込むための機能です。スライサーを追加すると、データの絞り込みがすばやく実行できます。

ヒント　スライサーのサイズを変更する／移動する

スライサーの大きさを変更するには、スライサーをクリックし、周囲に表示されるサイズ変更ハンドルをドラッグします。また、スライサーを移動するには、スライサーにマウスポインターを合わせ、ポインターの形が変わった状態でドラッグします。

Sec.84で作成したピボットテーブルを使用します。

1 ピボットテーブル内をクリックして、<分析>タブをクリックし、

2 <スライサーの挿入>をクリックします。

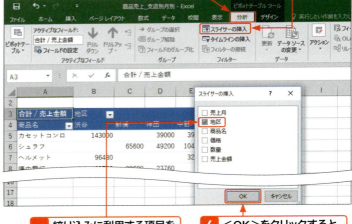

3 絞り込みに利用する項目をクリックしてオンにし、

4 <OK>をクリックすると、

5 スライサーが追加されます。

6 スライサーで目的の項目をクリックすると、

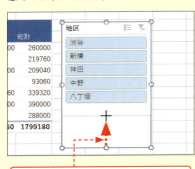

サイズ変更ハンドルにマウスポインターを合わせて、ドラッグします。

7 該当するデータだけが表示されます。

ここをクリックすると、絞り込みが解除されます。

2 タイムラインを追加する

1 ピボットテーブル内をクリックして、
2 <分析>タブをクリックし、

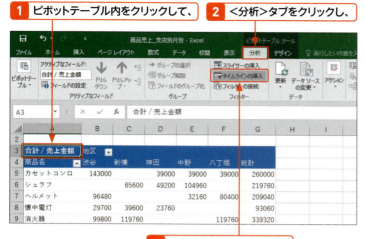

3 <タイムラインの挿入>をクリックします。

4 タイムラインに利用する項目をクリックしてオンにし、

5 <OK>をクリックすると、

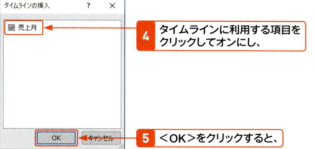

6 タイムラインが追加されます。
7 抽出したい期間をクリックすると、

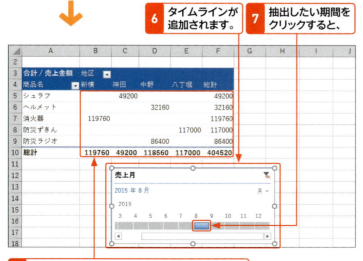

8 指定した売上月のデータだけが表示されます。

キーワード タイムライン

「タイムライン」は、日付や月ごとの売上などを絞り込むための機能です。タイムラインを追加すると、表示したい月や日付をクリックするだけで、データをすばやく絞り込むことができます。なお、タイムラインを利用するには、日付として書式設定されているフィールドが必要です。

ヒント 絞り込みを解除するには？

絞り込みを解除してすべてのデータを表示するには、タイムラインの右上にある<フィルターのクリア>をクリックします。

ここをクリックすると、絞り込みが解除されます。

Section 85
第8章 データベースとしての利用
ピボットテーブルを操作する

3 ピボットテーブルの集計結果をグラフ化する

メモ　<フィールドボタン>の表示

ピボットテーブルの結果をグラフ化すると、<フィールドボタン>が自動的に追加されます。このコマンドを利用すると、表示データを絞り込んだり、並べ替えをしたりすることができます。結果はグラフにもすぐに反映されます。

ヒント　<フィールドボタン>を非表示にする

グラフに表示される<フィールドボタン>は表示／非表示を切り替えることができます。<分析>タブの<表示／非表示>グループの<フィールドボタン>の下部をクリックして、切り替えるコマンドを指定します。

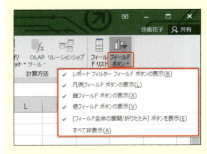

ヒント　スライサーやタイムラインとの連動

ピボットグラフは、スライサーやタイムラインの動作と連動させることもできます。スライサーやタイムラインでデータを絞り込むと、グラフのデータにも反映されます。

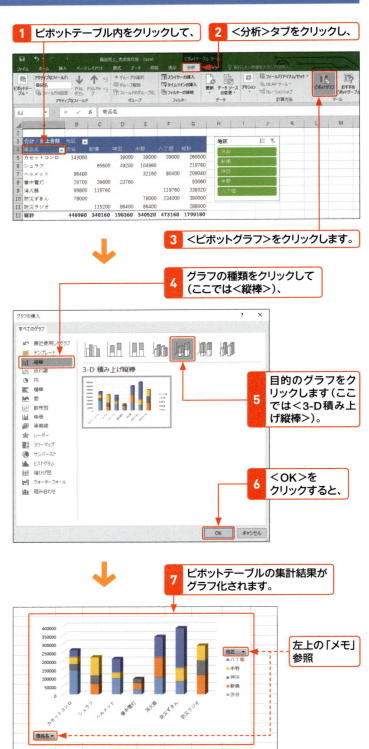

Chapter 09

第9章

イラスト・写真・図形の利用

Section	86	イラストを挿入する
	87	写真を挿入・加工する
	88	線や図形を描く
	89	図形を編集する
	90	テキストボックスを挿入する
	91	SmartArtを利用する

Section 86 イラストを挿入する

覚えておきたいキーワード
- ☑ オンライン画像
- ☑ Bing イメージ検索
- ☑ ライセンスの確認

ワークシートにイラストを挿入したいときは、＜オンライン画像＞を利用すると便利です。オンライン画像を利用すると、Web上のさまざまな場所から目的のイラストを検索して、挿入することができます。なお、Web上の画像を利用する場合は、ライセンスや利用条件を確認することが大切です。

1 イラストを検索して挿入する

メモ イラストの検索

＜挿入＞タブの＜オンライン画像＞をクリックすると、＜画像の挿入＞画面が表示されます。右の手順で＜Bingイメージ検索＞ボックスにキーワードを入力して検索すると、検索結果の一覧が表示されます。

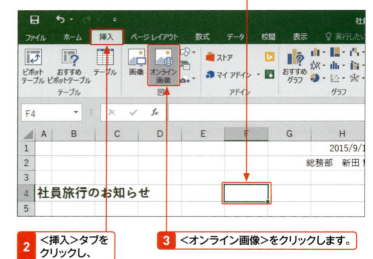

1 イラストを挿入するセルをクリックして、

2 ＜挿入＞タブをクリックし、

3 ＜オンライン画像＞をクリックします。

ヒント 画面のサイズが小さい場合

画面のサイズが小さい場合は、＜挿入＞タブをクリックして＜図＞をクリックし、＜オンライン画像＞をクリックします。

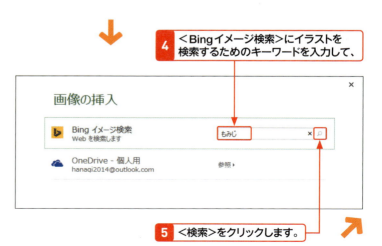

4 ＜Bingイメージ検索＞にイラストを検索するためのキーワードを入力して、

5 ＜検索＞をクリックします。

6 キーワードに該当するイラストが検索されるので、挿入したいイラストをクリックして、

ヒント　サイズと位置の調整

挿入したイラストをクリックすると、周囲にサイズ変更ハンドルが表示されます。このハンドルをドラッグすると、サイズを変更することができます。右下のハンドルを、左上に向かってドラッグするとよいでしょう。また、イラストをドラッグすると、位置を移動することができます。

ここをクリックすると、すべてのWeb検索結果が表示されます。

7 ＜挿入＞をクリックすると、

8 クリックしていたセルを基点にイラストが挿入されるので、

9 サイズと位置を調整します。

ヒント　イラストを削除するには？

挿入したイラストを削除するには、イラストをクリックして選択し、Delete を押します。

注意　ライセンスを確認する

＜Bing イメージ検索＞で検索した画像を利用する場合は、必ずライセンスや利用条件を確認してください。使用したい画像をクリックすると左下にリンクが表示されます。表示されたリンクをクリックすると、画像の提供もとのWebページが表示されます。ライセンスに関する注意書きをよく確認してから利用するようにしましょう。

ここをクリックすると、ライセンスの確認ができます。

Section 86　イラストを挿入する

第9章　イラスト・写真・図形の利用

275

Section 87 写真を挿入・加工する

覚えておきたいキーワード
- ☑ 図の挿入
- ☑ 図のスタイル
- ☑ 背景の削除

文字や表だけの文書に写真を入れると、見栄えが違ってきます。挿入した写真は、移動やサイズ変更を自由に行えるほか、スタイルを設定したり、写真の背景を自動で削除したりすることができます。また、スケッチやペイント、水彩画風などのアート効果を付けることもできます。

1 写真を挿入する

 メモ　挿入した写真を加工する

写真を挿入してクリックすると、<図ツール>の<書式>タブが表示されます。この<書式>タブを利用すると、写真を調整したり、スタイルを設定したり、トリミングしたりといったさまざまな加工を行うことができます。

1 写真を挿入するセルをクリックして、
2 <挿入>タブをクリックし、
3 <画像>をクリックします。

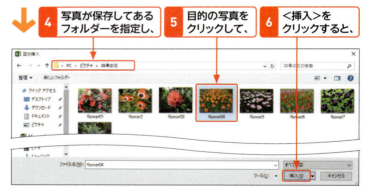

4 写真が保存してあるフォルダーを指定し、
5 目的の写真をクリックして、
6 <挿入>をクリックすると、

 ヒント　画面のサイズが小さい場合

画面のサイズが小さい場合は、<挿入>タブをクリックして<図>をクリックし、<画像>をクリックします。

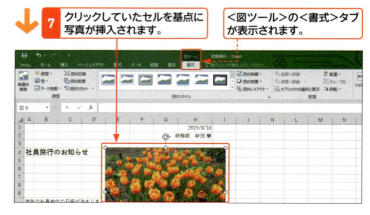

7 クリックしていたセルを基点に写真が挿入されます。
<図ツール>の<書式>タブが表示されます。

2 写真を調整する

1 挿入した写真をクリックして、 **2** <書式>タブをクリックし、

3 <修整>をクリックします。

4 <シャープネス>と<明るさ／コントラスト>を適宜調整します。

メモ 写真を調整する

<書式>タブの<修整>をクリックすると、左のようにシャープネスや明るさ、コントラスト（画像の明暗の差）を調整することができます。また、手順 3 で<色>をクリックすると、色の彩度やトーンを調整したり、色を変更したりすることができます。

ステップアップ 写真をトリミングする

写真の不要な部分を削除するには、<書式>タブの<トリミング>をクリックします。写真の周囲にハンドルが表示されるので、ハンドルをドラッグして、不要な部分をトリミングします。再度<トリミング>をクリックすると、トリミングが実行されます。

1 <トリミング>のここをクリックし、

2 表示されるハンドルをドラッグします。

3 写真にスタイルを設定する

メモ　図のスタイル

＜図のスタイル＞を使うと、写真に枠を付けたり、周りをぼかしたりといった効果をかんたんに設定することができます。

ステップアップ　写真にアート効果を付ける

写真をクリックして、＜書式＞タブの＜アート効果＞をクリックすると、画像にスケッチやペイント、水彩画風などのさまざまなアート効果を付けることができます。設定したアート効果を取り消すには、一覧の左上の＜なし＞をクリックします。

写真にさまざまなアート効果を付けることができます。

ヒント　設定を取り消すには？

設定したスタイルを取り消すには、＜書式＞タブの＜調整＞グループの＜図のリセット＞をクリックします。

1. 写真をクリックして、
2. ＜書式＞タブをクリックし、
3. ＜図のスタイル＞の＜その他＞をクリックします。

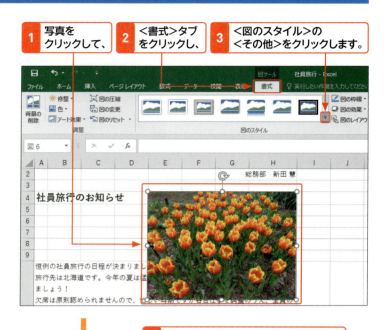

4. 設定したいスタイルをクリックすると、

5. 写真にスタイルが設定されるので、
6. サイズと位置を調整します。

4 写真の背景を削除する

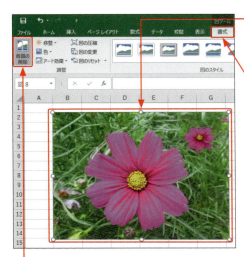

1 シートに写真を挿入してクリックします（P.276参照）。
2 <書式>タブをクリックして、

3 <背景の削除>をクリックすると、

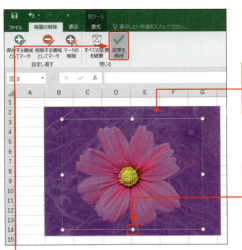

4 背景が自動的に認識され、枠線とハンドルが表示されます。
5 削除したい部分や残したい部分がある場合は、ハンドルをドラッグして調整し、

6 <変更を保持>をクリックすると、

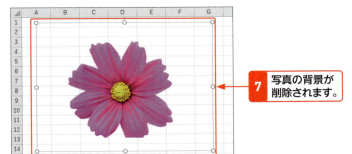

7 写真の背景が削除されます。

メモ 背景の削除

<背景の削除>を利用すると、写真の背景を自動的に削除することができます。ただし、写真によっては背景部分が正しく認識されず、削除できない場合もあります。

ヒント 背景が自動的に認識されない場合は？

削除したい部分や残したい部分が正しく認識されない場合は、<保持する領域としてマーク>や<削除する領域としてマーク>をクリックして、保持したい部分や削除したい部分をクリックして指定します。

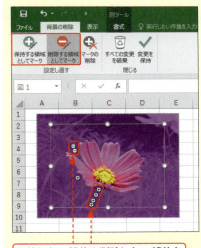

保持したい部分や削除したい部分をクリックして指定します。

ヒント 削除した背景をもとに戻すには？

写真の背景を削除したあとに、削除を取り消したい場合は、写真をクリックして<書式>タブをクリックし、<背景の削除>をクリックします。<背景の削除>タブが表示されるので、<すべての変更を破棄>をクリックします。

Section 88 線や図形を描く

覚えておきたいキーワード
☑ 直線
☑ 曲線
☑ 図形

Excelでは、線や四角形などの基本図形だけでなく、ブロック矢印やフローチャート、吹き出しなど、さまざまな図形を描くことができます。図形は一覧できるので、描きたい図形をかんたんに選ぶことができます。また、図形の中に文字を入力することも可能です。

1 直線を描く

 メモ　画面のサイズが小さい場合

画面のサイズが小さい場合は、＜挿入＞タブをクリックして＜図＞をクリックし、＜図形＞から＜直線＞をクリックします。

 ヒント　水平線や垂直線を引く

直線を引くときに、Shiftを押しながらドラッグすると、垂直線や水平線を描くことができます。また、斜線を45度の角度で描くこともできます。

 メモ　矢印を描く

矢印を描きたい場合は、手順3で＜矢印＞や＜双方向矢印＞をクリックしてシート上をドラッグします。

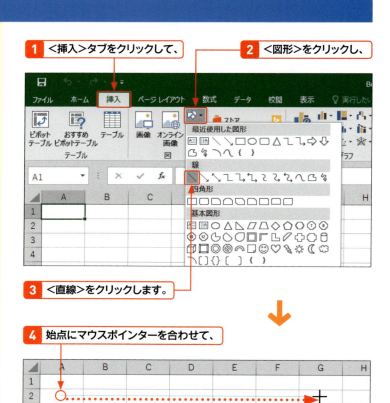

ヒント　図形を削除するには？

図形を削除する場合は、図形をクリックして選択し、Deleteを押します。

2 曲線を描く

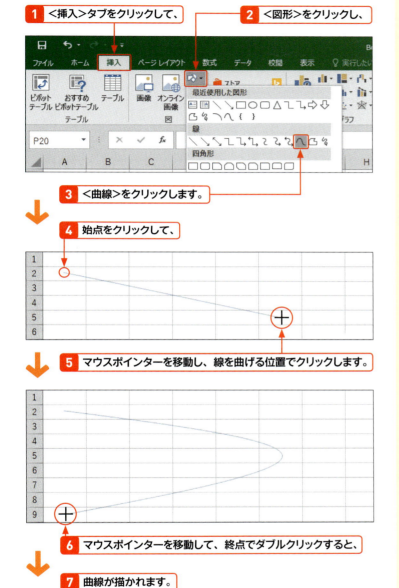

メモ 曲線を描く

曲線を描くときは、開始点や折り曲げたいところでクリックし、終了するときにダブルクリックします。

ヒント 点線を描く

点線を描くには、あらかじめ描いておいた線をクリックして＜書式＞タブをクリックし、＜図形の枠線＞の右側をクリックします。＜実線／点線＞にマウスポインターを合わせると、点線の一覧が表示されるので目的の点線をクリックします。

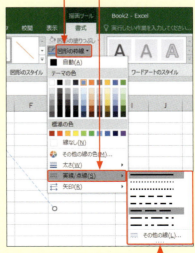

3 図形を描く

メモ 図形を描く

図形を描くには、描きたい図形を一覧から選んでクリックし、描きたい位置でドラッグします。Shiftを押しながらドラッグすると、正円や正方形を描くことができます。

1 <挿入>タブをクリックして、
2 <図形>をクリックし、

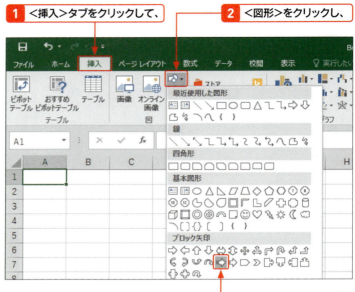

3 描きたい図形をクリックします（ここでは<ストライプ矢印>）。

4 始点にマウスポインターを合わせ、
5 目的の大きさまでドラッグすると、

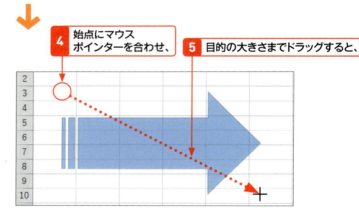

6 図形が描かれます。

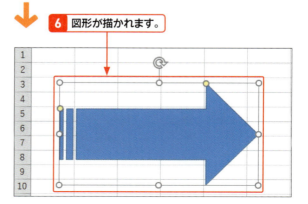

ヒント 同じ図形を続けて描くには？

同じ図形を続けて描く場合は、右の手順 3 で描きたい図形を右クリックして、<描画モードのロック>をクリックし、図形を描きます。描き終わったら、もう一度図形をクリックするかEscを押すと、描画モードが解除されます。

1 描きたい図形を右クリックして、

2 <描画モードのロック>をクリックします。

4 図形の中に文字を入力する

1 図形をクリックして、

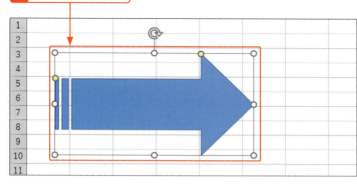

2 文字を入力すると、図形に文字が入力されます。

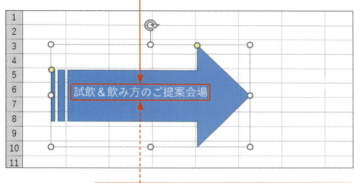

文字サイズを変更して、文字の位置を移動しています。

メモ 図形内の文字の書式設定

図形に入力した文字は、本文用のフォント（游ゴシック）とサイズ（11ポイント）で、フォントの色は背景色に合わせて自動的に白か黒で入力されます。これらの書式は、通常の文字と同様の方法で変更することができます。

ヒント 文字の配置

図形内の文字配置は、セル内の配置と同様に、＜ホーム＞タブの＜配置＞グループのコマンドを使って設定します。

ヒント 文字を縦書きにするには？

初期設定では、文字は横書きで挿入されます。文字を縦書きにしたい場合は、文字を選択して＜ホーム＞タブの＜方向＞をクリックし、＜縦書き＞をクリックします。

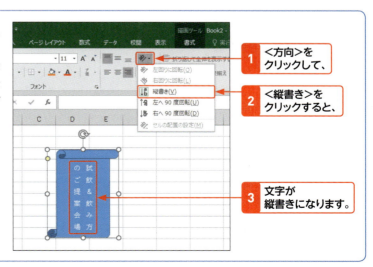

1 ＜方向＞をクリックして、

2 ＜縦書き＞をクリックすると、

3 文字が縦書きになります。

Section 89 図形を編集する

覚えておきたいキーワード
- 図形のコピー／移動
- サイズ変更／回転
- 図形の塗りつぶし

描画した図形は、コピーして増やしたり、位置を移動したり、サイズを変更したり、回転させたりと、必要に応じて編集することができます。また、図形の色を変更したり、書式があらかじめ設定されたスタイルを適用したり、影や反射、光彩などの視覚効果を付けて見た目を変えることもできます。

1 図形をコピー・移動する

メモ 図形をコピー・移動する

図形をドラッグすると、移動することができます。Ctrlを押しながらドラッグすると、図形をコピーできます。

ヒント 水平・垂直方向にコピー・移動するには？

ShiftとCtrlを押しながら図形をドラッグすると、図形を水平・垂直方向にコピーすることができます。移動する場合は、Shiftを押しながらドラッグします。

メモ 文字を入力した図形のコピー・移動

文字を入力した図形の場合、マウスポインターを合わせる場所によってはポインターの形が 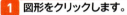 になりません。その場合は、マウスポインターを図形の枠に合わせてドラッグします。

図形をコピーする

1 図形をクリックします。

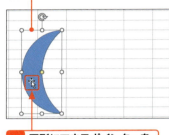

2 図形にマウスポインターを合わせ、ポインターの形が変わった状態で、

3 Ctrlを押しながらドラッグすると、

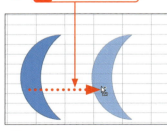

4 図形がコピーされます。

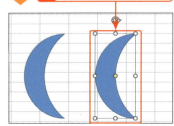

図形を移動する

1 図形をクリックします。

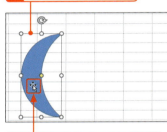

2 図形にマウスポインターを合わせ、ポインターの形が変わった状態で、

3 ドラッグすると、

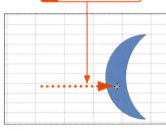

4 図形が移動されます。

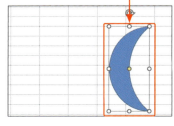

2 図形のサイズを変更する・回転する

Section 89 図形を編集する

図形のサイズを変更する

1 図形をクリックします。

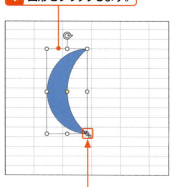

2 ハンドルにマウスポインターを合わせ、ポインターの形が変わった状態で、

3 外側あるいは内側にドラッグすると、

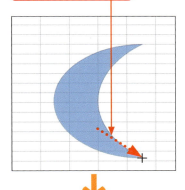

4 図形のサイズが変わります。

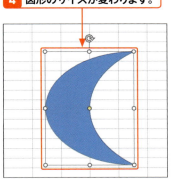

図形を回転する

1 図形をクリックします。

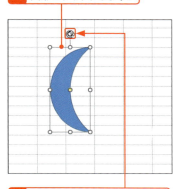

2 回転ハンドルにマウスポインターを合わせ、ポインターの形が変わった状態で、

3 回転したい方向にドラッグすると、

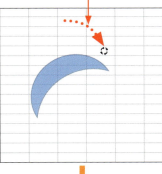

4 図形が回転されます。

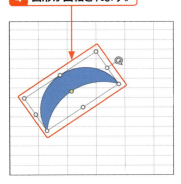

メモ ハンドルの利用

図形をクリックすると、周囲にハンドルが、上に回転ハンドルが表示されます。周囲のハンドルをドラッグするとサイズを変更することができます。回転ハンドルをドラッグすると図形を回転させることができます。また、図形によっては調整ハンドルが表示されます。調整ハンドルをドラッグすると図形の形状が変更できます。複数の調整ハンドルが表示される場合は、調整ハンドルの位置やドラッグの方向によって変形する場所が異なります。

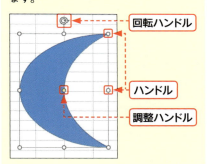

ステップアップ メニューを使って回転または反転する

図形は、＜書式＞タブの＜回転＞を利用して、回転したり反転したりすることもできます。クリックすると表示されるメニューから回転方向を指定します。また、メニュー最下段の＜その他の回転オプション＞をクリックすると、回転角度を指定することができます。

第9章 イラスト・写真・図形の利用

285

Section 89 図形を編集する

3 図形の色を変更する

1 図形をクリックして、

2 <書式>タブをクリックします。

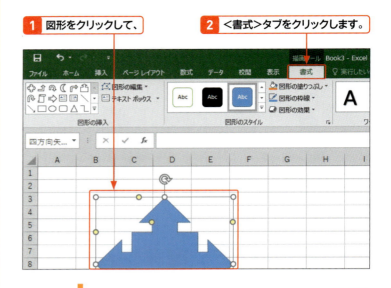

メモ プレビューが表示される

<図形の塗りつぶし>をクリックして表示される一覧の色にマウスポインターを合わせると、その色でプレビューが表示されます。次ページの図形のスタイルも同様です。クリックすると、その設定が適用されます。

3 <図形の塗りつぶし>の右側をクリックして、

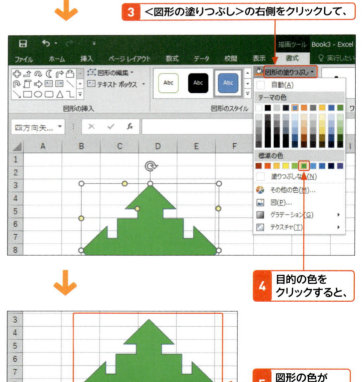

4 目的の色をクリックすると、

5 図形の色が変更されます。

ステップアップ 図形の枠線を変更する

図形の枠線の太さや線のスタイルを変更するには、図形をクリックして<書式>タブの<図形の枠線>の右側をクリックし、<太さ>や<実線/点線>にマウスポインターを合わせると表示される一覧から設定します。なお、枠線を表示したくない場合は、<線なし>をクリックします。

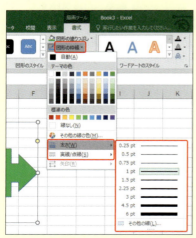

第9章 イラスト・写真・図形の利用

286

4 図形にスタイルを適用する

1 図形をクリックして、

2 <書式>タブをクリックし、

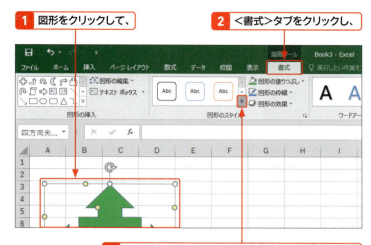

3 <図形のスタイル>の<その他>をクリックします。

4 一覧から目的のスタイルをクリックすると、

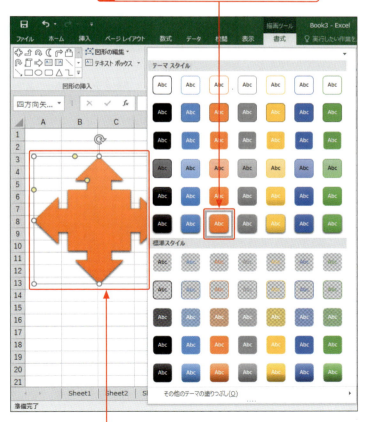

5 図形にスタイルが適用されます。

 メモ　図形にスタイルを適用する

左の手順で操作すると、色や枠線などの書式があらかじめ設定されたスタイルを適用することができます。図形にスタイルを設定すると、それまでに設定していた枠線の太さや線種はスタイルに基づくものに変更されます。先にスタイルを適用し、そのあとで線種や線の太さなどを変更するとよいでしょう。

新機能　標準のスタイル

Excel 2016では、<図形のスタイル>に<標準スタイル>が追加されました。<標準スタイル>には図形を透明にするスタイルも用意されています。

ステップアップ　図形に効果を付ける

<書式>タブの<図形の効果>利用すると、図形に影や反射、光彩、ぼかし、面取り、3-D回転などの効果を付けることができます。

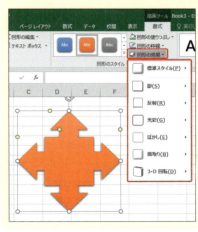

Section 90 テキストボックスを挿入する

覚えておきたいキーワード
- ☑ テキストボックス
- ☑ 文字の配置
- ☑ 図形のスタイル

テキストボックスを利用すると、セルの位置やサイズに影響されることなく、自由に文字を配置することができます。テキストボックス内に入力した文字は、通常のセル内の文字と同様に配置やフォント、サイズなどを変更することができます。また、図形と同様にスタイルを設定することも可能です。

1 テキストボックスを作成して文字を入力する

キーワード テキストボックス

「テキストボックス」とは、文字を入力するための図形で、セルの位置、行や列のサイズなどに影響されないという特徴があります。

メモ 画面のサイズが大きい場合

画面のサイズが大きい場合は、<挿入>タブをクリックして、直接<テキストボックス>の下部をクリックし、<横書きテキストボックス>をクリックします。

ヒント 縦書きのテキストボックスを作成するには？

右の手順では、横書きのテキストボックスを作成しましたが、縦書きの文字を入力する場合は、手順4で<縦書きテキストボックス>をクリックします。

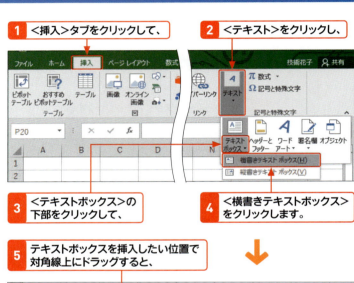

1 <挿入>タブをクリックして、
2 <テキスト>をクリックし、
3 <テキストボックス>の下部をクリックして、
4 <横書きテキストボックス>をクリックします。

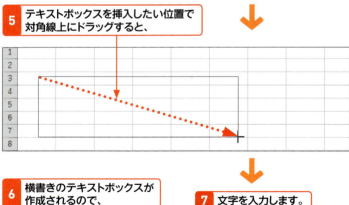

5 テキストボックスを挿入したい位置で対角線上にドラッグすると、

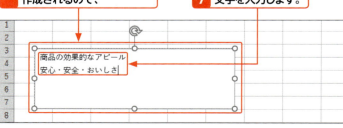

6 横書きのテキストボックスが作成されるので、
7 文字を入力します。

2 文字の配置を変更する

1 テキストボックス内をクリックして、

2 枠線上にマウスポインターを合わせ、形が に変わった状態でクリックします。

3 <ホーム>タブをクリックして、

4 <上下中央揃え>をクリックし、

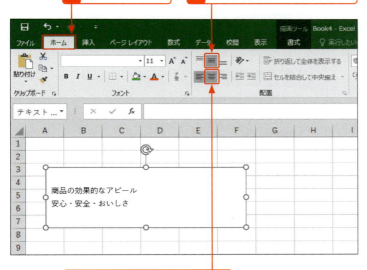

5 <中央揃え>をクリックすると、

6 テキストボックスの中央部に文字が表示されます。

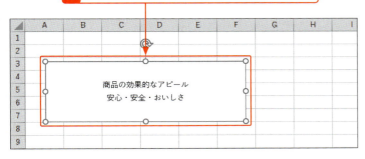

メモ テキストボックスを選択する

テキストボックス内の文字配置やフォント、文字サイズ、文字色を変更する際は、テキストボックスを選択する必要があります。テキストボックス内をクリックして、枠線上にマウスポインターを合わせ、ポインターの形が に変わった状態でクリックすると、テキストボックスが選択されます。

メモ テキストボックスの編集

テキストボックスは、ほかの図形と同じように扱うことができます。たとえば、図形と同様の方法で移動したり、スタイルを変更したりすることができます。また、[Alt]を押しながらドラッグすると、テキストボックスをセルの境界線に揃えて配置することができます。

Section 90 3 フォントの種類やサイズを変更する

ヒント 文字の配置や書式を行ごとに設定する

テキストボックス内をクリックすると、テキストボックスの枠線は破線で表示されます。この状態で変更したい行を選択して書式を設定すると、配置や書式を行ごとに設定することができます。

配置や書式を行ごとに設定した例

ステップアップ セルのサイズに影響されないようにする

セル幅や行の高さを変更すると、テキストボックスのサイズも変更されます。セルのサイズに影響されないようにするには、テキストボックスの枠線を右クリックして、＜図形の書式設定＞をクリックし、＜図形の書式設定＞作業ウィンドウを表示します。＜サイズとプロパティ＞をクリックして＜プロパティ＞をクリックし、＜セルに合わせて移動するがサイズ変更はしない＞か、＜セルに合わせて移動やサイズ変更をしない＞のどちらかをクリックしてオンにすると、行や列幅を変更しても、テキストボックスのサイズが変更されなくなります。

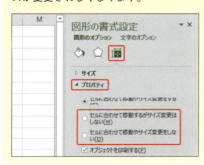

1 テキストボックス内をクリックして、

2 枠線上にマウスポインターを合わせ、形が に変わった状態でクリックします。

3 ＜ホーム＞タブをクリックして、

4 ＜フォント＞のここをクリックし、

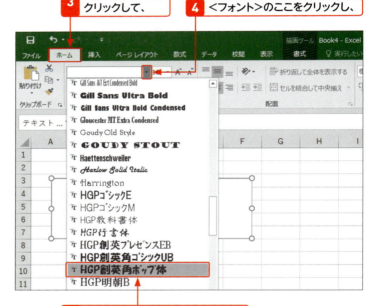

5 使用するフォントをクリックすると、

6 フォントが変更されます。

7 ＜フォントサイズ＞のここをクリックして、

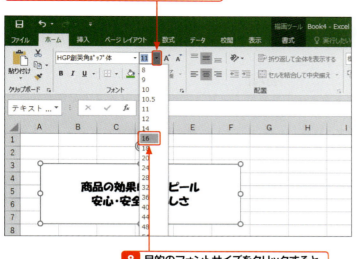

8 目的のフォントサイズをクリックすると、

9 フォントサイズが変更されます。

文字がはみ出る場合は、ハンドルをドラッグして、テキストボックスのサイズを広げます。

> **ヒント テキストボックスにスタイルを設定する**
>
> テキストボックスにも図形と同様に、あらかじめ書式が設定されたスタイルを適用することができます。＜書式＞タブの＜図形のスタイル＞の＜その他＞をクリックし、表示される一覧から指定します（P.287参照）。また、Excel 2016で追加された＜標準スタイル＞を利用すると、テキストボックスを透明にすることもできます。
>
>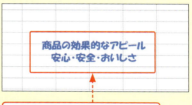
>
> テキストボックスを透明にした例

Section 90 テキストボックスを挿入する

第9章 イラスト・写真・図形の利用

ステップアップ 文字の色を変更する

テキストボックス内の文字の色を変更するには、テキストボックスを選択して、＜ホーム＞タブの＜フォントの色＞から設定します。

1 ＜フォントの色＞のここをクリックして、

2 目的の色をクリックします。

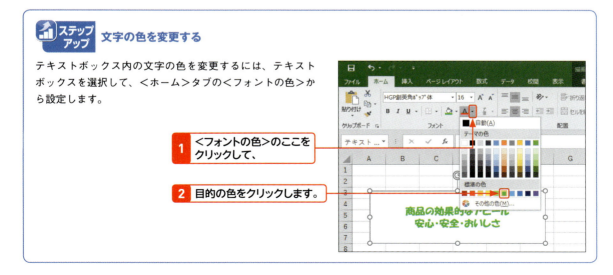

Section 91 SmartArtを利用する

覚えておきたいキーワード
- ☑ SmartArt
- ☑ テキストウィンドウ
- ☑ 図形の追加

SmartArtを利用すると、企画書やプレゼンテーションなどでよく使われるリストや循環図、ピラミッド型図表などのグラフィカルな図をかんたんに作成することができます。作成した図は、文字や画像などの構成内容を保ったままレイアウトやデザインを変更することができます。

1 SmartArtで図を作成する

🔍 キーワード SmartArt

「SmartArt」は、アイディアや情報を視覚的な図として表現したものです。リストや循環図、階層構造図、マトリックスといった、よく利用される図がテンプレート（ひな形）として用意されています。

1 ＜挿入＞タブをクリックして、

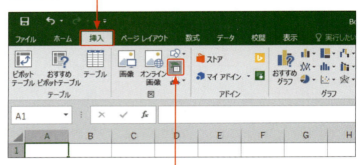

2 ＜SmartArtグラフィックの挿入＞をクリックします。

3 SmartArtの種類（ここでは＜図＞）をクリックして、

左の「メモ」参照

📝 メモ SmartArtグラフィックの選択

右の手順で表示される＜SmartArtグラフィックの選択＞ダイアログボックスには、＜リスト＞から＜図＞までの8種類のレイアウトが用意されています。レイアウトの種類を選択して、図をクリックすると、選択した図の用途が右側に表示されるので、参考にするとよいでしょう。

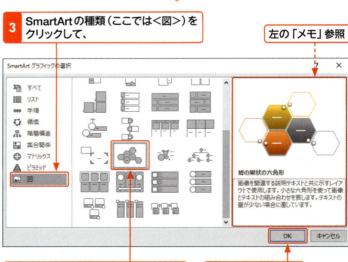

4 目的に合う図をクリックします（ここでは「蜂の巣状の六角形」）。

5 ＜OK＞をクリックすると、

6 SmartArtとテキストウィンドウが表示されます。

<SmartArtツール>の<デザイン>タブと<書式>タブが表示されます。

メモ テキストウィンドウの表示

SmartArtを挿入すると、通常は図と同時にテキストウィンドウが表示されます。テキストウィンドウが表示されない場合は、<デザイン>タブの<テキストウィンドウ>をクリックするか、SmartArtをクリックすると左側に表示される⬛をクリックします。テキストウィンドウを閉じるには、テキストウィンドウの<閉じる>⬛をクリックします。

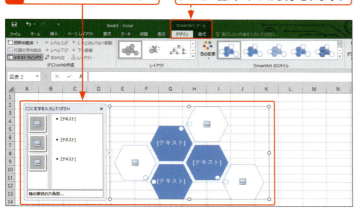

2 SmartArtに文字を入力する

1 ここをクリックして文字を入力すると、

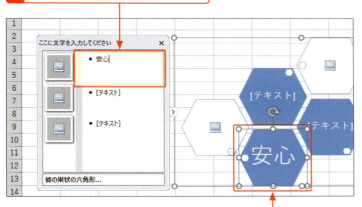

メモ SmartArtへの文字の入力

SmartArtのテキストウィンドウの項目は、図の配置に沿って並べられています。[テキスト]と表示されている部分をクリックして文字を入力すると、該当するSmartArtの図形に文字が入力されます。また、図形を直接クリックしても文字を入力することができます。

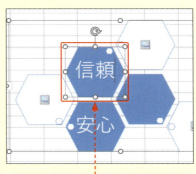

図形をクリックして、直接文字を入力することもできます。

2 対応する図形内に、入力した文字が表示されます。

3 同様の手順で文字を入力します。

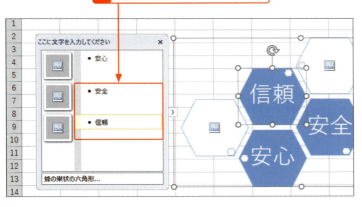

Section 91 SmartArtを利用する

第9章 イラスト・写真・図形の利用

293

Section 91 SmartArtを利用する

3 SmartArtに画像を追加する

メモ　画像を追加する

SmartArtには、右の手順のように画像を挿入することができます。手順2で＜Bingイメージ検索＞を使うと、Web上の画像を検索して挿入することもできます。

ステップアップ　SmartArtのレイアウトを変更する

SmartArtに文字や画像を配置したあとでも、SmartArtのレイアウトを変更することができます。＜デザイン＞タブの＜レイアウト＞の＜その他＞　をクリックし、一覧から変更したいレイアウトを指定します。

1 別のレイアウトをクリックすると、

2 SmartArtのレイアウトが変わります。

1 ここをクリックして、

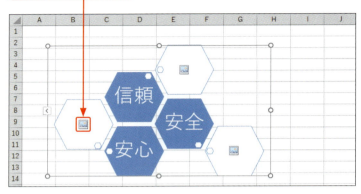

2 ＜ファイルから＞の＜参照＞をクリックします。

3 画像の保存先を指定して、　　4 挿入する画像をクリックし、

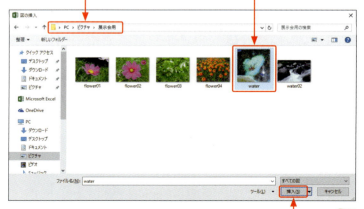

5 ＜挿入＞をクリックすると、

294

6 SmartArtに画像が挿入されます。

7 同様の手順で画像を挿入します。

ヒント　SmartArtの色やスタイルを変更する

＜デザイン＞タブの＜色の変更＞や＜SmartArtのスタイル＞を利用すると、SmartArtの色やスタイルを変更することができます。

SmartArtの色やスタイルを変更することができます。

4 SmartArtに図形を追加する

1 目的の図形をクリックして、

2 ＜デザイン＞タブをクリックします。

3 ＜図形の追加＞のここをクリックして、

4 追加する場所をクリックすると、

ヒント　図形の追加場所

図形を追加するには、左の手順で操作します。追加場所は以下の5種類から選択できます。ただし、SmartArtの種類によって選択できる項目は異なります。

①後に図形を追加
②前に図形を追加
③上に図形を追加
④下に図形を追加
⑤アシスタントの追加

なお、⑤の＜アシスタントの追加＞は、下図のような階層構造の組織図で使用できます。

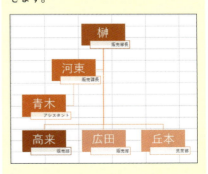

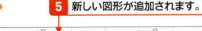

5 新しい図形が追加されます。

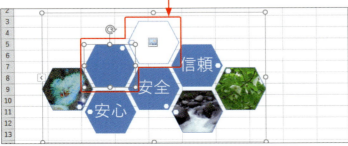

Appendix 1 リボンをカスタマイズする

覚えておきたいキーワード
- リボンのユーザー設定
- 新しいタブ
- 新しいグループ

よく使うコマンドを集めたオリジナルのリボンを作成したり、既存のリボンに新しいグループコマンドを追加したりして、リボンをカスタマイズすることができます。また、タブやグループの名称を変更したり、あまり使用しないタブを非表示にすることもできます。

1 オリジナルのタブを作る

メモ オリジナルリボンの作成

新しいリボンを作成するには、右の手順で操作します。また、既存のタブに新しいグループを追加して、そこにコマンドを追加することもできます。

メモ ＜リボンのユーザー設定＞の表示

右の手順のほかに、いずれかのタブを右クリックして、＜リボンのユーザー設定＞をクリックしても、＜Excelのオプション＞ダイアログボックスの＜リボンのユーザー設定＞が表示されます。

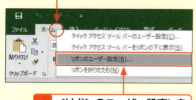

1 いずれかのタブを右クリックして、
2 ＜リボンのユーザー設定＞をクリックします。

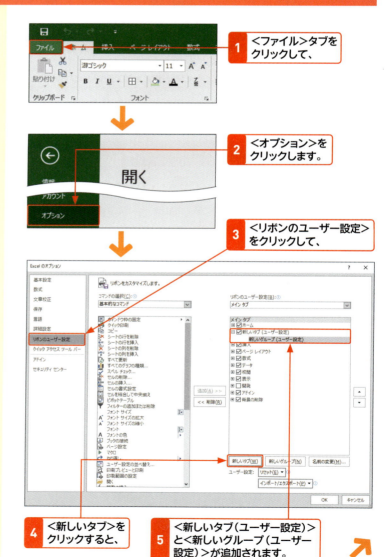

1 ＜ファイル＞タブをクリックして、
2 ＜オプション＞をクリックします。
3 ＜リボンのユーザー設定＞をクリックして、
4 ＜新しいタブ＞をクリックすると、
5 ＜新しいタブ（ユーザー設定）＞と＜新しいグループ（ユーザー設定）＞が追加されます。

6 ＜新しいタブ（ユーザー設定）＞をクリックして、

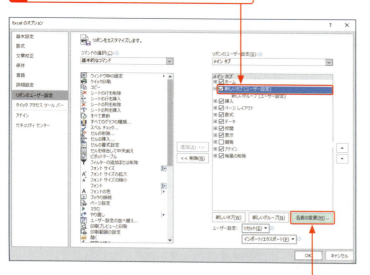

7 ＜名前の変更＞をクリックします。

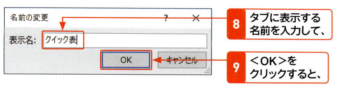

8 タブに表示する名前を入力して、

9 ＜OK＞をクリックすると、

10 新しく追加したタブの表示名が変更されます。

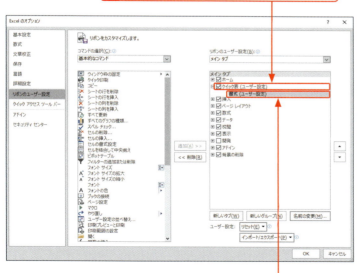

11 同様の方法で＜新しいグループ（ユーザー設定）＞の表示名も変更します。

メモ （ユーザー設定）という文字は表示されない

＜新しいタブ（ユーザー設定）＞、＜新しいグループ（ユーザー設定）＞に表示されている「（ユーザー設定）」という文字は、実際のリボンには表示されません。

ヒント タブやグループの並び順は変更できる

左の手順では、＜ホーム＞タブの下に新しいタブが追加されていますが、タブの順序は、＜リボンのユーザー設定＞の右側にある＜上へ＞・や＜下へ＞・で移動することができます。また、既存のタブやグループの順序も、このコマンドで変更することができます。

1 移動したいタブやグループをクリックして、

2 ＜上へ＞あるいは＜下へ＞をクリックします。

ヒント 階層の表示／非表示

タブやグループ、コマンドの階層の表示／非表示を切り替えるには、タブ名やグループ名の左のアイコンをクリックします。⊞ をクリックすると下の階層が表示されます。⊟ をクリックすると下の階層が非表示になります。

ここをクリックすると、グループやコマンドが表示されます。

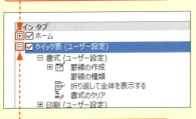

ここをクリックすると、グループやコマンドが非表示になります。

ステップアップ コマンドの名前やアイコンも変更できる

追加したコマンドをクリックして、＜名前の変更＞をクリックすると、下図が表示されます。このダイアログボックスでコマンドの名前やアイコンを変更することができます。

12 手順 **11** で作成した新しいグループをクリックして選択し、

13 ▼ をクリックして、＜すべてのコマンド＞を選択します。

14 追加したいコマンドをクリックして、

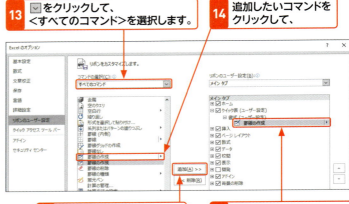

15 ＜追加＞をクリックすると、

16 コマンドが追加されます。

17 **14**、**15** と同様の手順で、必要なコマンドを追加します。

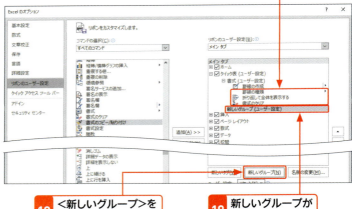

18 ＜新しいグループ＞をクリックすると、

19 新しいグループが追加されるので、

20 同様の方法で表示名を変更して、必要なコマンドを追加します。

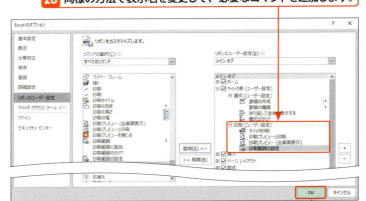

21 グループやコマンドの追加が終了したら、＜OK＞をクリックすると、

22 オリジナルのタブが作成されます。

2 既存のタブを非表示にする

1 ＜Excelのオプション＞ダイアログボックスの
＜リボンのユーザー設定＞を表示します（P.296参照）。

2 非表示にしたいタブ（ここでは＜校閲＞）をクリックしてオフにし、

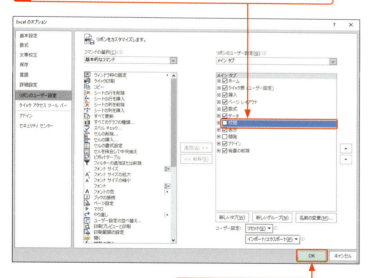

3 ＜OK＞をクリックすると、

4 ＜校閲＞タブが非表示になります。

ヒント 作成したタブやグループを削除するには？

ユーザーが作成したタブやグループを削除するには、＜Excelのオプション＞ダイアログボックスの＜リボンのユーザー設定＞を表示し、削除したいタブやグループをクリックして、＜削除＞をクリックします。

ヒント リボンを初期の状態に戻すには？

＜Excelのオプション＞ダイアログボックスの＜リボンのユーザー設定＞を表示して、＜リセット＞をクリックし、＜すべてのユーザー設定をリセット＞をクリックします。表示されるダイアログボックスで＜はい＞をクリックすると、リボンが初期の状態に戻ります。

1 ＜リセット＞をクリックして、

2 ＜すべてのユーザー設定をリセット＞をクリックし、

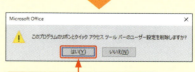

3 ＜はい＞をクリックします。

Appendix 2 クイックアクセスツールバーをカスタマイズする

覚えておきたいキーワード
- ☑ クイックアクセスツールバー
- ☑ コマンドの追加
- ☑ リボンの下に表示

クイックアクセスツールバーには、Excelで頻繁に使うコマンドが配置されています。初期設定では3つ（あるいは4つ）のコマンドが表示されていますが、必要に応じてコマンドを追加することができます。また、クイックアクセスツールバーをリボンの下に配置することもできます。

1 コマンドを追加する

🔍 キーワード クイックアクセスツールバー

「クイックアクセスツールバー」は、よく使用する機能をコマンドとして登録しておくことができる領域です。クリックするだけで必要な機能を呼び出すことができるので、リボンで機能を探すよりも効率的です。

📝 メモ 初期設定のコマンド

初期の状態では、クイックアクセスツールバーに以下の3つのコマンドが配置されています。また、タッチスクリーンに対応したパソコンの場合は、以下に加えて＜タッチ／マウスモードの切り替え＞ 🖐️ が配置されています。

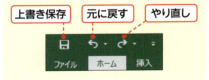

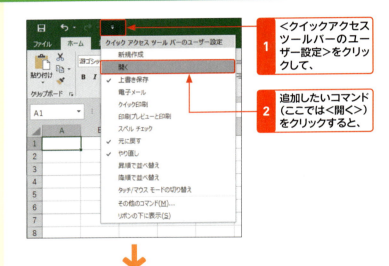

1 ＜クイックアクセスツールバーのユーザー設定＞をクリックして、

2 追加したいコマンド（ここでは＜開く＞）をクリックすると、

3 クイックアクセスツールバーに＜開く＞コマンドが追加されます。

💡 ヒント コマンドを追加するそのほかの方法

タブに表示されているコマンドを追加することもできます。追加したいコマンドを右クリックして、＜クイックアクセスツールバーに追加＞をクリックします。

300

2 メニューやタブにないコマンドを追加する

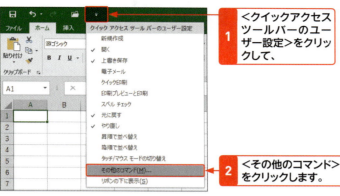

1 ＜クイックアクセスツールバーのユーザー設定＞をクリックして、
2 ＜その他のコマンド＞をクリックします。

3 ここをクリックして、
4 ＜すべてのコマンド＞をクリックします。

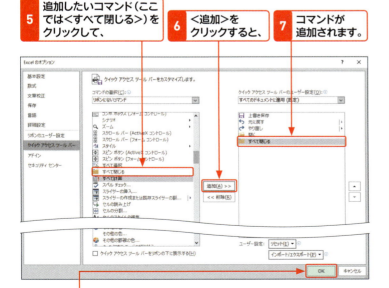

5 追加したいコマンド（ここでは＜すべて閉じる＞）をクリックして、
6 ＜追加＞をクリックすると、
7 コマンドが追加されます。
8 ＜OK＞をクリックすると、
9 クイックアクセスツールバーに＜すべて閉じる＞コマンドが追加されます。

ステップアップ クイックアクセスツールバーを移動する

手順 2 で＜リボンの下に表示＞をクリックすると、クイックアクセスツールバーがリボンの下に表示されます。もとの位置に戻すには、＜クイックアクセスツールバーのユーザー設定＞をクリックして、＜リボンの上に表示＞をクリックします。

ヒント コマンドを削除するには？

クイックアクセスツールバーからコマンドを削除するには、削除したいコマンドを右クリックして、＜クイックアクセスツールバーから削除＞をクリックします。

1 削除したいコマンドを右クリックして、

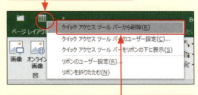

2 ＜クイックアクセスツールバーから削除＞をクリックします。

301

Appendix 3 代表的な関数を利用する

覚えておきたいキーワード
- ☑ 条件分岐
- ☑ 文字列演算子
- ☑ 互換性関数

Excelには、面倒な計算をかんたんに行うための関数が多数用意されています。第3章でもいくつかの関数を紹介しましたが、ここでは、本文で紹介しきれなかった関数の中からいくつか紹介します。なお、関数の入力方法や引数の指定方法については、Sec.30を参照してください。

1 条件に応じて処理を振り分ける —— IF関数

🔍 キーワード IF関数

「IF関数」は、条件を満たすかどうかで処理を振り分ける関数です。条件を「論理式」で指定し、その条件が満たされる場合に「真の場合」で指定した値を返し、満たされない場合に「偽の場合」で指定した値を返します。

書式：=IF(論理式,真の場合,偽の場合)
関数の分類：論理

条件分岐の流れ

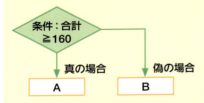

📈 ステップアップ　空白を表示する

手順1の図で＜偽の場合＞を「""」と指定すると、合計点が160未満の場合を空白にできます。「""」は何も入力しないという意味です。

1. ＜論理式＞＜真の場合＞＜偽の場合＞を図のように指定します。

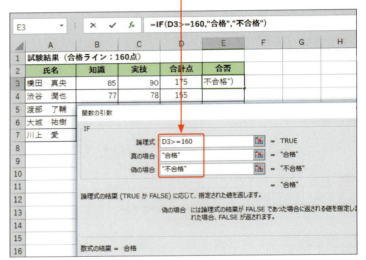

2. 合計点が160以上の場合は「合格」、160未満の場合は「不合格」と表示されます。

2 複数の数値をかけ合わせる ── PRODUCT関数

1 かけ合わせたいセル範囲を図のように指定します。

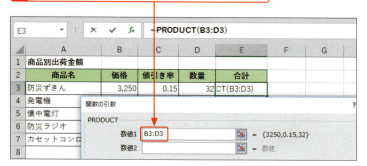

2 価格と値引き率と数量がかけ算されます。

キーワード PRODUCT関数

「PRODUCT関数」は、引数に指定した数値の積を求める関数です。引数「数値」には、積を計算する数値やセル参照を指定します。よく使われるのは、縦1列または横1行に連続したセル範囲の数値の積を求める場合です。
書式：＝PRODUCT（数値1，数値2，…）
関数の分類：数学／三角

3 現在の日付を表示する ── TODAY関数

TODAY関数に引数は必要ありません。

1 ＜OK＞をクリックすると、

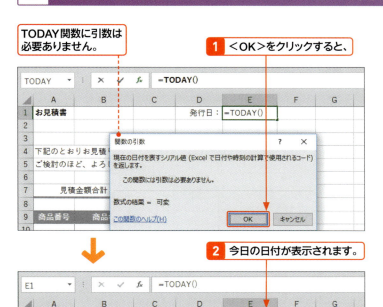

2 今日の日付が表示されます。

キーワード TODAY関数

「TODAY関数」は、パソコンの内蔵時計を利用して、現在の日付をシリアル値（日付と時刻を管理するための数値）で返す関数です。TODAY関数に引数は必要ありませんが、（ ）は必要です。
書式：＝TODAY（ ）
関数の分類：日付／時刻

303

4 表から特定のデータを検索する —— VLOOKUP関数

キーワード　VLOOKUP関数

「VLOOKUP関数」は、引数「範囲」で指定した表の左端列を基準に検索し、引数「検索値」と一致する値がある行と、引数「列番号」で指定した列とが交差するセルの値を返す関数です。

「検索方法」には、「検索値」が見つからない場合の対処を「1」か「0」で指定します。「1」と指定すると「検査値」未満の最大の値を返し、「0」と指定すると値のかわりにエラー値「#N/A」を返します。

書式：=VLOOKUP（検索値，範囲，列番号，検索方法）

関数の分類：検索／行列

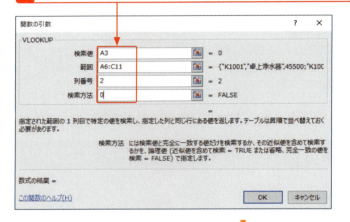

1 <検索値><範囲><列番号><検索方法>を図のように指定します。

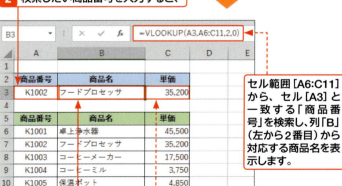

2 検索したい商品番号を入力すると、

セル範囲[A6:C11]から、セル[A3]と一致する「商品番号」を検索し、列「B」（左から2番目）から対応する商品名を表示します。

3 一致する商品名が表示されます。

同様の方法で、単価を表示するための数式「=VLOOKUP(A3,A6:C11,3,0)」を入力します。

ヒント　「#N/A」と表示された!

検索した値が検索範囲内に存在しない場合は、セルにエラー値「#N/A」が表示されます。右の例では、存在する商品番号を入力すると、エラーが消えて該当するデータが表示されます。このエラー値は、表示させないようにすることもできます（次ページ参照）。

5 エラー値を表示させない ── IFERROR関数

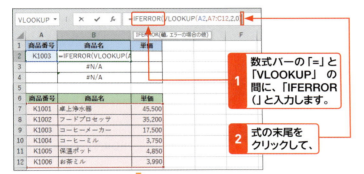

「検索値」を未入力のセルにはエラー値「#N/A」が表示されます。

メモ エラー値が表示されないようにする

VLOOKUP関数で検索値が空欄だったり、検索範囲に存在しない値だった場合は、左の例のようにエラー値が表示されてしまいます。このような場合は、「IFERROR関数」を使って、エラー値を表示させないようにすることができます。VLOOKUP関数以外のエラーにも対応しています。

1 数式バーの「=」と「VLOOKUP」の間に、「IFERROR(」と入力します。

2 式の末尾をクリックして、

3 「,""」と入力し、

4 Enterを押します。

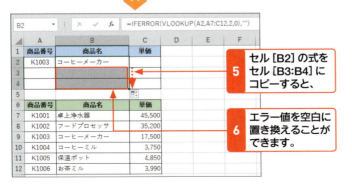

5 セル[B2]の式をセル[B3:B4]にコピーすると、

6 エラー値を空白に置き換えることができます。

キーワード IFERROR関数

「IFERROR関数」は、指定した数式やセルがエラーだった場合の処理を指定する関数です。指定した数式がエラーの場合に指定の値（左の例では空白）を返し、それ以外の場合は数式の結果を返します。

書式：=IFERROR(値, エラーの場合の値)

関数の分類：論理

305

6 文字列を操作する

キーワード RIGHT関数

「RIGHT関数」は、文字列の末尾（右端）から指定された数の文字を取り出す関数です。引数「文字列」には、取り出したい文字を含む文字列を指定するか、文字列が入力されたセル参照を指定します。全角と半角の区別なく、1文字を「1」として処理します。

書式：＝RIGHT（文字列，文字数）

文字列の末尾から指定した数の文字を取り出す ── RIGHT関数

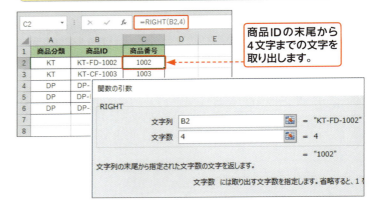

商品IDの末尾から4文字までの文字を取り出します。

ステップアップ LEFT関数

「LEFT関数」は、文字列の先頭（左端）から指定された数の文字を取り出します。全角と半角の区別なく、1文字を「1」として処理します。

書式：＝LEFT（文字列，文字数）

キーワード MID関数

「MID関数」は、文字列の指定した位置から指定された数の文字を取り出す関数です。全角と半角の区別なく、1文字を「1」として処理します。

書式：＝MID（文字列，開始位置，文字数）

文字列の指定した位置から指定した数の文字を取り出す ── MID関数

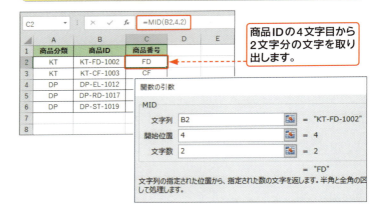

商品IDの4文字目から2文字分の文字を取り出します。

キーワード CONCATENATE関数

「CONCATENATE関数」は、複数の文字列を結合して1つの文字列にまとめる関数です。なお、CONCATENATE関数のかわりに、「＝A3&B3」のように、文字列演算子「&」を使用して文字列を結合することもできます。

書式：＝CONCATENATE（文字列1，文字列2，…）

複数の文字列を結合する ── CONCATENATE関数

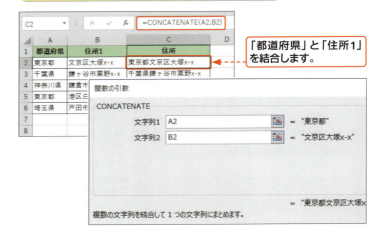

「都道府県」と「住所1」を結合します。

306

数値を書式設定して文字列に置き換える —— TEXT関数

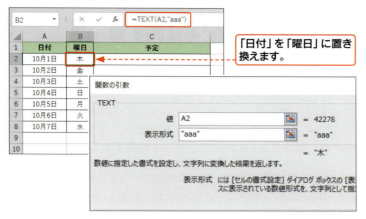

「日付」を「曜日」に置き換えます。

キーワード TEXT関数

「TEXT関数」は、数値に指定した書式を設定して、文字列に変換する関数です。全角と半角は区別されるので、指定する際は注意が必要です。なお、左の例では、表示形式を「aaa」と指定していますが、「aaaa」と指定すると「木曜日～水曜日」の形式で表示されます。

書式：＝TEXT（値，表示形式）

ふりがなの文字列を取り出す —— PHONETIC関数

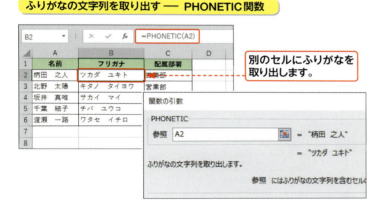

別のセルにふりがなを取り出します。

キーワード PHONETIC関数

「PHONETIC関数」は、セルに漢字を入力したときの「読み」情報を取り出して、ふりがなとして表示する関数です。本来とは違う読みで入力して変換した場合は、その読みが表示されるので修正が必要です。

書式：＝PHONETIC（参照）
関数の分類：情報

ヒント 互換性関数

「互換性関数」とは、古いバージョンのExcelとの互換性を保つために用意されている関数です。互換性関数は、＜関数の挿入＞ダイアログボックスの＜関数の分類＞を＜互換性＞にすると一覧表示されます。あるいは、＜数式＞タブの＜その他の関数＞をクリックして、＜互換性＞にマウスポインターを合わせると一覧表示されます。

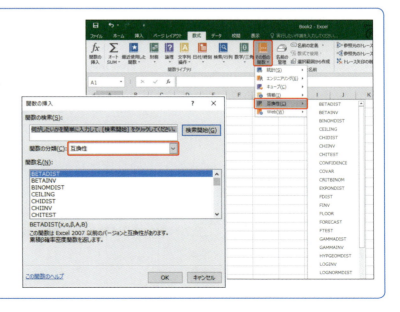

307

Appendix 4 OneDriveを利用する

覚えておきたいキーワード
- ☑ OneDrive
- ☑ オンラインストレージ
- ☑ 共有

OneDriveを利用すると、自分のパソコンで作成したExcelのファイルをインターネット上に保存して、別のパソコンからファイルを閲覧、編集したり、他の人とファイルを共有したりすることができます。また、Office Onlineを利用すると、Excelがない環境でもExcelのファイルを利用することができます。

1 ExcelファイルをOneDriveに保存（アップロード）する

キーワード OneDrive

「OneDrive」は、マイクロソフトが提供するオンラインストレージサービス（インターネット上にファイルを保存しておく場所）です。インターネットを利用できる環境であれば、いつでもどこからでもファイルの閲覧や編集、保存（アップデート）や取り出し（ダウンロード）ができます。

1 タスクバーの＜エクスプローラー＞をクリックします。

2 ファイルの保存先を指定して、

3 OneDriveに保存したいファイルをクリックします。

4 ＜ホーム＞タブをクリックして、

5 ＜コピー＞をクリックします。

メモ OneDriveの利用

OneDriveを利用するには、Microsoftアカウントが必要です。Microsoftアカウントで Windows 10にサインインすると、エクスプローラーからOneDriveを利用することができます。

6 <OneDrive>をクリックして、

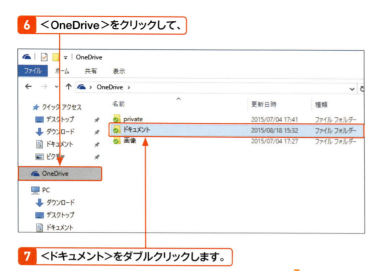

7 <ドキュメント>をダブルクリックします。

8 <ホーム>タブをクリックして、

9 <貼り付け>をクリックすると、

10 OneDriveにExcelファイルが保存(アップロード)されます。

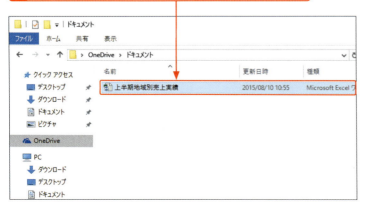

メモ <名前を付けて保存>から保存する

ExcelのファイルをOneDriveに保存するには、左の手順のほかに、<ファイル>をクリックして<名前を付けて保存>から<OneDrive-個人用>をクリックし、保存先のフォルダーを選択する方法もあります。

ステップアップ OneDriveにフォルダーを作成する

<OneDrive>フォルダーにも、ほかのフォルダーと同じように新しいフォルダーを作成することができます。フォルダーを作成する場所を開いて<ホーム>タブをクリックし、<新しいフォルダー>をクリックします。フォルダーが作成されるので、フォルダー名を入力します。

1 <ホーム>タブの<新しいフォルダー>をクリックして、

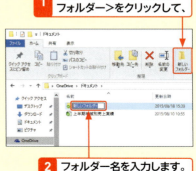

2 フォルダー名を入力します。

2 WebブラウザーでOneDriveを利用する

メモ　Webブラウザーで表示する

エクスプローラーを使う方法のほかに、Webブラウザーを使ってOneDriveを利用することもできます。

ヒント　ファイルの同期

エクスプローラーから表示するOneDriveとインターネット上のOneDriveは同期されており、どちらも常に最新の状態に保たれます。

ステップアップ　ファイルのアップロード／ダウンロード

インターネット上のOneDriveからファイルをダウンロードするには、ファイルをクリックしてオンにし、OneDriveの画面上にある＜ダウンロード＞をクリックします。アップロードする場合は、＜アップロード＞をクリックして、ファイルを指定します。

1. ファイルのここをクリックしてオンにし、

2. ＜ダウンロード＞をクリックします。

1. Webブラウザー（Microsoft Edge）を起動して、「http://onedrive.live.com」と入力し、Enterを押すと、

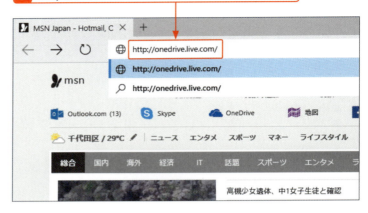

2. OneDriveが表示されます。

3. ＜ドキュメント＞をクリックすると、

4. 前ページで保存したExcelファイルが確認できます。

3 ブックを共有する

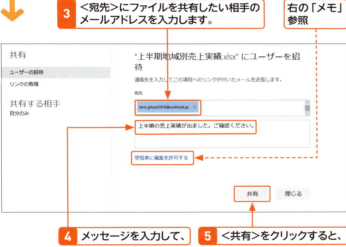

メモ 相手の権限を指定する

共有する相手に、ファイルの表示だけを許可するか、編集を許可するかを指定することができます。ファイルの表示だけに限定したい場合は、＜受信者に編集を許可する＞をクリックして、＜受信者は表示のみ可能＞を指定します。

ステップアップ Excel Onlineの利用

Excel Onlineは、インターネット上でExcel文書を閲覧、編集、作成、保存することができる無料のオンラインアプリです。インターネットに接続できる環境であればどこからでもアクセスでき、Excelがインストールされていないパソコンからでも利用することができます。OneDriveに保存したExcelのファイルをクリックすると、Excel Onlineが起動してExcel文書が表示されます。

311

Appendix 5 — Excelの便利なショートカットキー

基本操作

Ctrl + N	新しいブックを作成する。
Ctrl + O	<ファイル>タブの<開く>画面を表示する。
Ctrl + F12	<ファイルを開く>ダイアログボックスを表示する。
Ctrl + P	<ファイル>タブの<印刷>画面を表示する。
Ctrl + Z	直前の操作を取り消す。
Ctrl + Y	取り消した操作をやり直す。または直前の操作を繰り返す。
Ctrl + W	ファイルを閉じる。
Ctrl + F1	リボンを非表示/表示する。
Ctrl + S	上書き保存する。
F12	<名前を付けて保存>ダイアログボックスを表示する。
F1	<Excelヘルプ>画面を表示する。
Alt + F4	Excelを終了する。

データの入力・編集

F2	セルを編集可能にする。
Shift + F3	<関数の挿入>ダイアログボックスを表示する。
Alt + Shift + =	SUM関数を入力する。
Ctrl + ;	今日の日付を入力する。
Ctrl + :	現在の時刻を入力する。
Ctrl + C	セルをコピーする。
Ctrl + X	セルを切り取る。
Ctrl + V	コピーまたは切り取ったセルを貼り付ける。
Ctrl + + (テンキー)	セルを挿入する。
Ctrl + - (テンキー)	セルを削除する。
Ctrl + D	選択範囲内で下方向にセルをコピーする。
Ctrl + R	選択範囲内で右方向にセルをコピーする。
Ctrl + F	<検索と置換>ダイアログボックスの<検索>を表示する。
Ctrl + H	<検索と置換>ダイアログボックスの<置換>を表示する。

セルの書式設定

Ctrl + Shift + ^	<標準>スタイルを設定する。
Ctrl + Shift + 4	<通貨>スタイルを設定する。
Ctrl + Shift + 1	<桁区切りスタイル>を設定する。
Ctrl + Shift + 5	<パーセンテージ>スタイルを設定する。
Ctrl + Shift + 3	<日付>スタイルを設定する。
Ctrl + B	太字を設定/解除する。
Ctrl + I	斜体を設定/解除する。
Ctrl + U	下線を設定/解除する。

セル・行・列の選択

Ctrl + A	ワークシート全体を選択する。
Ctrl + Shift + :	アクティブセルを含み、空白の行と列で囲まれるデータ範囲を選択する。
Ctrl + Shift + Home	選択範囲をワークシートの先頭のセルまで拡張する。
Ctrl + Shift + End	選択範囲をデータ範囲の右下隅のセルまで拡張する。
Shift + ↑ (↓←→)	選択範囲を上（下、左、右）に拡張する。
Ctrl + Shift + ↑ (↓←→)	選択範囲をデータ範囲の上（下、左、右）に拡張する。
Shift + Home	選択範囲を行の先頭まで拡張する。
Shift + BackSpace	選択を解除する。

ワークシートの挿入・移動・スクロール

Shift + F11	新しいワークシートを挿入する。
Ctrl + Home	ワークシートの先頭に移動する。
Ctrl + End	データ範囲の右下隅のセルに移動する。
Ctrl + PageUp	前（左）のワークシートに移動する。
Ctrl + PageDown	後（右）のワークシートに移動する。
Alt + PageUp (PageDown)	1画面左（右）にスクロールする。
PageUp (PageDown)	1画面上（下）にスクロールする。

＊ Home、End、PageUp、PageDown は、キーボードによっては Fn と同時に押す必要があります。

Appendix 6 ローマ字・かな変換表

あ行	あ	い	う	え	お
	A	I	U	E	O
	うぁ	うぃ		うぇ	うぉ
	WHA	WHI		WHE	WHO

か行	か	き	く	け	こ
	KA	KI	KU	KE	KO
	が	ぎ	ぐ	げ	ご
	GA	GI	GU	GE	GO
	きゃ	きぃ	きゅ	きぇ	きょ
	KYA	KYI	KYU	KYE	KYO
	ぎゃ	ぎぃ	ぎゅ	ぎぇ	ぎょ
	GYA	GYI	GYU	GYE	GYO

さ行	さ	し	す	せ	そ
	SA	SI (SHI)	SU	SE	SO
	ざ	じ	ず	ぜ	ぞ
	ZA	ZI	ZU	ZE	ZO
	しゃ	しぃ	しゅ	しぇ	しょ
	SYA	SYI	SYU	SYE	SYO
	じゃ	じぃ	じゅ	じぇ	じょ
	ZYA	ZYI	ZYU	ZYE	ZYO

た行	た	ち	つ	て	と
	TA	TI (CHI)	TU (TSU)	TE	TO
	だ	ぢ	づ	で	ど
	DA	DI	DU	DE	DO
	でゃ	でぃ	でゅ	でぇ	でょ
	DHA	DHI	DHU	DHE	DHO
	ちゃ	ちぃ	ちゅ	ちぇ	ちょ
	TYA	TYI	TYU	TYE	TYO

な行	な	に	ぬ	ね	の
	NA	NI	NU	NE	NO
	にゃ	にぃ	にゅ	にぇ	にょ
	NYA	NYI	NYU	NYE	NYO

は行	は	ひ	ふ	へ	ほ
	HA	HI	HU (FU)	HE	HO
	ば	び	ぶ	べ	ぼ
	BA	BI	BU	BE	BO
	ぱ	ぴ	ぷ	ぺ	ぽ
	PA	PI	PU	PE	PO
	ひゃ	ひぃ	ひゅ	ひぇ	ひょ
	HYA	HYI	HYU	HYE	HYO
	ふぁ	ふぃ	ふゅ	ふぇ	ふぉ
	FA	FI	FYU	FE	FO

ま行	ま	み	む	め	も
	MA	MI	MU	ME	MO
	みゃ	みぃ	みゅ	みぇ	みょ
	MYA	MYI	MYU	MYE	MYO

や行	や		ゆ		よ
	YA		YU		YO

ら行	ら	り	る	れ	ろ
	RA	RI	RU	RE	RO
	りゃ	りぃ	りゅ	りぇ	りょ
	RYA	RYI	RYU	RYE	RYO

わ行	わ		を		ん
	WA		WO		N (NN)

- **「ん」の入力方法**
  「ん」の次が子音の場合は N を1回押し、「ん」の次が母音の場合または「な行」の場合は N を2回押します。
  例）さんすう SANSUU　　　例）はんい HANNI　　　例）みかんの MIKANNNO
- **促音「っ」の入力方法**
  子音のキーを2回押します。
  例）やってきた YATTEKITA　　例）ほっきょく HOKKYOKU
- **「ぁ」「ぃ」「ゃ」などの入力方法**
  A や I、YA を押す前に、L または X を押します。
  例）わぁーい WALA-I　　例）ういんどう UXINDOU

313

索引

記号・数字

#####	62, 123
#DIV/0!	124
#N/A	125, 304
#NAME?	124
#NULL!	125
#NUM!	125
#REF!	125
#VALUE!	123
$（ドル）	101, 103
%（算術演算子）	96
%（パーセンテージスタイル）	61
－（引き算）	96
＊（かけ算）	96
,（関数）	93
,（桁区切りスタイル、通貨スタイル）	61, 130
／（割り算）	96
:（コロン）	93, 113
^（べき乗）	96
"（ダブルクォーテーション）	117, 302
￥（通貨スタイル）	61, 133
＋（足し算）	96
＜（左辺が右辺より小さい）	117
＜＝（左辺が右辺以下）	117
＜＞（不等号）	117
＝（等号）	92, 93, 94, 117
＞（左辺が右辺より大きい）	117
＞＝（左辺が右辺以上）	117
100%積み上げ横棒グラフ	218

A～Z

AND	253
AVERAGE 関数	85, 109
Backstage ビュー	59
Bing イメージ検索	274
CONCATENATE 関数	306
COUNTIF 関数	121
COUNTIFS 関数	121
Excel	22
Excel Online	311
Excel 2016	22
Excel の画面構成	34
Excel の既定のフォント	25, 142
Excel の起動	30
Excel の終了	32
Excel ヘルプ	52
F4	101, 103
IF 関数	114, 302
IFERROR 関数	305
INT 関数	119
LEFT 関数	306
Microsoft Office	22
MID 関数	306
Office テーマ	24
OneDrive	44, 308
OneDrive からファイルをダウンロード	310
OneDrive に Excel ファイルを保存	308
OneDrive の利用	308, 310
OR	253
PDF 形式で保存	214
PDF ファイルを開く	216
PHONETIC 関数	153, 307
PRODUCT 関数	303
RIGHT 関数	306
ROUND 関数	118
ROUNDDOWN 関数	119
ROUNDUP 関数	119
SmartArt	292
SmartArt グラフィックの挿入	292
SmartArt に図形を追加	295
SmartArt の色やスタイルの変更	295
SmartArt のレイアウトの変更	294
SUM 関数	82
SUMIF 関数	120
SUMIFS 関数	120
TEXT 関数	307
TODAY 関数	303
VLOOKUP 関数	304

あ行

アート効果	278
アイコンセット	163
アウトライン	262
アウトライン記号	262
アウトラインの作成	264
アクティブセル	60
アクティブセルの移動方向	62
アクティブセルの移動方法	63
アクティブセル領域の選択	76
値の貼り付け	157
新しいウィンドウを開く	187

新しいシート ……	182
移動 ……	80
イラストの挿入 ……	274
インク数式 ……	29
印刷 ……	194, 198
＜印刷＞画面の機能 ……	194
印刷タイトルの設定 ……	212
印刷の向き ……	197
印刷範囲の設定 ……	210
印刷プレビュー ……	196
インデント ……	135
ウィンドウの整列 ……	187
ウィンドウの分割 ……	186
ウィンドウ枠の固定 ……	180
上揃え ……	134
上付き ……	140
ウォーターフォール ……	26
上書き保存 ……	45
エラーインジケーター ……	122
エラー値 ……	122
エラーチェック ……	126
エラーチェックオプション ……	122, 126
円グラフ ……	220
オートSUM ……	82, 85
オートコンプリート ……	64
オートフィル ……	66
オートフィルオプション ……	68
オートフィルター ……	250
おすすめグラフ ……	222
同じデータの入力 ……	66
折れ線グラフ ……	219
折れ線グラフの色 ……	242
オンライン画像 ……	274

か行

開始セル ……	93
回転ハンドル ……	285
改ページ位置の移動 ……	203
改ページプレビュー ……	202
拡大／縮小印刷 ……	198, 200
下線 ……	141
画像の挿入 ……	274
カラースケール ……	162
カラーリファレンス ……	98
関数 ……	93, 108
関数オートコンプリート ……	112

関数の書式 ……	93
関数の挿入 ……	108, 111
関数の入力方法 ……	108
関数のネスト(入れ子) ……	114
＜関数＞ボックス ……	113, 115
関数ライブラリ ……	108
既定の日本語フォント ……	25
起動 ……	30
行と列の同時固定 ……	181
行の移動 ……	169
行のコピー ……	168
行の再表示 ……	179
行の削除 ……	167
行の選択 ……	77
行の挿入 ……	166
行の高さの変更 ……	146
行の非表示 ……	178
行番号 ……	34
行番号の印刷 ……	213
曲線を描く ……	281
切り上げ ……	119
切り捨て ……	119
均等割り付け ……	137
クイックアクセスツールバー ……	34, 300
クイックアクセスツールバーにコマンドを追加 ……	300
クイックアクセスツールバーの移動 ……	301
クイック分析 ……	84, 162
空白のブック ……	31, 56
区切り位置 ……	254
グラフ ……	218
グラフエリア ……	229
グラフエリアの書式設定 ……	236
グラフシート ……	35, 226
グラフスタイル ……	233
グラフタイトル ……	229
グラフの移動 ……	224
グラフの色の変更 ……	233
グラフの行と列の切り替え ……	232
グラフのコピー ……	224
グラフのサイズ変更 ……	227
グラフの作成 ……	222
グラフの種類の変更 ……	240
グラフの選択 ……	224
グラフの文字サイズの変更 ……	232
グラフのレイアウトの変更 ……	232
グラフフィルター ……	235
グラフ要素 ……	229

索引

315

索引

グラフ要素の書式設定	236
グラフ要素の選択	236
グラフ要素の追加	228
クリア	73
繰り返す	41
クリップボード	81
形式を選択して貼り付け	156
罫線	86, 88
罫線の色の変更	90
罫線の削除	86, 87
罫線の作成	87
罫線のスタイル	88
桁区切りスタイル	130
検索	174
検索条件	121
合計をまとめて求める	84
合計を求める	82
降順	246
互換性関数	307
コピー	78

さ行

最近使用した関数	108, 113
最近使ったアイテム	50
サイズ変更ハンドル	227
算術演算子	92, 96
参照先の変更	98
参照範囲の変更	99
参照方式	100
参照方式の切り替え	101
サンバースト	26
散布図	221
シート	35
シートの縮小	200
シートの保護	188
シート見出し	34
シート見出しの色	185
シート名の変更	185
軸ラベル	228
軸ラベルの表示	228
軸ラベルの文字方向	230
時刻の入力	62
四捨五入	118
下揃え	134
下付き	140
写真にアート効果を設定	278

写真にスタイルを設定	278
写真の挿入	276
写真の調整	277
写真の背景の削除	279
斜線	87
斜体	140
ジャンプリストからブックを開く	51
集計行の自動作成	263
集計行の追加	260
集合縦棒グラフ	218
終了	32
終了セル	93
縮小印刷	200
縮小して全体を表示	136
上下中央揃え	134
条件付き書式	160
条件分岐	302
昇順	246
小数点以下の桁数の変更	131
ショートカットキー	312
書式	129
書式のクリア	73
書式のコピー	154
書式のみコピー	69
書式の連続貼り付け	155
シリアル値	132
垂直線を描く	280
水平線を描く	280
数式	92
数式と数値の書式の貼り付け	158
数式の検証	126
数式のコピー	97, 102
数式の入力	94
数式のみの貼り付け	158
数式バー	34, 108
数値の切り上げ	119
数値の切り捨て	119
数値の四捨五入	118
数値の書式	158
ズーム	42
ズームスライダー	34
スクロールバー	34
図形の移動	284
図形の色の変更	286
図形の回転	285
図形の効果	287
図形のコピー	284

316

図形のサイズ変更	285	タイムラインの挿入	271
図形のスタイル	26, 287	タスクバーにExcelのアイコンを登録する	33
図形の中に文字を入力	283	タスクバーにピン留めする	33
図形の塗りつぶし	286	タッチ操作の基本	19
図形の反転	285	タッチ／マウスモードの切り替え	31
図形の枠線の変更	286	縦書き	137, 283
図形を描く	282	縦（値）軸	229
スタート画面	31	縦（値）軸の間隔の変更	234
スタート画面にピン留めする	33	縦（値）軸の範囲の変更	234
スタートメニューにExcelのアイコンを登録する	33	縦（値）軸ラベル	229
ステータスバー	34	タブ	34
図のスタイル	278	タブの追加	296
スパークラインの作成	238	タブを非表示にする	299
すべてクリア	73	置換	176
スマート検索	28	中央揃え	134
スライサーの挿入	260, 270	調整ハンドル	285
絶対参照	100, 103	重複レコードの削除	261
セル	35	直線を描く	280
セル参照	92, 95	通貨記号	133
セルの移動	173	通貨スタイル	133
セルの結合	150	通貨表示形式	133
セルのコピー	69, 172	積み上げ縦棒グラフ	218
セルの削除	171	ツリーマップ	26, 221
セルのスタイル	145	データの移動	80
セルの挿入	170	データの置き換え	70
セルの背景色	144	データのコピー	78
セルの表示形式	128, 130	データの削除	72
セル範囲の選択	74	データの修正	70
セル範囲名	106	データの相対評価	160
セル番地	92, 96	データの抽出	250
全画面表示モード	43	データの並べ替え	246
選択した部分を印刷	211	データの入力	60
選択の解除	75	データの貼り付け	78
選択範囲に合わせて拡大／縮小	43	データバー	162
先頭行の固定	180	データベース形式の表	244
先頭列の固定	180	データラベルの表示	230
線の色	90	テーブル	245, 256
線のスタイル	88	テーブルスタイル	257
操作アシスト	25, 52	テーブルの作成	256
相対参照	97, 100, 102	テーマ	148
		テーマの色	145, 149
		テーマの配色	149

た行

ダイアログボックス	38	テーマのフォント	149
タイトル行の設定	212	テーマの変更	148
タイトルバー	34	テキストボックス	288
タイトル列の設定	212	テキストボックスにスタイルを設定	291
		テキストボックスの選択	289

索引

点線を描く	281
テンプレート	57
ドーナツグラフ	220
閉じる(ブック)	48
トップテンオートフィルター	252
取り消し線	140
トリミング	277
ドロップダウンリストからの選択	65

な行

名前の管理	107
名前の定義	106
名前ボックス	34, 106
名前を付けて保存	44
並べ替え	246
並べ替えの基準となるキー	247
二重下線	141
入力済みのデータの入力	65
入力モードの切り替え	63
塗りつぶしの色	144

は行

パーセンテージスタイル	131
背景の削除	279
箱ひげ図	26
パスワードの解除	46
パスワードの設定	46
バックアップファイルの作成	46
離れた位置にあるセルの選択	76
貼り付け	156
貼り付けのオプション	79, 156
半角英数入力モード	63
ハンドル	285
凡例	229
比較演算子	117
引数	93
引数の指定	109
引数の修正	110
ヒストグラム	26
左揃え	134
日付の入力	62
日付の表示形式(日付スタイル)	62, 132
ピボットグラフ	272
ピボットテーブル	266
ピボットテーブルスタイル	269

ピボットテーブルの更新	269
ピボットテーブルの作成	267
ピボットテーブルのフィールドリスト	267
描画モードのロック	282
表計算ソフト	22
表示形式	60, 128, 130
表示単位の変更(グラフ)	235
表示倍率の変更	42
標準の色	144
標準ビュー	203, 207
表を1ページにおさめる	200, 205
表を用紙の中央に印刷する	201
ひらがな入力モード	63
開く(ブック)	50
<ファイル>タブ	59
ファイル名の変更	47
フィールド	244
フィールドの追加	259
フィールドボタンの表示／非表示	272
フィールドリストの表示／非表示	269
フィルターのクリア	251
フィルハンドル	66
フォントサイズ	142
フォントの色	138, 291
フォントの変更	143, 290
複合グラフ	219, 241
複合参照	100, 104
複数シートをまとめて印刷	197
ブック	35
ブック全体を印刷	197
ブックの回復	49
ブックの共有(OneDrive)	311
ブックの切り替え	59
ブックの削除	51
ブックの新規作成	56
ブックの保護	192
ブックの保存	44
ブックを閉じる	48
ブックを並べて表示する	187
ブックを開く	50
フッター	206
フッターの設定	208
太字	139
フラッシュフィル	254
ふりがなの表示	152
ふりがなの編集	152
プリンターのプロパティ	198

プロットエリア	229
平均を求める	85
ページ設定	197, 199
ページのはみ出しの調整	205
ページレイアウトビュー	204
ヘッダー	206
ヘッダーの設定	206
編集を許可する範囲の設定	188
補助円グラフ付き円グラフ	220
保存	44
保存形式の選択	45
保存されていないブックの回復	49
保存場所の指定	44

ま行

マウス操作の基本	16
右揃え	134
見出しの固定	180
ミニツールバー	39, 142, 143
目盛線	231
目盛線の表示	231
面グラフ	219
文字飾り	140
文字サイズの変更	142, 291
文字色の変更	138, 291
文字の大きさをセル幅に合わせる	136
文字の折り返し	135
文字の角度の設定	137
文字の検索	175
文字の縦位置の設定	136
文字の置換	177
文字の配置	134, 289
文字を縦書きにする	137, 283
もとに戻す	40
戻り値	93

や行

矢印を描く	280
やり直す	41
游ゴシック	25, 142
用紙サイズ	197
横(項目)軸	229
横(項目)軸ラベル	229
予測候補の表示	64
予測入力	64

予測ワークシート	27
余白の設定	197, 199, 201
読み取り専用モードで保存	46

ら行

ライセンス(画像)	275
リボン	34, 36
リボンのカスタマイズ	296
リボンの表示/非表示	37
リボンのユーザー設定	296
レーダーチャート	221
レコード	244
レコードの追加	258
列の移動	169
列のコピー	168
列の再表示	179
列の削除	167
列の選択	77
列の挿入	166
列の非表示	178
列幅の変更	146
列幅を保持した貼り付け	159
列番号	34
列番号の印刷	213
列見出し	244
列ラベル	244
連続データの入力	67, 68
ローマ字・かな変換表	313

わ行

ワークシート	34
ワークシート全体の選択	77
ワークシートの移動	183, 184
ワークシートの印刷	196
ワークシートの拡大/縮小	42
ワークシートのコピー	183, 184
ワークシートの削除	183
ワークシートの追加	182
ワイルドカード文字	174, 253
枠線の印刷	199

■お問い合わせについて

本書に関するご質問については、本書に記載されている内容に関するもののみとさせていただきます。本書の内容と関係のないご質問につきましては、一切お答えできませんので、あらかじめご了承ください。また、電話でのご質問は受け付けておりませんので、必ずFAXか書面にて下記までお送りください。
なお、ご質問の際には、必ず以下の項目を明記していただきますようお願いいたします。

1　お名前
2　返信先の住所またはFAX番号
3　書名（今すぐ使えるかんたん Excel 2016）
4　本書の該当ページ
5　ご使用のOSとソフトウェアのバージョン
6　ご質問内容

なお、お送りいただいたご質問には、できる限り迅速にお答えできるよう努力いたしておりますが、場合によってはお答えするまでに時間がかかることがあります。また、回答の期日をご指定なさっても、ご希望にお応えできるとは限りません。あらかじめご了承くださいますよう、お願いいたします。

■問い合わせ先

〒162-0846
東京都新宿区市谷左内町21-13
株式会社技術評論社　書籍編集部
「今すぐ使えるかんたん Excel 2016」質問係
FAX番号　03-3513-6167

http://gihyo.jp/book/

■お問い合わせの例

FAX

1 お名前

技術　太郎

2 返信先の住所またはFAX番号

03-XXXX-XXXX

3 書名

今すぐ使えるかんたん
Excel 2016

4 本書の該当ページ

180 ページ

5 ご使用のOSとソフトウェアのバージョン

Windows 10 Pro
Excel 2016

6 ご質問内容

見出しの行が固定できない。

※ご質問の際に記載いただきました個人情報は、回答後速やかに破棄させていただきます。

今すぐ使えるかんたん Excel 2016

2015年11月15日　初版　第1刷発行

著　者●技術評論社編集部＋AYURA
発行者●片岡 巌
発行所●株式会社　技術評論社
　　　　東京都新宿区市谷左内町21-13
　　　　電話　03-3513-6150　販売促進部
　　　　　　　03-3513-6160　書籍編集部
装丁●田邉 恵里香
本文デザイン●リンクアップ
編集／DTP●AYURA
担当●鷹見 成一郎
製本／印刷●大日本印刷株式会社

定価はカバーに表示してあります。

落丁・乱丁がございましたら、弊社販売促進部までお送りください。
交換いたします。
本書の一部または全部を著作権法の定める範囲を超え、無断で複写、複製、転載、テープ化、ファイルに落とすことを禁じます。

©2015　技術評論社

ISBN978-4-7741-7695-6 C3055

Printed in Japan